浙江省"十一五"重点教材建设项目
高等院校精品课程系列规划教材·高等数学

复变函数与积分变换

主编 刘明华 周晖杰

编委 叶 臣 陈军刚

ZHEJIANG UNIVERSITY PRESS
浙江大学出版社

图书在版编目(CIP)数据

复变函数与积分变换 / 刘明华,周晖杰主编. —杭州：浙江大学出版社,2012.4(2025.7 重印)

ISBN 978-7-308-09740-6

Ⅰ.①复⋯ Ⅱ.①刘⋯ ②周⋯ Ⅲ.①复变函数—高等学校—教材 ②积分变换—高等学校—教材

Ⅳ.①O174.5 ②O177.6

中国版本图书馆 CIP 数据核字(2012)第 040608 号

复变函数与积分变换

刘明华　周晖杰　主编

责任编辑	张　鸽(zgzup@zju.edu.cn)	
封面设计	十木米	
出版发行	浙江大学出版社	
	(杭州市天目山路 148 号　邮政编码 310007)	
	(网址：http://www.zjupress.com)	
排　版	杭州星云光电图文制作有限公司	
印　刷	杭州杭新印务有限公司	
开　本	710mm×1000mm　1/16	
印　张	16	
字　数	305 千	
版 印 次	2012 年 4 月第 1 版　2025 年 7 月第 10 次印刷	
书　号	ISBN 978-7-308-09740-6	
定　价	32.00 元	

前　言

　　本教材是一门基础课,依据基础课为专业课服务的思想,我们"以应用为目的,以后继课程够用为度"的原则,在保证科学性的基础上,注意讲清概念,减少理论推导,注重学生的基本运算能力和分析问题、解决问题能力的培养.本教材内容叙述力求通俗易懂,循序渐进,章节之间衔接紧凑.既突出了概念和计算,又没有削弱必要的基础理论.为了便于将《高等数学》中的有关理论应用到复变函数中,我们将复变函数中的初等函数的介绍放在了第一章,以便与《高等数学》相对应地学习,并且在书后附有本教材所涉及《高等数学》有关的内容,便于参考.

　　本教材配备了比较丰富的习题以及答案、各节的思考题、各章小结、各章自测题,便于教与学.另外教材中有 ＊ 号的部分,可以根据学时选讲.

　　本教材是浙江省高校重点建设教材,内容包含复数与复变函数、解析函数、复变函数的积分、解析函数的级数表示、留数及其应用、共形映射、傅里叶积分变换、拉普拉斯变换.本书可供本科少学时、独立学院本科生、电视大学本科生、自学考试本科生以及高等专科学校学生作为复变函数与积分变换课程的教材.

　　本教材由宁波大学科技学院刘明华、周晖杰主编."复变函数"部分由刘明华执笔."积分变换"部分第七章、第八章的第一、二节由宁波大学科技学院周晖杰执笔,第八章的第三、四节由宁波大学科技学院叶臣执笔.陈军刚参加了全书的绘图工作.最后由主编整理修改定稿.周晖杰参加了全书的资料整理.编者参阅的书目有周正中、郑吉富编著的《复变函数与积分变换》、华中科技大学数学系编著的《复变函数与积分变换》、西安交通大学高等数学教研室编著的《复变函数》等,从中得到不少裨益,在此特向上述书的作者表示衷心感谢.

　　另外,本教材的胶印版在 2011 年 9 月由李茂华、徐松两位老师使用,特此感谢两位老师的辛苦.

　　由于我们学识水平浅薄,错误和不妥之处在所难免,诚恳地欢迎读者提出批评意见.

编　者

2012 年 3 月

目　　录

1

第一章　复数与复变函数

复变函数就是自变量为复数的函数.本章先复习复数的概念、性质与运算，然后引入平面上的点集、复变函数及其极限、连续、基本初等函数等.本章中的许多概念在形式上与微积分学中一些基本概念有相似之处，可以把它们看作微积分学中相应的概念及定理在复数域中的推广.

§1.1　复数及其运算

一、复数的基本概念

我们知道在初等数学中,方程
$$x^2+1=0$$
在实数范围内无解,因为没有一个实数的平方等于-1.由于解方程的需要,人们引进了一个新的数i,称为虚数单位,并且规定
$$i^2=-1,$$
从而i是方程$x^2+1=0$的一个根.

定义 1.1　设x与y都是实数,称$x+iy$为复数,记为$z=x+iy$.

x称为复数z的**实部**(Real),记$\mathrm{Re}z=x$;

y称为复数z的**虚部**(Imaginary),记$\mathrm{Im}z=y$.

例如,复数$z=\sqrt{2}+i$,则实部$\mathrm{Re}z=\sqrt{2}$,虚部$\mathrm{Im}z=1$.

当$y=0$时,$z=x+iy=x$,我们认为它是实数x,因此实数可看作复数的特殊情形.当$x=0$时,$z=x+iy=yi$,我们称它是纯虚数.有一特例,0既可以看作实数,又可以看作纯虚数$0i$.

定义 1.2　两复数$z_1=x_1+y_1i,z_2=x_2+y_2i$相等当且仅当两复数的实部与虚部分别相等,即
$$z_1=z_2\Leftrightarrow\mathrm{Re}z_1=\mathrm{Re}z_2,\mathrm{Im}z_1=\mathrm{Im}z_2.$$

注意　两个复数不能比较大小,它们之间只有相等与不相等的关系.

例 1.1　设$(x+y+2)+i(x^2+y)=0$,求实数x,y.

解　因为两个复数相等,即实部等于实部,虚部等于虚部,

所以

$$\begin{cases} x+y+2=0 \\ x^2+y=0 \end{cases},$$

解方程组,得 $\begin{cases} x=-1 \\ y=-1 \end{cases}$ 或 $\begin{cases} x=2 \\ y=-4 \end{cases}$.

二、复数的表示方法

1. 复平面

由于一个复数 $z=x+iy$ 由一对有序实数 (x,y) 唯一确定,所以对于平面上给定的直角坐标系,复数的全体与该平面上点的全体之间是一一对应的,从而复数 $z=x+iy$ 可以用该平面上坐标为 (x,y) 的点来表示,这是复数的一个常用表示方法,于是我们给出复平面的定义.

定义 1.3 由实轴(x 轴)、虚轴(y 轴)按直角坐标系构成的平面,称为**复平面**(或 z 平面,如图 $1-1$ 所示).

在复平面上,复数 z 还与从原点指向点 $M(x,y)$ 的平面向量一一对应,因此复数 z 也能用向量 $\overrightarrow{OM}$ 表示,向量的长度称为向量的模,记为 $|z|$,即有

$$|\overrightarrow{OM}|=|z|=\sqrt{x^2+y^2}.$$

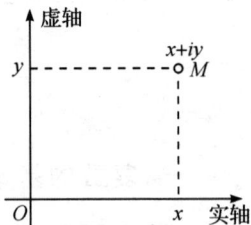

图 $1-1$

当 $z \neq 0$ 时,以正实轴为始边,以表示 z 的向量 $\overrightarrow{OM}$ 为终边的角 θ 称为**复数 z 的幅角**,记为

$$\theta=\arg z \quad (-\pi < \theta \leqslant \pi),$$

即是复数 z 的主幅角.

复数 z 的一般幅角为

$$\text{Arg}\,z=\arg z+2k\pi \quad (k=0,\pm 1,\pm 2,\cdots).$$

引入复平面后,复数就有了直观的几何形象,即复数是复平面上的点,进而两个复数之间的关系就可以归结为复平面上两点之间的关系,而且今后我们不再将"数"和"点"加以区别.

例如,我们可以说"点 $1+2i$"、"顶点为 z_1,z_2,z_3 的三角形"等.

2. 复数的表示方法

(1) 复数的几何表示法

我们知道,点 $z=x+iy$ 与从原点 O 到点 M 的向量 $\overrightarrow{OM}=z=x+iy$ 是一一对应的.原点对应于零向量,向量 $\overrightarrow{OM}=z$ 在实轴上的投影是 x,在虚轴上的投影是 y,z 的模就是向量的长度,即复数的模 $|z|=\sqrt{x^2+y^2}$,幅角 $\tan(\text{Arg}\,z)=\dfrac{y}{x}$,且

$$x=|z|\cos(\text{Arg}\,z),\quad y=|z|\sin(\text{Arg}\,z).$$

这种用复平面上的向量表示复数的方法,称为**复数的向量表示法**.

显然有不等式 $\quad |x| \leqslant |z|,\quad |y| \leqslant |z|,\quad |z| \leqslant |x|+|y|.$

复数的加减法与向量的加减法一致.

$|z_2-z_1|$ 表示 z_1 与 z_2 的距离,从几何图形中容易看出

$$|z_1+z_2|\leqslant|z_1|+|z_2|,\quad |z_1-z_2|\geqslant\big||z_1|-|z_2|\big|.$$

这是因为三角形两边长之和大于第三边长,三角形两边长之差小于第三边长.

共轭复数间几何关系:称复数 $\bar{z}=x-iy$ 为复数 $z=x+iy$ 的共轭复数,它们之间的几何关系是关于 x 轴对称,且有 $|z|=|\bar{z}|$,$\arg z=-\arg\bar{z}$.

（2）复数的三角表示法

利用直角坐标与极坐标的关系

$$x=|z|\cos\theta,\quad y=|z|\sin\theta.$$

有复数的三角表示式为

$$z=x+iy=|z|(\cos\theta+i\sin\theta),$$

$$\bar{z}=x-iy=|z|(\cos\theta-i\sin\theta)=|z|[\cos(-\theta)+i\sin(-\theta)].$$

（3）复数的指数表示法

利用欧拉（Euler）公式

$$e^{\pm i\theta}=\cos\theta\pm i\sin\theta,$$

有复数的指数表示式

$$z=|z|e^{i\theta}=re^{i\theta},\bar{z}=|z|e^{-i\theta}.$$

为了便于不同问题的讨论,复数的各种表示方法互相转换如下:

$$z=x+iy\underset{|z|=\sqrt{x^2+y^2},\theta=\arg z}{\overset{x=|z|\cos\theta,y=|z|\sin\theta}{\rightleftarrows}}z=|z|(\cos\theta+i\sin\theta)\underset{}{\overset{e^{i\theta}=\cos\theta+i\sin\theta}{\rightleftarrows}}z=|z|e^{i\theta}.$$

注意　① 复数的三角表示式不是唯一的,因为辐角有无穷多种选择,如果有两个三角表示式相等,即

$$|z_1|(\cos\theta_1+i\sin\theta_1)=|z_2|(\cos\theta_2+i\sin\theta_2),$$

可以推出

$$|z_1|=|z_2|,\theta_1=\theta_2+2k\pi,\text{其中 }k\text{ 为整数}.$$

② 如何确定复数的主辐角

$$\arg z=\atop(z\neq0)\begin{cases}\arctan\dfrac{y}{x}, & x>0,y\text{ 为任意}\\[2mm]\dfrac{\pi}{2}, & x=0,y>0\\[2mm]\arctan\dfrac{y}{x}+\pi, & x<0,y\geqslant0\\[2mm]\arctan\dfrac{y}{x}-\pi, & x<0,y<0\\[2mm]-\dfrac{\pi}{2}, & x=0,y<0\end{cases}\quad\left(\text{其中}-\dfrac{\pi}{2}<\arctan\dfrac{y}{x}<\dfrac{\pi}{2}\right).$$

例 1.2 将下列复数化为三角表示式和指数表示式.

① $z=-\sqrt{12}-2i$；　② $z=-3+2i$；　③ $z=\sin\dfrac{\pi}{5}+i\cos\dfrac{\pi}{5}$.

解 ① 先计算复数的模 $|z|=\sqrt{(-\sqrt{12})^2+(-2)^2}=4$.

再计算复数的幅角. 因为复数 $z=-\sqrt{12}-2i$ 在第三象限，所以主幅角 θ 在第三象限，则主幅角为

$$\theta=\arctan\frac{-2}{-\sqrt{12}}-\pi=\arctan\frac{\sqrt{3}}{3}-\pi=\frac{\pi}{6}-\pi=-\frac{5}{6}\pi.$$

于是，复数的三角表示式为

$$z=4\left[\cos\left(-\frac{5}{6}\pi\right)+i\sin\left(-\frac{5}{6}\pi\right)\right]=4\left(\cos\frac{5}{6}\pi-i\sin\frac{5}{6}\pi\right),$$

指数表示式为

$$z=4\mathrm{e}^{-i\frac{5}{6}\pi}.$$

② 复数的模为 $|z|=\sqrt{(-3)^2+(2)^2}=\sqrt{13}$，因为辐角 θ 在第二象限，则主幅角为

$$\theta=\arctan\frac{2}{-3}+\pi=\pi-\arctan\frac{2}{3},$$

于是，复数的三角表示式为

$$z=\sqrt{13}\left[\cos\left(\pi-\arctan\frac{2}{3}\right)+i\sin\left(\pi-\arctan\frac{2}{3}\right)\right],$$

指数表示式为

$$z=\sqrt{13}\mathrm{e}^{(\pi-\arctan\frac{2}{3})i}.$$

③ 显然复数的模为 $|z|=1$，因为

$$\sin\frac{\pi}{5}=\cos\left(\frac{\pi}{2}-\frac{\pi}{5}\right)=\cos\frac{3}{10}\pi,\cos\frac{\pi}{5}=\sin\left(\frac{\pi}{2}-\frac{\pi}{5}\right)=\sin\frac{3}{10}\pi,$$

于是复数的三角表示式为

$$z=\cos\frac{3}{10}\pi+i\sin\frac{3}{10}\pi,$$

指数表示式为

$$z=\mathrm{e}^{\frac{3}{10}\pi i}.$$

*（4）复数的球面表示法

对于复数，我们不但要讨论有限复数，还要讨论一个特殊的"复数"，即无穷大，记为 ∞，定义为 $\infty=\dfrac{1}{0}$.

对于复数 ∞ 而言，其模规定为 $+\infty$，实部、虚部与幅角均没有意义.

在复平面上没有一点与∞相对应,但是我们可以设想复平面上有一个理想的点与它对应,此点称为**无穷远点**.复平面加上无穷远点称为**扩充复平面**.

前面把复数与平面上的点一一对应起来,引出了复平面,由于实际需要还可以用其他方法表示复数.例如,在地图制图学中考虑到球面与平面上点的对应关系,即把地球投影到平面上进行研究,这种方法称作**测地投影法**.我们利用这种方法,建立全体复数与球面上的点之间的一一对应关系,于是用球面上的点来表示复数,进而确立了∞的几何意义.做一个与复平面切于坐标原点的球面(如图 1-2 所示),球上的一点 S 与原点 O 重合,通过 S 点作垂直于复平面的直线与球面相交于点 N,称点 N 为北极,点 S 为南极.对于复平面内任何一点 z,如

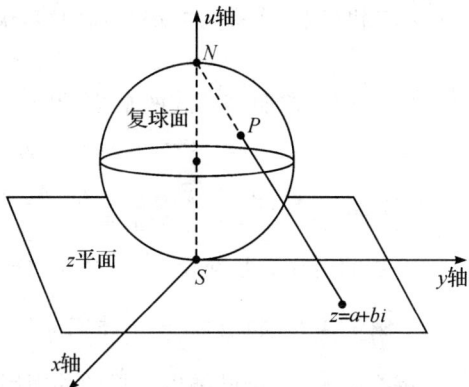

图 1-2

果用一条线段把点 z 与北极 N 连接起来,则这一条线段一定与球面交于异于 N 的点 P;反之,对于球面上任何异于 N 的点 P,用一条线段把 P 与 N 连接起来,这一条线段就与复平面相交于点 z.从以上讨论可以看出,球面上的点 $\xleftarrow[\text{一一对应}]{\text{除北极}N\text{外}}$ 复平面上的点.

又已知复数与复平面上的点一一对应,因此,球面上点 $\xleftarrow[\text{一一对应}]{\text{除北极}N\text{外}}$ 复数,因此可以用球面上的点来表示复数.

问题 球面上点 N 与复平面上的哪一点对应呢?

从图中可以看出,当点 z 无限远离坐标原点时(或$|z|$无限变大时),点 P 就无限接近于 N,为使复平面上点与球面上的点都一一对应起来,我们规定

(1)复平面上有唯一的"无穷远点"与球面上北极 N 相对应;

(2)复数有唯一的"无穷大"与复平面上的无穷远点相对应,并把它记为∞.故球面上的北极 N 就是无穷大∞的几何表示.

复球面定义 球面上的每一点都有唯一的复数与之对应,这样的球面称为复球面.

这样,曾设想复平面上有一个理想点与∞相对应,现在可以形象地把这个点表示出来.

三、复数的运算

1. 复数的四则运算

设复数 $z_1 = x_1 + iy_1$，$z_2 = x_2 + iy_2$，则

（1）和与差：实部与实部相加（减），虚部与虚部相加（减），即

$$z_1 \pm z_2 = (x_1 \pm x_2) + i(y_1 \pm y_2).$$

（2）乘积：按照多项式的乘法，得

$$z_1 z_2 = (x_1 x_2 - y_1 y_2) + i(x_2 y_1 + x_1 y_2).$$

（3）商：$\dfrac{z_1}{z_2} = \dfrac{(x_1 + iy_1)(x_2 - iy_2)}{(x_2 + iy_2)(x_2 - iy_2)} = \dfrac{x_1 x_2 + y_1 y_2}{x_2^2 + y_2^2} + i\dfrac{x_2 y_1 - x_1 y_2}{x_2^2 + y_2^2}.$

复数的运算满足交换律、结合律、分配律.

例 1.3 将复数 $\dfrac{3 - 2i}{2 + 3i}$ 写成 $x + iy$ 形式.

解 分子、分母同乘以分母的共轭因子，有

$$\frac{3 - 2i}{2 + 3i} = \frac{(3 - 2i)(2 - 3i)}{(2 + 3i)(2 - 3i)} = \frac{(6 - 6) + i(-4 - 9)}{2^2 + 3^2} = -i.$$

2. 共轭复数的性质

关于复数模与共轭复数的常用性质有

（1）$\overline{z_1 \pm z_2} = \overline{z_1} \pm \overline{z_2}$，　$\overline{z_1 z_2} = \overline{z_1} \cdot \overline{z_2}$，　$\overline{\left(\dfrac{z_1}{z_2}\right)} = \dfrac{\overline{z_1}}{\overline{z_2}}$，$z_2 \neq 0$；

（2）$\overline{(\overline{z})} = z$，　$|z| = |\overline{z}|$，　$\dfrac{z}{\overline{z}} = \dfrac{z^2}{|z|^2}$，　$\dfrac{\overline{z}}{z} = \dfrac{\overline{z}^2}{|z|^2}$；

（3）$z\overline{z} = (\text{Re}z)^2 + (\text{Im}z)^2 = |z|^2$；

（4）$z + \overline{z} = 2\text{Re}z$，　$z - \overline{z} = 2i\text{Im}z$.

例 1.4 将直线方程 $x + 3y = 2$ 化为复数表示的直线方程.

解 由于 $z + \overline{z} = 2x$，$z - \overline{z} = 2iy$，则

$$x = \frac{1}{2}(z + \overline{z}), \quad y = \frac{1}{2i}(z - \overline{z}),$$

将其代入直线方程 $x + 3y = 2$ 中，得

$$\frac{1}{2}(z + \overline{z}) + \frac{3}{2i}(z - \overline{z}) = 2,$$

化简得

$$i(z + \overline{z}) + 3(z - \overline{z}) = 4i,$$

即

$$(3 + i)z + (-3 + i)\overline{z} = 4i$$

为直线方程的复数表示形式.

例 1.5 设复数 $z=-\dfrac{1}{i}-\dfrac{3i}{1-i}$，求 $\mathrm{Re}z,\mathrm{Im}z$ 与 $z\bar{z}$.

解 因为

$$z=-\frac{1}{i}-\frac{3i}{1-i}=\frac{i}{i(-i)}-\frac{3i(1+i)}{(1-i)(1+i)}=\frac{3}{2}-\frac{1}{2}i,$$

所以

$$\mathrm{Re}z=\frac{3}{2},\mathrm{Im}z=-\frac{1}{2},z\bar{z}=\left(\frac{3}{2}\right)^2+\left(-\frac{1}{2}\right)^2=\frac{5}{2}.$$

例 1.6 求通过两点 $z_1=x_1+iy_1$ 与 $z_2=x_2+iy_2$ 的直线方程的复数表示式.

解 因为通过点 (x_1,y_1) 与 (x_2,y_2) 的直线的两点式方程为

$$\frac{y-y_1}{y_2-y_1}=\frac{x-x_1}{x_2-x_1},$$

先写出直线的参数方程，令 $\dfrac{y-y_1}{y_2-y_1}=\dfrac{x-x_1}{x_2-x_1}=t$，则

$$\begin{cases} x=x_1+t(x_2-x_1) \\ y=y_1+t(y_2-y_1) \end{cases} \quad (-\infty<t<+\infty),$$

$$\tag{1.1}$$
$$\tag{1.2}$$

由式(1.1)+式(1.2)i 得

$$x+yi=(x_1+y_1i)+t[(x_2+y_2i)-(x_1+y_1i)],$$

即得直线方程的复数表示式

$$z=z_1+t(z_2-z_1) \quad (-\infty<t<+\infty).$$

注意 连接 $z_1=x_1+iy_1$ 与 $z_2=x_2+iy_2$ 的直线段的参数方程的复数形式为

$$z=z_1+t(z_2-z_1) \quad (0\leqslant t\leqslant 1).$$

例 1.7 设 $z_1=x_1+iy_1,z_2=x_2+iy_2$ 为两个任意复数，证明 $z_1\overline{z_2}+\overline{z_1}z_2=2\mathrm{Re}z_1\overline{z_2}$.

证明 （方法 1)利用复数的运算，

$$\begin{aligned} z_1\overline{z_2}+\overline{z_1}z_2 &=(x_1+iy_1)(x_2-iy_2)+(x_1-iy_1)(x_2+iy_2) \\ &=(x_1x_2+y_1y_2)+i(x_2y_1-x_1y_2)+(x_1x_2+y_1y_2)-i(x_2y_1-x_1y_2) \\ &=2(x_1x_2+y_1y_2)=2\mathrm{Re}z_1\overline{z_2}. \end{aligned}$$

（方法 2)利用 $\mathrm{Re}z=\dfrac{1}{2}(z+\bar{z})$ 以及共轭复数的性质，容易得

$$2\mathrm{Re}(z_1\overline{z_2})=z_1\overline{z_2}+\overline{z_1\overline{z_2}}=z_1\overline{z_2}+\overline{z_1}z_2.$$

3. 复数的三角表示及指数表示的运算

(1) 乘法

设复数 $z_1=|z_1|(\cos\theta_1+i\sin\theta_1)=|z_1|e^{i\theta_1},$

$$z_2=|z_2|(\cos\theta_2+i\sin\theta_2)=|z_2|e^{i\theta_2},$$

则

$$z_1 \cdot z_2 = |z_1| \cdot |z_2| [(\cos\theta_1 \cos\theta_2 - \sin\theta_1 \sin\theta_2) + i(\cos\theta_1 \sin\theta_2 + \sin\theta_1 \cos\theta_2)]$$

$$= |z_1| \cdot |z_2| [\cos(\theta_1 + \theta_2) + i\sin(\theta_1 + \theta_2)] = |z_1| \cdot |z_2| e^{(\theta_1 + \theta_2)i}.$$

即有

模 $$|z_1 \cdot z_2| = |z_1| \cdot |z_2|,$$

辐角 $$\text{Arg}(z_1 z_2) = \text{Arg} z_1 + \text{Arg} z_2.$$

定理 1.1 两个复数乘积的模等于它们模的乘积,幅角等于它们的幅角之和.

说明 ① 由于幅角是多值的,所以 $\text{Arg}(z_1 z_2) = \text{Arg} z_1 + \text{Arg} z_2$ 可理解为对于左端的任一个值,右端有一值与它对应;反之,也一样.

② 当用向量表示复数时,可以说表示乘积 $z_1 \cdot z_2$ 的向量是从表示 z_1 的向量旋转一个角度 $\text{Arg} z_2$,并伸长(缩短)到 $|z_2|$ 倍而得到的.

例如,$z_1 \cdot z_2 = iz$,这里 $z_1 = i = e^{i\frac{\pi}{2}}$,$z_2 = |z| e^{i\theta}$,则 $iz = |z| e^{i(\theta + \frac{\pi}{2})}$,由 z 通过逆时针旋转 $\frac{\pi}{2}$,没伸缩.

再如,$-z$ 相当于 z 通过逆时针旋转 π 而得到.

③ 若 $z_1 = |z_1| e^{i\theta_1}$,$z_2 = |z_2| e^{i\theta_2}$,$\cdots$,$z_n = |z_n| e^{i\theta_n}$,可逐步得到

$$z_1 z_2 \cdots z_n = |z_1| |z_2| \cdots |z_n| e^{i(\theta_1 + \theta_2 + \cdots + \theta_n)}.$$

(2)除法

设复数 $z_1 = |z_1|(\cos\theta_1 + i\sin\theta_1) = |z_1| e^{i\theta_1}$,$z_2 = |z_2|(\cos\theta_2 + i\sin\theta_2) = |z_2| e^{i\theta_2}$,

则

$$\frac{z_2}{z_1} = \frac{|z_2| e^{i\theta_2}}{|z_1| e^{i\theta_1}} = \left|\frac{z_2}{z_1}\right| e^{i(\theta_2 - \theta_1)},$$

即有

模 $$\left|\frac{z_2}{z_1}\right| = \frac{|z_2|}{|z_1|},$$

辐角 $$\text{Arg}\frac{z_2}{z_1} = \text{Arg} z_2 - \text{Arg} z_1.$$

定理 1.2 两复数商的模等于它们模的商,幅角等于被除数与除数的幅角之差.

例 1.8 用三角表示式和指数表示式计算下列复数:

① $(1 + \sqrt{3}i)(-\sqrt{3} - i)$; ② $\dfrac{1+i}{1-i}$.

解 ① 先将复数化为三角式与指数式,

因为 $$1 + \sqrt{3}i = 2\left(\cos\frac{\pi}{3} + i\sin\frac{\pi}{3}\right) = 2e^{\frac{\pi}{3}i},$$

$$-\sqrt{3} - i = 2\left[\cos\left(-\frac{5\pi}{6}\right) + i\sin\left(-\frac{5\pi}{6}\right)\right] = 2e^{-\frac{5\pi}{6}i},$$

所以三角表示式运算

$$(1+\sqrt{3}i)(-\sqrt{3}-i)=2 \cdot 2\left\{\cos\left[\frac{\pi}{3}+\left(-\frac{5\pi}{6}\right)\right]+i\sin\left[\frac{\pi}{3}+\left(-\frac{5\pi}{6}\right)\right]\right\}$$

$$=4\left[\cos\left(-\frac{\pi}{2}\right)+i\sin\left(-\frac{\pi}{2}\right)\right]=-4i,$$

指数表示式运算

$$(1+\sqrt{3}i)(-\sqrt{3}-i)=2 \cdot 2\mathrm{e}^{\frac{\pi}{3}+(-\frac{5\pi}{6})}=4\mathrm{e}^{-\frac{\pi}{2}i}=-4i.$$

② 因为$1+i=\sqrt{2}(\cos\arctan1+i\sin\arctan1)=\sqrt{2}\mathrm{e}^{i\frac{\pi}{4}}$,

$$1-i=\sqrt{2}[\cos\arctan(-1)+i\sin\arctan(-1)]=\sqrt{2}\mathrm{e}^{-i\frac{\pi}{4}},$$

所以三角表示式运算

$$\frac{1+i}{1-i}=\cos\left[\frac{\pi}{4}-\left(-\frac{\pi}{4}\right)\right]+i\sin\left[\frac{\pi}{4}-\left(-\frac{\pi}{4}\right)\right]$$

$$=\cos\frac{\pi}{2}+i\sin\frac{\pi}{2}=i,$$

指数表示式运算

$$\frac{1+i}{1-i}=\mathrm{e}^{i\left[\frac{\pi}{4}-(-\frac{\pi}{4})\right]}=\mathrm{e}^{i\frac{\pi}{2}}=i.$$

（3）乘方公式

设复数指数式为$z=|z|\mathrm{e}^{i\theta}$,$n$为正整数,则$n$个$z$相乘,即乘方为

$$z^n=|z|^n\mathrm{e}^{in\theta}=|z|^n(\cos n\theta+i\sin n\theta);$$

特别地,当$|z|=1$时,有**棣摩弗公式**

$$(\cos\theta+i\sin\theta)^n=\cos n\theta+i\sin n\theta.$$

（4）开方公式

设复数$z=|z|\mathrm{e}^{i\theta}=|z|(\cos\theta+i\sin\theta)$,则

$$w=\sqrt[n]{z}=|z|^{\frac{1}{n}}\left(\cos\frac{\theta+2k\pi}{n}+i\sin\frac{\theta+2k\pi}{n}\right)=|z|^{\frac{1}{n}}\mathrm{e}^{i\frac{\theta+2k\pi}{n}}\quad(k=0,1,2,\cdots,n-1).$$

*证明　因为$z=|z|\mathrm{e}^{i\theta}=|z|(\cos\theta+i\sin\theta)$,且$w^n=z$.

设$w=\rho(\cos\varphi+i\sin\varphi)$,则由乘方公式,有

$$w^n=\rho^n(\cos\varphi+i\sin\varphi)^n=\rho^n(\cos n\varphi+i\sin n\varphi),$$

由于$w^n=z$,所以

$$\rho^n(\cos n\varphi+i\sin n\varphi)=|z|(\cos\theta+i\sin\theta),$$

再由复数相等条件,得

$$\rho^n=|z|,\quad\cos n\varphi=\cos\theta,\quad\sin n\varphi=\sin\theta,$$

即有

$$\rho=|z|^{\frac{1}{n}},\quad n\varphi=\theta+2k\pi\quad(k=0,\pm1,\pm2,\cdots).$$

于是

$$w = \sqrt[n]{z} = |z|^{\frac{1}{n}} \left(\cos \frac{\theta + 2k\pi}{n} + i \sin \frac{\theta + 2k\pi}{n} \right) = |z|^{\frac{1}{n}} e^{i\frac{\theta + 2k\pi}{n}}.$$

注意 当 $k = 0, 1, 2, \cdots, n-1$ 时,得 n 个相异的值;当 $k = n, n+1, \cdots,$ 时,这些值又重复出现.

说明 在几何上,$\sqrt[n]{z}$ 的 n 个值是以原点为中心,$|z|^{\frac{1}{n}}$ 为半径的圆的内接正 n 边形的 n 个顶点.

例 1.9 计算下列各题:

① $(1+\sqrt{3}i)^3$; ② $\sqrt[4]{1+i}$.

解 ① 因为复数的模 $|1+\sqrt{3}i| = 2$,辐角 $\theta = \arctan \frac{\sqrt{3}}{1} = \frac{\pi}{3}$,则

$$(1+\sqrt{3}i)^3 = \left[2 \left(\cos \frac{\pi}{3} + i \sin \frac{\pi}{3} \right) \right]^3 = 8(\cos \pi + i \sin \pi) = -8.$$

② 因为复数的模 $|1+i| = \sqrt{1+1} = \sqrt{2}$,辐角 $\theta = \arctan 1 = \frac{\pi}{4}$,

则

$$1+i = \sqrt{2} \left(\cos \frac{\pi}{4} + i \sin \frac{\pi}{4} \right),$$

所以

$$\sqrt[4]{1+i} = \left[\sqrt{2} \left(\cos \frac{\pi}{4} + i \sin \frac{\pi}{4} \right) \right]^{\frac{1}{4}}$$

$$= \sqrt[8]{2} \left(\cos \frac{\frac{\pi}{4} + 2k\pi}{4} + i \sin \frac{\frac{\pi}{4} + 2k\pi}{4} \right) \quad (k = 0, 1, 2, 3).$$

即

$$w_0 = \sqrt[8]{2} \left(\cos \frac{\pi}{16} + i \sin \frac{\pi}{16} \right), w_1 = \sqrt[8]{2} \left(\cos \frac{9\pi}{16} + i \sin \frac{9\pi}{16} \right),$$

$$w_2 = \sqrt[8]{2} \left(\cos \frac{17}{16}\pi + i \sin \frac{17}{16}\pi \right), w_3 = \sqrt[8]{2} \left(\cos \frac{25}{16}\pi + i \sin \frac{25}{16}\pi \right).$$

这四个值是中心在原点,半径为 $\sqrt[8]{2}$ 的圆的内接正方形的顶点,如图 1-3 所示,且

$$w_1 = i w_0, \quad w_2 = -w_0, \quad w_3 = -i w_0, \quad w_4 = w_0.$$

例 1.10 求解方程 $z^3 - 1 = 0$ 的根.

解 由方程 $z^3 - 1 = 0$,即得 $z^3 = 1$,其解为

$$z = \sqrt[3]{1} = (\cos 0 + i \sin 0)^{\frac{1}{3}} = \cos \frac{2k\pi}{3} + i \sin \frac{2k\pi}{3}$$

$$= e^{\frac{0 + 2k\pi}{3}i} \quad (k = 0, 1, 2).$$

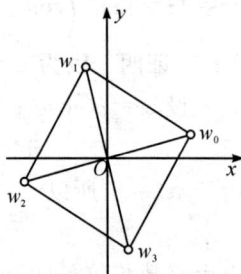

图 1-3

方程的 3 个根分别为

$$z_0 = e^0 = 1, \quad z_1 = e^{\frac{2\pi}{3}i} = \cos \left(\frac{2\pi}{3} \right) + i \sin \left(\frac{2\pi}{3} \right) = -\frac{1}{2} + i \frac{\sqrt{3}}{2},$$

$$z_2 = \mathrm{e}^{\frac{4\pi}{3}i} = \cos\frac{4\pi}{3} + i\sin\frac{4\pi}{3} = -\frac{1}{2} - i\frac{\sqrt{3}}{2}.$$

思考题 1.1

1. 举例说明复数以及复数的运算与实数有哪些不同.

2. 复数可以用复平面上的向量表示,那么复数的加减是否可以通过向量加减来实现?

3. 复数各种表示形式之间的关系怎样? 试举一例来说明.

4. 开方运算对应着几个值? 几何上怎样解释?

5. 什么是棣摩弗公式? 什么是欧拉公式?

习题 1.1

1. 写出下列复数的三角式和指数式:

(1) $1 - \sqrt{3}i$;　(2) $-5i$;　(3) -1;　(4) $\sqrt{-i}$.

2. 将下列复数写成 $x + iy$ 形式:

(1) $\dfrac{1-i}{1+i}$;　(2) $\dfrac{i}{1-i} + \dfrac{1-i}{i}$.

3. 计算下列各题:

(1) $(\sqrt{3}-i)^4$;　(2) $\sqrt{3+4i}$.

4. 求解方程 $z^3 - 2 = 0$.

5. 用复参数方程表示下列曲线:

(1) 连接 0 与 $1+i$ 的直线段;

(2) 以原点为中心,焦点在实轴上,长半轴为 a,短半轴为 b 的椭圆.

§1.2　复平面的点集与区域

研究复变函数问题与实函数一样,每个复变量都有自己的变化范围,复自变量的变化范围同于二元函数的自变量的变化范围,下面先看两引例.

引例一:集合 $|z - z_0| \leqslant 4$ 是平面上到定点 z_0 的距离小于等于 4 的点的集合,即是平面上以 z_0 为圆心,2 为半径的圆盘.

引例二:集合 $a < \mathrm{Im}\,z < b$ ($a < b$)表示平面上虚部介于 a 与 b 之间点的集合,它是平面上一条平行于 x 轴的带形区域(如图 1 - 4 所示),不含边界.

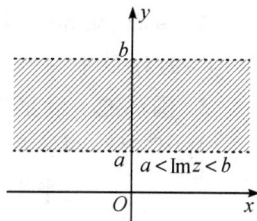

图 1 - 4

一、开集与闭集

1. 邻域 平面上以 z_0 为中心，$\delta>0$ 为半径的圆 $|z-z_0|=\delta$ 内部的点的集合称为 z_0 的 δ 邻域，如图 $1-5$ 所示.

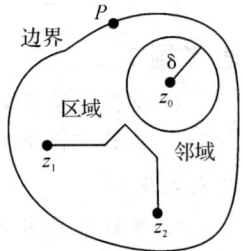

图 $1-5$

特例：① $0<|z-z_0|<\delta$ 所确定的点集称为 z_0 的**去心邻域**. ② 包括无穷远点在内且满足 $|z|>M$ 的所有点集合称为**无穷远点邻域**.

2. 内点 设 G 是平面点集，z_0 为 G 中任一点，如果存在 z_0 的一个邻域，该邻域内的所有点都属于 G，则称 z_0 为 G 的内点.

3. 开集 如果 G 中的每一个点是内点，则称 G 为开集.

4. 余集 平面上不属于 G 的点的全体称为 G 的余集，记为 G^c，开集的余集称为闭集.

5. 边界 如果点 z_0 的任意邻域内既有 G 的点又有 G^c 的点，则称 z_0 是 G 的边界点，G 的边界点全体称为 G 的边界.

6. 孤立点 $z_0\in G$，若在 z_0 的某一邻域内除 z_0 外不含 G 的点，则称 z_0 是 G 的一个孤立点，G 的孤立点一定是 G 的边界点.

7. 有界集与无界集 如果存在一个以点 $z=0$ 为中心的圆盘包含 G，则称 G 为有界集，否则称 G 为无界集.

例如，$G_1=\{z:|z|<R\}$ 是开集，$G_2=\{z:|z|\geqslant R\}$ 是闭集，这是因为它的余集 $G_2^c=\{z:|z|<R\}$ 是开集，$|z|=R$ 是 G_2 的边界.

二、区域

1. 连通 设 G 中任何两点都可以用完全属于 G 的折线连接起来，则称 G 是连通的.

2. 区域 连通的开集称为区域，记为 D.

3. 闭区域 区域 D 与它的边界一起构成闭区域，记为 $\overline{D}$.

4. 有界、无界区域 若区域 D 可以被包含在一个以原点为中心的圆内，即存在 $M>0$，对 D 中每一点 z，都有 $|z|<M$，则称 D 为有界区域，否则称无界区域.

5. 圆环域 满足不等式 $0<r_1<|z-z_0|<r_2$ 的所有点构成的区域.

常用区域：圆域 $|z-z_0|<R$，圆环域 $r_1<|z-z_0|<r_2$，

上半平面 $\text{Im}z>0$，角形域 $0<\text{arg}z<\varphi$，

带形域 $a<\text{Re}z<b$.

例 1.11 试说出下列各式所表示的点集的图形，并指出哪些是区域.

① $z+\bar{z}>0$；② $|z+1-i|\leqslant1$；③ $\dfrac{\pi}{6}<\arg z<\dfrac{\pi}{3}$.

解 ① 设 $z=x+iy$，则 $z+\bar{z}=2x>0$，即 $x>0$ 表示右半平面，这是一个区域.

② 因为 $z+1-i=z-(-1+i)$，则 $|z+1-i|\leqslant1$，即 $|z-(-1+i)|\leqslant1$，这表示以 $-1+i$ 为中心，以 1 为半径的圆周连同其内部区域，这是一个闭区域（如图 1-6 所示）.

③ $\dfrac{\pi}{6}<\arg z<\dfrac{\pi}{3}$ 表示介于两射线 $\arg z=\dfrac{\pi}{6}$ 及 $\arg z=\dfrac{\pi}{3}$ 之间的一个角形区域（如图 1-7 所示）.

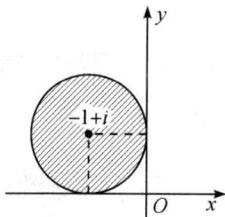

图 1-6

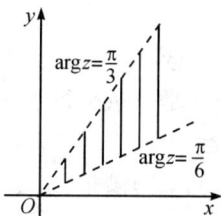

图 1-7

三、平面曲线

1. 平面曲线的复数式

例如，方程 $z=z(t)=\cos t+i\sin t$（$0\leqslant t\leqslant2\pi$）表示怎样的曲线？

当 $0\leqslant t\leqslant2\pi$ 时，$|z|=1$，所以它表示以原点为圆心，以 1 为半径的圆周，相当于 $\begin{cases}x=\cos t\\y=\sin t\end{cases}$（$0\leqslant t\leqslant2\pi$），这是圆周的参数方程.

一般地，若 $x(t)$，$y(t)$ 是两个连续的实函数，则 $\begin{cases}x=x(t)\\y=y(t)\end{cases}$（$a\leqslant t\leqslant b$）表示一条平面曲线的参数方程，称为连续曲线.

若令 $z(t)=x(t)+iy(t)$，此时这一条曲线可用一个复数方程 $z(t)$（$a\leqslant t\leqslant b$）表示，这就是平面曲线的复数式的参数方程.

例 1.12 方程 $z=(1+i)t$（$0\leqslant t\leqslant1$）表示怎样的曲线？

解 因为当 $0\leqslant t\leqslant1$ 时，$\arg z=$ 定值，所以 $z=(1+i)t$ 表示由 $z=0$ 到 $z=1+i$ 的直线段，相当于 $\begin{cases}x=t\\y=t\end{cases}$（$0\leqslant t\leqslant1$），即是直线的参数方程，或直角坐标方程为 $y=x$（$0\leqslant x\leqslant1$）.

例 1.13 讨论下列方程所表示的曲线，并将方程化为直角坐标方程.

① $|z+i|=2$；② $|z-2i|=|z+2|$；③ $\operatorname{Im}(i+\bar{z})=4$.

解 ① 方程 $|z+i|=2$ 表示与点 $-i$ 距离为 2 的点的轨迹,即中心为 $-i$,半径为 2 的圆周.

若化为直角坐标方程,将 $z=x+iy$ 代入 $|z+i|=2$ 中,得

$$|(x+iy)+i|=2,$$

即

$$\sqrt{x^2+(y+1)^2}=2 \text{ 或 } x^2+(y+1)^2=4.$$

② 方程 $|z-2i|=|z+2|$ 表示到点 $(0,2i)$ 和 $(-2,0)$ 距离相等的动点的轨迹,即表示连接点 $(0,2i)$ 和 $(-2,0)$ 的线段的垂直平分线.

若化为直角坐标方程,将 $z=x+iy$ 代入方程 $|z-2i|=|z+2|$ 中,则直角坐标方程为

$$y=-x.$$

③ 设 $z=x+iy$,则 $i+\bar{z}=x+(1-y)i$,于是 $\text{Im}(i+\bar{z})=4$,得 $1-y=4$,即 $y=-3$,故 $y=-3$ 是一条平行于 x 轴的直线.

2. 光滑曲线

设函数 $x(t),y(t)$ 满足:① $x'(t),y'(t)$ 在区间 $[\alpha,\beta]$ 上连续;② 当 $t\in[\alpha,\beta]$ 时,$[x'(t)]^2+[y'(t)]^2\neq0$.则称曲线 $z=x(t)+iy(t)$ 为**光滑曲线**.

由若干段光滑曲线所组成的曲线称为**分段光滑曲线**.

例 1.14 曲线 $z=t^2+it^3$ ($-1\leqslant t\leqslant1$)表示怎样的曲线?

解 曲线方程也可以写成直角坐标的参数式 $x=t^2,y=t^3$,因此消去 t 可得 $y=\pm x^{\frac{3}{2}}$ (半立方抛物线).

容易验证:当 $t=0$ 时,有 $x'(0)=y'(0)=0$,曲线在 $t=0$ 对应点处不光滑,因此该曲线是分段光滑曲线.

3. 简单闭曲线

分别称 $z(\alpha),z(\beta)$ 为曲线 $z=z(t)$ 的起点与终点.

若曲线 $z=z(t)$ ($\alpha\leqslant t\leqslant\beta$)满足下列条件:① $z(\alpha)=z(\beta)$;② 当 $t_1\neq t_2$ 且 $t_1,t_2\neq\alpha,\beta$ 时,$z(t_1)\neq z(t_2)$.则称这条曲线为**简单闭曲线**.

4. 单连通区域与多连通区域

设 D 为一平面区域,若在 D 中任做一条简单闭曲线,而曲线内部总属于 D,则称 D 为单连通区域;否则称多连通区域.

单连通区域的特征:属于 D 的任何一条简单闭曲线,在 D 内可经过连续变形而缩成一点.

思考题 1.2

1. 平面上圆域、环域、带形域、角形域如何表示?

2. 如何将平面曲线的参数方程转化为复数的参数方程?

3. 如何将平面曲线的复数方程转化为直角坐标的参数方程?

习题 1.2

1. 说明下列不等式所表示的区域.

(1) $|z-1|<2$;　(2) $0<\arg z<\dfrac{\pi}{3}$, $2<\mathrm{Re}z<4$;　(3) $1\leqslant\mathrm{Im}z\leqslant 2$;

(4) $\mathrm{Re}z+|z|<1$;　(5) $|z+1|+|z-1|<4$.

2. 指出满足下列各式的点的轨迹是什么曲线?

(1) $|z+2i|=1$;　(2) $\mathrm{Re}(i\bar{z})=3$;　(3) $\mathrm{Im}z=2$;　(4) $\arg(z-i)=\dfrac{\pi}{4}$.

3. 把下列曲线的复参数方程转换为直角坐标方程.

(1) $z=(1-i)t$;　(2) $z=t+\dfrac{i}{t}$;　(3) $z=3e^{2\pi t i}$　$(0\leqslant t\leqslant 1)$.

§1.3　复变函数

　　由二元实函数知道,若 $u=u(x,y)$,$v=v(x,y)$ 是实变量 x,y 的两个二元函数,则对于每一对变量 (x,y),都有变量 (u,v) 与之对应,即 $(x,y)\to(u,v)$.

　　如果记 $w=u(x,y)+iv(x,y)$,那么 $z\leftrightarrow(x,y)\xrightarrow{f}(u,v)\leftrightarrow w$,即
$$z=x+iy\to w=u+iv,$$
可将 w 看作复变量 z 的函数,即复变函数 $w=f(z)$.

一、复变函数的概念

1. 复变函数的定义

　　定义 1.4　设 G 是一个复数的集合,如果有一个确定的法则存在,按照这一法则,对于集合中的每一个复数 $z\in G$,有唯一确定的复数 $w=u+iv$ 与之对应,那么称复变数 w 是复变数 z 的函数,即复变函数,记为 $w=f(z)$.点集 G 称为这个函数的定义域,z 称为自变量,w 称为因变量.

　　说明　① 若 z 的一个值对应着 w 的一个值,称 $f(z)$ 在 G 上确定了一个单值函数,若对应着 w 的两个或两个以上的值,称 $f(z)$ 在 G 上确定了一个多值函数,今后不作特定声明,都是指单值函数;② 这里 G 称为函数 $f(z)$ 的定义集合(以后讨论的是区域,称定义域),而对应于 G 中所有 G 的一切 w 值组成的集合 G^*,称为函数值集合.

2. 复变函数与二元实函数的关系

　　给定复数 $z=x+iy$ 相当于给出一对实数 x,y.而复数 $w=u+iv$ 同样对应

一对实数 u,v，即 $z\leftrightarrow(x,y)\xrightarrow{f}w=f(z)\leftrightarrow(u,v)$，亦即复变函数

$$w=f(z)\overset{\text{对应}}{\Longleftrightarrow}u=u(x,y),v=v(x,y),$$

对应两个二元实变函数. 因此可以利用两个二元实变函数来讨论复变函数 $w=f(z)$.

例 1.15 求复变函数 $w=z^2$ 对应的两个二元实函数.

解 设 $z=x+iy,w=u+iv$，则复变函数

$$w=u+iv=(x+iy)^2=x^2-y^2+2ixy,$$

于是函数 $w=z^2$ 对应两个二元实变函数

$$u=x^2-y^2,v=2xy.$$

反之，任何两个给定二元实函数 $u(x,y),v(x,y)$，那么 $w=u+iv$ 有可能通过适当重新组合，使 x 与 y 仅以 $x+iy=z$ 或 $\bar{z}=x-iy$ 形式表示.

例 1.16 将下列两个二元实变函数表示为复变函数，即用 $z,\bar{z}$ 表示.

① $u(x,y)=\dfrac{x}{x^2+y^2}$，$v(x,y)=-\dfrac{y}{x^2+y^2}$ $(x^2+y^2\neq0)$；

② $w=3x+iy$.

解 ① 因为

$$w=u+iv=\frac{x-iy}{x^2+y^2}=\frac{\bar{z}}{z\bar{z}}=\frac{1}{z}.$$

② 用 $x=\dfrac{1}{2}(z+\bar{z}),y=\dfrac{1}{2i}(z-\bar{z})$ 代入 $w=3x+iy$ 中，得

$$w=3x+iy=3\,\frac{1}{2}(z+\bar{z})+i\,\frac{1}{2i}(z-\bar{z})=2z+\bar{z}.$$

注意 在复变函数中重要的一类函数是仅仅能用 z 来表示的函数.

*3. 复变函数的几何意义

在高等数学中，常把函数用几何图形来表示，这样可以直观地帮助我们理解和研究函数的性质. 对于复变函数，由于它反映了两对变量 (x,y) 和 (u,v) 之间的对应关系，因而无法用同一个平面的几何图形表示出来，必须把它看成两个复平面上的点集之间的对应关系.

如果用 z 平面上的点表示自变量 z 的值，而用另一 w 平面上的点表示函数 w 的值，那么函数 $w=f(z)$ 在几何上就可以看作是 z 平面上的点集 G（定义域）变到 w 上的一个点集 G^*（函数值集合）的映射或变换. 这个映射通常简称由函数 $w=f(z)$ 所构成的映射.

如果 G 中的点 z 被 $w=f(z)$ 映射成 G^* 中的点 w，那么称 w 为 z 的象，而 z 称为 w 的原象.

例 1.17 研究函数 $w=\bar{z}$ 构成的映射.

显然 $w=\bar{z}$ 将 z 平面上的点 $z=a+ib$ 映射成 w 平面上的点 $w=a-ib$,把 $\triangle ABC$ 映射成 $\triangle A'B'C'$,如图 $1-8$ 所示.

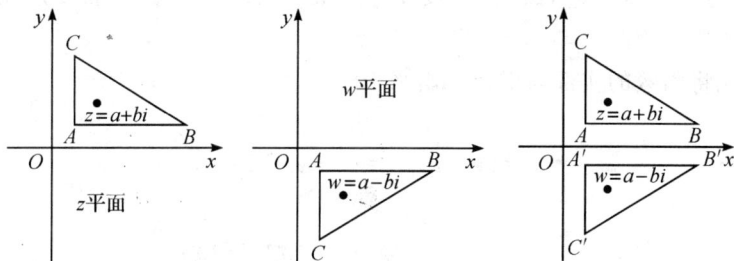

图 $1-8$

如果把 z 平面和 w 平面重叠在一起,$w=\bar{z}$ 是关于实轴的一个对称映射.

例 1.18　函数 $w=\dfrac{1}{z}$ 将 z 平面上曲线 $x^2+y^2=4$ 映成 w 平面上怎样的曲线?

解　先将函数的实部与虚部求出来,

因为

$$w=\frac{1}{z}=\frac{x-iy}{x^2+y^2},$$

则有

$$u=\frac{x}{x^2+y^2},v=\frac{-y}{x^2+y^2},$$

由于 $x^2+y^2=4$,则

$$u=\frac{x}{4},v=\frac{-y}{4},$$

从中消去 x,y,便得 w 平面上的曲线

$$u^2+v^2=\frac{1}{4},$$

这条曲线是 w 平面上以原点为圆心,$\dfrac{1}{2}$ 为半径的圆.

例 1.19　研究函数 $w=z^2$ 构成的映射.

① 将 z 平面上角域 $0<\arg z<\alpha$ 映射到 w 平面成怎样区域?

② 将 z 平面上给出的圆周 $|z|=1$ 映射到 w 平面成怎样曲线?

③ 将 z 平面中直线 $x=1,x=\dfrac{1}{2},y=1,y=\dfrac{1}{2}$ 映射到 w 平面成怎样曲线?

④ $w=z^2$ 将 w 平面上的直线 $u=C_1,v=C_2$ 映射到 z 平面成怎样的曲线?

解　① 由乘法的模与幅角定理可知,其象是 2 倍角域 $0<\arg w<2\alpha$,并且

点 $z_1=i \xrightarrow{\text{映射}} w_1=-1$,点 $z_2=(1+2i) \xrightarrow{\text{映射}} w_2=-3+4i$,

点 $z_3 = -1 \xrightarrow{\text{映射}} w_3 = 1$.

② 曲线 $|z| = 1$ 经过映射 $w = z^2$，则有 $|w| = |z^2| = 1$，这条曲线是 w 平面上的单位圆周.

③ 先将函数的实部与虚部求出来，

因为

$$w = (x + iy)^2 = x^2 - y^2 + 2xyi,$$

所以

$$u(x, y) = x^2 - y^2, \quad v(x, y) = 2xy,$$

将 z 平面上直线 $x = 1$ 代入上式，得

$$u = 1 - y^2, \quad v = 2y,$$

消去 y 便得 w 平面上的曲线

$$u = 1 - \frac{v^2}{4},$$

这条曲线是 w 平面上的抛物线.

z 平面上直线 $x = \frac{1}{2}$ 代入 $u = x^2 - y^2, v = 2xy$ 中，得 $u + v^2 = \frac{1}{4}$，这是 w 平面上的抛物线.

z 平面上直线 $y = 1$ 代入 $u = x^2 - y^2, v = 2xy$ 中，得 $u = x^2 - 1, v = 2x$，再消去 x，便得 w 平面上的曲线

$$u = \frac{v^2}{4} - 1,$$

这条曲线是 w 平面上的抛物线.

同样 $y = \frac{1}{2} \xrightarrow{\text{映射}} u - v^2 = -\frac{1}{4}$，这条曲线是 w 平面上的抛物线.

④ 因为 $u = x^2 - y^2, v = 2xy$，所以映射 $w = z^2$ 将 w 平面上直线

$$u = C_1 \xrightarrow{\text{映射}} x^2 - y^2 = C_1,$$

$$v = C_2 \xrightarrow{\text{映射}} 2xy = C_2,$$

这两条曲线是 z 平面上的双曲线.

从上述讨论可以看出，映射 $w = z^2$ 将 w 平面上由直线 $u = \frac{1}{2}, u = 1, v = \frac{1}{2}$，$v = 1$ 所围成的区域映成 z 平面上由双曲线 $x^2 - y^2 = \frac{1}{2}, x^2 - y^2 = 1, 2xy = \frac{1}{2}$，$2xy = 1$ 所围成的区域.

反函数(逆映射)

设函数 $w = f(z)$ 定义集合为 z 平面上的集合 G，函数值集合为 w 平面上集合 G^*，那么 G^* 中每一点 w 将对应 G 中的点，按函数定义，在 G^* 上确定一个函

数 $z=\varphi(w)$,称为 $w=f(z)$ 的反函数或逆映射,记为 $w=f^{-1}(z)$.

二、复变函数的极限和连续

1. 复变函数的极限

定义 1.5　设函数 $w=f(z)$ 在 z_0 的去心邻域 $0<|z-z_0|<\rho$ 内有定义,如果有一个确定的复数 A 存在,对于任意给定的 $\varepsilon>0$,总存在正数 $\delta(\varepsilon)(0<\delta\leqslant\rho)$,使得对满足 $0<|z-z_0|<\delta$ 的一切 z,都有 $|f(z)-A|<\varepsilon$ 成立,那么称 A 为函数 $f(z)$,当 z 趋向 z_0 时的极限记为 $\lim\limits_{z\to z_0}f(z)=A$ 或 $f(z)\to A$(当 $z\to z_0$ 时).

说明　① 极限定义的几何意义,当 z 进入 z_0 的充分小的去心邻域时,象 $f(z)$ 就落入 A 的预先给定的 ε 邻域中,同一元函数的极限类似.

② 定义中 $z\to z_0$ 方式是任意的,即无论从何方向、以何方式趋向于 z_0 时,函数 $f(z)$ 都要趋向于一个确定常数,这一点和二元函数类似.

③ 不等式 $0<|z-z_0|<\delta$ 可以写成

$$0<|(x+iy)-(x_0+iy_0)|=\sqrt{(x-x_0)^2+(y-y_0)^2}<\delta,$$

不等式 $|f(z)-A|<\varepsilon$ 可以写成

$$|u(x,y)+iv(x,y)-u_0-iv_0|<\varepsilon.$$

于是有如下定理.

定理 1.3　设函数 $f(z)=u(x,y)+iv(x,y)$,复常数 $A=u_0+iv_0$,$z_0=x_0+iy_0$,则 $\lim\limits_{z\to z_0}f(z)=A$ 的充分必要条件是 $\lim\limits_{(x,y)\to(x_0,y_0)}u(x,y)=u_0$,$\lim\limits_{(x,y)\to(x_0,y_0)}v(x,y)=v_0$.

*证明　① 必要性:已知 $\lim\limits_{z\to z_0}f(z)=A$,由极限的定义知,对于任意给定的 $\varepsilon>0$,存在 $\delta>0$,当 $0<|z-z_0|<\delta$ 时,即

$$0<|(x+iy)-(x_0+iy_0)|=\sqrt{(x-x_0)^2+(y-y_0)^2}<\delta$$

时,有

$$|f(z)-A|=|(u-u_0)+i(v-v_0)|=\sqrt{(u-u_0)^2+(v-v_0)^2}<\varepsilon,$$

因为

$$|u-u_0|\leqslant|(u-u_0)+i(v-v_0)|,|v-v_0|\leqslant|(u-u_0)+i(v-v_0)|,$$

于是,当 $0<\sqrt{(x-x_0)^2+(y-y_0)^2}<\delta$ 时,则有

$$|u-u_0|<\varepsilon,|v-v_0|<\varepsilon,$$

故　　　　　　$\lim\limits_{(x,y)\to(x_0,y_0)}u(x,y)=u_0$,$\lim\limits_{(x,y)\to(x_0,y_0)}v(x,y)=v_0$.

② 充分性:已知 $\lim\limits_{(x,y)\to(x_0,y_0)}u(x,y)=u_0$,$\lim\limits_{(x,y)\to(x_0,y_0)}v(x,y)=v_0$,由二元函数极限的定义知,当

$$0<\sqrt{(x-x_0)^2+(y-y_0)^2}<\delta$$

时,有
$$|u-u_0|<\frac{\varepsilon}{2}, \quad |v-v_0|<\frac{\varepsilon}{2}.$$

而
$$|f(z)-A|=|(u-u_0)+i(v-v_0)|\leqslant|u-u_0|+|v-v_0|,$$
所以当 $0<|z-z_0|<\delta$ 时,

有
$$|f(z)-A|<\frac{\varepsilon}{2}+\frac{\varepsilon}{2}=\varepsilon,$$

即
$$\lim_{z\to z_0}f(z)=A.$$

注意 这个定理将求复变函数 $f(z)=u(x,y)+iv(x,y)$ 的极限问题转化为求两个二元实函数 $u=u(x,y),v=v(x,y)$ 的极限问题.

定理 1.4 如果 $\lim\limits_{z\to z_0}f(z)=A,\lim\limits_{z\to z_0}g(z)=B$,则

(1) $\lim\limits_{z\to z_0}[f(z)\pm g(z)]=A\pm B$;

(2) $\lim\limits_{z\to z_0}f(z)\cdot g(z)=A\cdot B$;

(3) $\lim\limits_{z\to z_0}\dfrac{f(z)}{g(z)}=\dfrac{A}{B}$ $(B\neq 0)$.

例 1.20 证明函数 $f(z)=\dfrac{\mathrm{Re}z}{|z|}$,当 $z\to 0$ 时,极限不存在.

证明 (方法 1)令 $z=x+iy$,则 $f(z)=\dfrac{x}{\sqrt{x^2+y^2}}$.

因为二元函数 $u(x,y)=\dfrac{x}{\sqrt{x^2+y^2}}$,当 z 沿着直线 $y=kx$ 趋近于零时,极限

$$\lim_{\substack{x\to 0 \\ y=kx}}u(x,y)=\lim_{\substack{x\to 0 \\ kx}}\frac{x}{\sqrt{x^2+(kx)^2}}=\pm\frac{1}{\sqrt{1+k^2}},$$

该极限随 k 的不同而不同,所以极限 $\lim\limits_{\substack{x\to 0 \\ y=kx}}u(x,y)$ 不存在,于是极限 $\lim\limits_{z\to 0}f(z)$ 不存在.

(方法 2)令 $z=r(\cos\theta+i\sin\theta)$,则 $f(z)=\dfrac{r\cos\theta}{r}=\cos\theta$.

当 z 沿不同射线 $\theta=\arg z$ 趋向于零时,函数 $f(z)$ 趋向于不同的值.

例如,当 z 沿实轴 $\arg z=0$ 趋向于零时,函数 $f(z)\to 1$;

当 z 沿虚轴 $\arg z=\dfrac{\pi}{2}$ 趋向于零时,函数 $f(z)\to 0$.

所以极限 $\lim\limits_{z\to z_0}f(z)$ 不存在.

2. 复变函数的连续性

定义 1.6 设函数 $w=f(z)$ 在点 $z_0=x_0+iy_0$ 的某邻域 $|z-z_0|<\delta$ 内有定义,如果极限 $\lim\limits_{z\to z_0}f(z)=f(z_0)$ $\left[$ 或 $\lim\limits_{\Delta z\to 0}f(z_0+\Delta z)=f(z_0)\right]$,则称函数 $f(z)$ 在

点 z_0 处是连续的,如果函数 $f(z)$ 在区域 D 内处处连续,则称 $f(z)$ 是 D 上的连续函数.

定理 1.5 函数 $f(z)=u(x,y)+i(x,y)$ 在点 $z_0=x_0+iy_0$ 处连续的充分必要条件是二元函数 $u(x,y),v(x,y)$ 在 (x_0,y_0) 处连续.

例 1.21 讨论函数 $f(z)=\ln(x^2+y^2)+i(x^2-y^2)$ 的连续性.

解 因为二元函数 $u=\ln(x^2+y^2),v=x^2-y^2$ 除 $(0,0)$ 外处处连续,所以函数 $f(z)$ 在复平面除 $(0,0)$ 外处处连续.

说明 复变函数的极限与连续性的定义,与实函数的极限与连续性的定义形式上完全相同,因此高等数学中的有关定理依然成立,于是有与高等数学中类似的定理.

定理 1.6 (1) 连续函数的和、差、积、商(分母不为零)是连续函数;

(2) 连续函数的复合函数是连续函数;

(3) 有界闭区域 $\overline{D}$ 上的连续函数 $f(z)$ 是有界函数,即存在一个正数 M,使得对于 $\overline{D}$ 上所有的点,都有 $|f(z)|\leqslant M$;

(4) 有界闭区域 $\overline{D}$ 上的连续函数 $f(z)$,在 $\overline{D}$ 上函数的模 $|f(z)|$ 有最大值与最小值,即在 $\overline{D}$ 上一定有这样的点 z_1 与 z_2 存在,使得对于 $\overline{D}$ 上的一切 z,都有

$$|f(z_2)|\leqslant|f(z)|\leqslant|f(z_1)|.$$

由以上结论(1)(2)可得,有理函数 $R(z)=\dfrac{P(z)}{Q(z)}$,在复平面内使分母不为零的点处连续.

思考题 1.3

1. 复变函数与微积分中的函数有什么不同?

2. 复变函数中的极限与微积分中的一元函数极限有什么不同?与二元函数极限又有什么关系?

3. 复变函数的连续性与微积分中的一元函数的连续性有什么不同?与二元函数的连续性又有什么关系?

习题 1.3

1. 设函数 $f(z)=\begin{cases}\dfrac{xy}{x^2+y^2}, & z\neq 0 \\ 0, & z=0\end{cases}$,试证明 $f(z)$ 在 $z=0$ 处不连续.

2. 试证明函数 $f(z)=\bar{z}$ 在复平面上处处连续.

3. 试证明函数 $f(z)=\dfrac{1}{1+z^2}$ 在圆域 $|z|<1$ 内连续.

4. 试证明函数 $f(z) = \arg z$ $(-\pi < \arg z \leqslant \pi)$ 在原点与负实轴上不连续.

5. 下列函数 $w = f(z)$ 将 z 平面上的区域 D 映射到 w 平面上什么点集?

(1) $f(z) = iz$, D: $\text{Im} z \geqslant 0$; (2) $f(z) = z^2$, D: $1 \leqslant |z| \leqslant 2$, $0 \leqslant \arg z \leqslant \dfrac{\pi}{2}$.

§1.4 初等函数

我们知道"高等数学"主要研究的对象是初等函数,本节把实变函数中常用的一些初等函数推广到复变函数中,研究它们的性质.

一、指数函数

函数 $w = f(z) = e^z = e^{x+iy} = e^x(\cos y + i\sin y)$ 称为**指数函数**,记为 $w = \exp z$,即

$$w = e^z = \exp z.$$

根据定义可以得到指数函数的性质:

(1) 模 $|\exp z| = e^x > 0$,辐角 $\text{Arg}(\exp z) = y + 2k\pi$ $(k = 0, \pm 1, \pm 2, \cdots)$.

(2) 当 $\text{Im} z = 0$ 时,$f(z) = e^x$,其中 $x = \text{Re} z$,与高等数学中的指数函数一致.

(3) 加法定理:$\exp z_1 \cdot \exp z_2 = \exp(z_1 + z_2)$.

* **证明** 设 $z_1 = x_1 + iy_1$, $z_2 = x_2 + iy_2$,则

$$\begin{aligned}
\exp z_1 \cdot \exp z_2 &= e^{x_1}(\cos y_1 + i\sin y_1) \cdot e^{x_2}(\cos y_2 + i\sin y_2) \\
&= e^{x_1+x_2}[(\cos y_1\cos y_2 - \sin y_1\sin y_2) + i(\sin y_1\cos y_2 + \cos y_1\sin y_2)] \\
&= e^{x_1+x_2}[\cos(y_1 + y_2) + i\sin(y_1 + y_2)].
\end{aligned}$$

说明 ① 用 $e^z \xrightarrow{\text{代}} \exp z$,这里 e^z 没有幂的定义,即 $e^z = e^x(\cos y + i\sin y)$;
② 当 $x = 0$ 时,有 $e^{iy} = \cos y + i\sin y$,即**欧拉公式**.

(4) 周期性:

因为 $e^{z+2k\pi i} = e^z \cdot e^{2k\pi i} = e^z(\cos 2k\pi + i\sin 2k\pi) = e^z$,

所以 e^z 是以 $2k\pi i$ 为周期的周期函数(这个性质是实变指数函数所没有的).

(5) 指数函数 $w = e^z$ 在复平面上是连续函数.

(6) 指数函数 e^z,当 z 趋向于 ∞ 时没有极限,因为

当 z 沿着实轴正向趋向于 ∞ 时,有 $\lim\limits_{\substack{z \to \infty \\ z=x>0}} e^z = \lim\limits_{x \to +\infty} e^x = +\infty$;

当 z 沿着实轴负向趋向于 ∞ 时,有 $\lim\limits_{\substack{z \to \infty \\ z=x<0}} e^z = \lim\limits_{x \to -\infty} e^x = 0$.

例 1.22 计算 $e^{-3+\frac{\pi}{4}i}$ 的值.

解 据指数的定义,有

$$e^{-3+\frac{\pi}{4}i} = e^{-3}\left(\cos\frac{\pi}{4} + i\sin\frac{\pi}{4}\right) = e^{-3}\left(\frac{\sqrt{2}}{2} + i\frac{\sqrt{2}}{2}\right).$$

例 1.23　解方程 $e^z = 1 + \sqrt{3}i$.

解　因为

$$e^z = 1 + \sqrt{3}i = 2\left(\cos\frac{\pi}{3} + i\sin\frac{\pi}{3}\right) = 2e^{i(\frac{\pi}{3}+2k\pi)}$$

$$= e^{\ln 2}\,e^{i(\frac{\pi}{3}+2k\pi)} = e^{\ln 2 + i(\frac{\pi}{3}+2k\pi)},$$

所以方程的解为

$$z = \ln 2 + i\left(\frac{\pi}{3} + 2k\pi\right) \quad (k = 0, \pm 1, \pm 2, \cdots).$$

二、三角函数和双曲函数

1. 三角函数

据欧拉公式

$$e^{iy} = \cos y + i\sin y, \quad e^{-iy} = \cos y - i\sin y,$$

两式相加与相减,分别得

$$\cos y = \frac{e^{iy} + e^{-iy}}{2}, \quad \sin y = \frac{e^{iy} - e^{-iy}}{2i}.$$

（1）三角函数定义

定义 1.7　称 $\dfrac{e^{iz} + e^{-iz}}{2}$ 为复变量 z 的余弦函数,称 $\dfrac{e^{iz} - e^{-iz}}{2i}$ 为复变量 z 的正弦函数,分别记为 $\cos z, \sin z$,即

$$\cos z = \frac{e^{iz} + e^{-iz}}{2}, \quad \sin z = \frac{e^{iz} - e^{-iz}}{2i}.$$

（2）性质

① 连续性:$\cos z, \sin z$ 是复平面上的连续函数.

② 周期性:$\cos z, \sin z$ 是以 2π 为周期的周期函数.

因为 e^z 是以 $2\pi i$ 为周期的函数,所以 $\cos z, \sin z$ 是以 2π 为周期的函数,即

$$\cos(z + 2\pi) = \cos z, \quad \sin(z + 2\pi) = \sin z.$$

事实上,$\cos(z + 2\pi) = \dfrac{e^{i(z+2\pi)} + e^{-i(z+2\pi)}}{2} = \dfrac{1}{2}(e^{iz+2\pi i} + e^{-iz-2\pi i}) = \dfrac{1}{2}(e^{iz} + e^{-iz}) = \cos z.$

③ 奇偶性:$\cos z$ 为偶函数,$\sin z$ 为奇函数.

因为 $\cos(-z) = \cos z$,所以 $\cos z$ 为偶函数,又因为 $\sin(-z) = -\sin z$,所以 $\sin z$ 为奇函数.

④ $\sin z$ 的零点(即 $\sin z = 0$ 的根)为 $z = k\pi \quad (k = 0, \pm 1, \pm 2, \cdots)$;

$\cos z$ 的零点(即 $\cos z = 0$ 的根)为 $z = k\pi + \dfrac{\pi}{2} \quad (k = 0, \pm 1, \pm 2, \cdots)$.

（3）三角公式

因为 $e^{iz} = \cos z + i\sin z$,所以

① $\cos(z_1 \pm z_2) = \cos z_1 \cos z_2 \mp \sin z_1 \sin z_2$.

② $\sin(z_1 \pm z_2) = \sin z_1 \cos z_2 \pm \sin z_2 \cos z_1$.

③ $\sin^2 z + \cos^2 z = 1$.

由此得

$$\cos(x+iy) = \cos x \cos iy - \sin x \sin iy, \qquad (1.3)$$

$$\sin(x+iy) = \sin x \cos iy + \sin iy \cos x. \qquad (1.4)$$

当 $z = iy$ 时,$\cos iy = \dfrac{1}{2}(e^{-y} + e^y) = \dfrac{1}{2e^y}(1 + e^{2y})$,且 $|\cos iy| \xrightarrow{y \to +\infty} \infty$,

$$\sin iy = \frac{1}{2i}(e^{-y} - e^y) = \frac{i}{2}(e^y - e^{-y}), \text{且} |\sin iy| \xrightarrow{y \to +\infty} \infty.$$

(这与实数 $\cos x$,$\sin x$ 有本质区别).

又因为 $\cos iy = \dfrac{1}{2}(e^{-y} + e^y) = \mathrm{ch} y$,$\sin iy = \dfrac{1}{2i}(e^{-y} - e^y) = i \mathrm{sh} y$,

所以式(1.3)和式(1.4)又可以写成

$$\cos(x+iy) = \cos x \mathrm{ch} y - i \sin x \mathrm{sh} y, \quad \sin(x+iy) = \sin x \mathrm{ch} y + i \cos x \mathrm{sh} y.$$

注意 在复平面上 $|\sin z| \leqslant 1$,$|\cos z| \leqslant 1$ 不再成立.

④ $\tan z = \dfrac{\sin z}{\cos z}$, $\cot z = \dfrac{\cos z}{\sin z}$, $\sec z = \dfrac{1}{\cos z}$, $\csc z = \dfrac{1}{\sin z}$.

2. 双曲函数

与三角函数 $\cos z$,$\sin z$ 密切相关的是双曲函数,我们定义为

双曲正弦 $\mathrm{sh} z = \dfrac{e^z - e^{-z}}{2}$;

双曲余弦 $\mathrm{ch} z = \dfrac{e^z + e^{-z}}{2}$;

双曲正切 $\mathrm{th} z = \dfrac{\mathrm{sh} z}{\mathrm{ch} z} = \dfrac{e^z - e^{-z}}{e^z + e^{-z}}$.

性质 ① $\mathrm{ch} z$ 与 $\mathrm{sh} z$ 是以 $2\pi i$ 为周期的函数;

② $\mathrm{ch} z$ 为偶函数,$\mathrm{sh} z$ 为奇函数;

③ $\mathrm{ch} z$,$\mathrm{sh} z$ 在复平面上处处连续.

根据定义,有 $\mathrm{ch} iy = \cos y$,$\mathrm{sh} iy = i \sin y$,所以

$$\mathrm{ch}(x+iy) = \mathrm{ch} x \cos y + i \mathrm{sh} x \sin y;$$

$$\mathrm{sh}(x+iy) = \mathrm{sh} x \cos y + i \mathrm{ch} x \sin y.$$

例 1.24 计算函数值 $\cos(1+i)$.

解
$$\cos(1+i) = \frac{1}{2}[e^{i(1+i)} + e^{-i(1+i)}] = \frac{1}{2}(e^{-1+i} + e^{1-i})$$

$$= \frac{1}{2}[e^{-1}(\cos 1 + i \sin 1) + e(\cos 1 - i \sin 1)]$$

$$= \frac{1}{2}(e^{-1} + e)\cos 1 + \frac{i}{2}(e^{-1} - e)\sin 1$$

$$= \mathrm{ch} 1 \cos 1 - i \mathrm{sh} 1 \sin 1.$$

三、对数函数

与实变量函数一样,对数函数的定义为指数函数的反函数.

1. 对数函数的定义

称满足方程 $e^w=z$ $(z\neq0)$ 的函数 $w=f(z)$ 为对数函数,记为 $w=\mathrm{Ln}z$.

根据对数函数是指数函数的反函数,设 $w=\mathrm{Ln}z$,则令 $w=u+iv,z=|z|e^{i\mathrm{Arg}z}$,

代入 $e^w=z$ 中,得
$$e^{u+iv}=|z|e^{i\mathrm{Arg}z},$$

比较,得
$$e^u=|z|,v=\mathrm{Arg}z,$$

即
$$u=\ln|z|,v=\mathrm{Arg}z.$$

因此
$$w=\mathrm{Ln}z=\ln|z|+i\mathrm{Arg}z.$$

说明　对于 $w=\ln|z|+i\mathrm{Arg}z=\ln|z|+i(\arg z+2k\pi)$ $(k=0,\pm1,\pm2,\cdots)$,

① 它是多值函数,每两值相差 $2\pi i$ 的整数倍;

② 若 $k=0$,得 $w=\ln|z|+i\arg z$ 是一个单值函数,记为 $\ln z=\ln|z|+i\arg z$,称为对数函数 $w=\mathrm{Ln}z$ 的主值,其他各值可表示为 $\mathrm{Ln}z=\ln z+2k\pi i$ $(k=0,\pm1,\pm2,\cdots)$;

③ 当 $z=x>0$ 时,$\mathrm{Ln}z$ 的主值 $\ln z=\ln x$ 是实数中对数函数.

例 1.25　求 $\mathrm{Ln}(-1)$;$\mathrm{Ln}i$;$\mathrm{Ln}(-2+3i)$ 以及相应的主值.

解　$\mathrm{Ln}(-1)=\ln1+i(\pi+2k\pi)$ $(k=0,\pm1,\pm2,\cdots)$,

主值为　$\ln(-1)=\pi i$;

$$\mathrm{Ln}i=\ln1+i\mathrm{Arg}i=i\left(\frac{\pi}{2}+2k\pi\right)=\left(2k+\frac{1}{2}\right)\pi i \quad (k=0,\pm1,\pm2,\cdots),$$

主值为　$\ln i=\dfrac{1}{2}\pi i$;

$$\mathrm{Ln}(-2+3i)=\ln|-2+3i|+i\mathrm{Arg}(-2+3i)$$
$$=\frac{1}{2}\ln13+i\left[\pi-\arctan\frac{3}{2}+2k\pi\right]$$
$$=\frac{1}{2}\ln13+i\left[-\arctan\frac{3}{2}+(2k+1)\pi\right] \quad (k=0,\pm1,\pm2,\cdots),$$

主值为　$\ln(-2+3i)=\dfrac{1}{2}\ln13+i\left(\pi-\arctan\dfrac{3}{2}\right).$

注意　我们遇见了 3 种对数函数:

① 实变量的对数函数 $\ln x$,对一切正数 $x>0$ 有定义且是单值函数;

② 复变量的对数函数 $\mathrm{Ln}z$,对一切不为零的复数 $z\neq0$ 有定义,且每个 z 对应无穷多个值;

③ 复变量的对数函数 $\mathrm{Ln}z$ 的主值 $\ln z$,对一切不为零的复数 $z\neq0$ 有定义,

且为单值函数,即取 Lnz 无穷多值中的一个.

2. 性质

(1) 运算性质 $\text{Ln}(z_1 z_2) = \text{Ln}z_1 + \text{Ln}z_2$,$\text{Ln}\dfrac{z_1}{z_2} = \text{Ln}z_1 - \text{Ln}z_2$.

注意 ① 等式成立是要求等式两端取适当分支;

② $\text{Ln}z^n = n\text{Ln}z$,$\text{Ln}\sqrt[n]{z} = \dfrac{1}{n}\text{Ln}z$ 不再成立.

(2) 连续性

研究主值:$\ln z = \ln|z| + i\arg z$.

模 $\ln|z|$:除原点外在其他点都连续.

幅角 $\arg z$:在原点与负实轴上不连续.

因为,设 $z = x + iy$,则当 $x < 0$ 时,$\lim\limits_{y \to 0^-} \arg z = -\pi \neq \lim\limits_{y \to 0^+} \arg z = \pi$,所以除原点与负实轴外,在复平面内其他点对数函数 $\ln z$ 处处连续.

今后,应用对数函数 $\text{Ln}z$ 时,指的都是它在除去原点及负实轴的复平面内的某一单值分支.

四、幂函数

函数 $w = z^a$ 定义为 $z^a = e^{a\text{Ln}z}$　(a 为复数,且 $z \neq 0$)称为复变量 z 的幂函数.

由于 $\text{Ln}z$ 是多值函数,所以一般 $e^{a\text{Ln}z}$ 也是多值函数.

(1) 当 a 为正整数 n 时,

$$w = z^n = e^{n\text{Ln}z} = e^{n[\ln|z| + i(\arg z + 2k\pi)]} = |z|^n e^{in \cdot \arg z}$$

在复平面内是单值的连续函数.

(2) 当 $a = \dfrac{1}{n}$　(n 为正整数)时,

$$w = z^{\frac{1}{n}} = e^{\frac{1}{n}\text{Ln}z} = e^{\frac{1}{n}[\ln|z| + i(\arg z + 2k\pi)]} = |z|^{\frac{1}{n}} e^{i\frac{\arg z + 2k\pi}{n}}　(k = 0, 1, 2, \cdots, (n-1))$$

在复平面内是多值函数,具有 n 个分支,即

$$w = z^{\frac{1}{n}} = e^{\frac{1}{n}\ln|z|} \left(\cos\frac{\arg z + 2k\pi}{n} + i\sin\frac{\arg z + 2k\pi}{n} \right)$$

$$= |z|^{\frac{1}{n}} \left(\cos\frac{\arg z + 2k\pi}{n} + i\sin\frac{\arg z + 2k\pi}{n} \right),$$

它的各分支除去原点和负实轴外在复平面上是连续函数.

(3) 当 a 为有理数 $a = \dfrac{p}{q}$　(p 和 q 为互质的整数,且 $q > 0$)时,

$$w = z^{\frac{p}{q}} = e^{\frac{p}{q}\ln|z| + i\frac{p}{q}(\arg z + 2k\pi)}　(k = 0, 1, 2, \cdots, (q-1))$$

是一个多值函数,并且它们各分支除去原点和负实轴外在复平面是连续函数,这种开次方的幂函数又称为根式函数.

（4）当 a 为无理数或复数时，$w=z^a$ 有无穷多值，并且它们各分支除去原点和负实轴外在复平面是连续函数.

例 1.26　求 $1^{\sqrt{2}}$；i^i 和 $(1+i)^{1-i}$ 的值与主值.

解　$1^{\sqrt{2}}=e^{\sqrt{2}\mathrm{Ln}1}=e^{\sqrt{2}2k\pi i}=\cos(2k\pi\sqrt{2})+i\sin(2k\pi\sqrt{2})\quad(k=0,\pm1,\pm2,\cdots)$，

主值为 1；

$$i^i=e^{i\mathrm{Ln}i}=e^{i(\frac{\pi}{2}+2k\pi i)}=e^{-(\frac{\pi}{2}+2k\pi)}\quad(k=0,\pm1,\pm2,\cdots),$$

主值为 $e^{-\frac{\pi}{2}}$；

$$(1+i)^{1-i}=e^{(1-i)\mathrm{Ln}(1+i)}=e^{(1-i)[\ln\sqrt{2}+i(\frac{\pi}{4}+2k\pi)]}$$

$$=e^{(\ln\sqrt{2}+\frac{\pi}{4}+2k\pi)+i(\frac{\pi}{4}+2k\pi-\ln\sqrt{2})}$$

$$=\sqrt{2}e^{\frac{\pi}{4}+2k\pi}\left[\cos\left(\frac{\pi}{4}+2k\pi-\ln\sqrt{2}\right)\right.$$

$$\left.+i\sin\left(\frac{\pi}{4}+2k\pi-\ln\sqrt{2}\right)\right]\quad(k=0,\pm1,\pm2,\cdots),$$

主值为 $\sqrt{2}e^{\frac{\pi}{4}}\left[\cos\left(\frac{\pi}{4}-\ln\sqrt{2}\right)+i\sin\left(\frac{\pi}{4}-\ln\sqrt{2}\right)\right].$

例 1.27　求下列方程的解.

① $e^z=1$；　② $\sin z+\cos z=0$.

解　① 因为

$$e^z=1=e^{2k\pi i}\quad(k=0,\pm1,\pm2,\cdots),$$

所以方程的解为

$$z=2k\pi i\quad(k=0,\pm1,\pm2\cdots);$$

②（方法 1）由方程 $\sin z+\cos z=0$，得

$$\frac{1}{2i}(e^{iz}-e^{-iz})+\frac{1}{2}(e^{iz}+e^{-iz})=0,$$

即

$$e^{iz}-e^{-iz}+i(e^{iz}+e^{-iz})=0,$$

$$e^{2iz}-1+i(e^{2iz}+1)=0,$$

亦即

$$(1+i)e^{2iz}=1-i,$$

则

$$e^{2iz}=\frac{1-i}{1+i}=\frac{(1-i)^2}{(1+i)(1-i)}=\frac{(1-i)^2}{2}=-i,$$

所以

$$e^{2iz}=-i=e^{(2k\pi-\frac{\pi}{2})i}\quad(k=0,\pm1,\pm2,\cdots),$$

从而

$$2iz=\left(2k\pi-\frac{\pi}{2}\right)i,$$

于是方程的解为

$$z=k\pi-\frac{\pi}{4}\quad(k=0,\pm1,\pm2,\cdots).$$

（方法 2）由题意知 $\tan z = -1$，所以 $z = k\pi - \dfrac{\pi}{4}$ $(k = 0, \pm 1, \pm 2, \cdots)$.

思考题 1.4

1. 复变函数上的指数函数、对数函数、正余弦函数、幂函数与高等数学中的函数有什么差异？

2. 复变函数上的正弦函数、余弦函数是否是有界函数？

3. 复变函数上的幂函数一个自变量对应几个函数值？

4. $\mathrm{Ln}z^n = n\mathrm{Ln}z$，$\mathrm{Ln}\sqrt[n]{z} = \dfrac{1}{n}\mathrm{Ln}z$ 是否成立？

习题 1.4

1. 求下列函数的值：

(1) $\mathrm{e}^{1-\frac{\pi}{2}i}$； (2) $\exp\left(\dfrac{1}{4} + \dfrac{\pi}{4}i\right)$； (3) $\mathrm{Ln}(-i)$； (4) $\mathrm{Ln}(1+i)$；

(5) $\cos i$； (6) $\sin(1+i)$； (7) $(1-i)^{2i}$； (8) 3^{1-i}.

2. 解下列方程：

(1) $\ln z = \dfrac{\pi i}{2}$；(2) $1 + \mathrm{e}^z = 0$.

3. 说明：

(1) 当 $y \to \infty$ 时，$|\sin(x+iy)|$ 和 $|\cos(x+iy)|$ 趋于无穷大；

(2) 当 z 为复数时，$|\sin z| \leqslant 1$ 和 $|\cos z| \leqslant 1$ 不成立.

本章小结

本章学习了复数概念、复数的表示与复数的运算；复变函数概念、复变函数的极限、复变函数的连续以及常用的初等函数等内容.

一、复数的概念及其运算

1. 复数与实数有很多不同，复数不能比较大小，但是复数的实部、虚部和模均是实数，能够比较大小.

2. 复数的表示形式有代数表示、点表示、向量表示、三角表示、指数表示，使用上各有其便. 这些形式可以互相转换

$$z = x + iy \Longleftrightarrow (x, y) \xrightarrow[r = \sqrt{x^2 + y^2}, \, \theta = \arg z]{x = r\cos\theta, \, y = r\sin\theta} z = r(\cos\theta + i\sin\theta) \xrightarrow[]{\mathrm{e}^{i\theta} = \cos\theta + i\sin\theta} z = r\mathrm{e}^{i\theta}.$$

3. 复数的加、减、乘、除、乘方、开方运算有代数运算、三角式运算与指数式

运算,其中代数运算有加、减、乘、除,三角式运算与指数式运算有乘、除、乘方、开方.

二、复变函数

1. 复数的全体与复平面上点的全体是一一对应的,复数集可以视为平面点集,因此二元函数概念中介绍的平面点集的概念可以使用在复变函数中.

2. 复变函数的定义域为复平面上一区域,复变函数有单值与多值之分. 复变函数的极限、连续与一元实函数的极限、连续在形式上一致,但是复变函数比实变函数要求高得多.

3. 复变函数的极限、连续性等问题分别等价于其实部、虚部两个二元实函数的极限、连续性等问题.

4. 复初等函数与一元实初等函数形式一样,但是复初等函数涵义更深.

三、复数与实数的不同

1. 实数可以比较大小,但是复数不可以比较大小.

2. 在复数的开方运算,任意不等于零的复数均可以开方,其结果是一个多值的,开 n 次方就有 n 个值.

3. 复初等函数是实初等函数的推广,但是它们之间差异很大,比如,指数函数是周期函数,正余弦函数不再是有界函数等等,对数函数是多值函数,且

$$\mathrm{Ln}z^n \neq n\mathrm{Ln}z, \mathrm{Ln}\sqrt[n]{z} \neq \frac{1}{n}\mathrm{Ln}z.$$

4. 幂函数(幂是正整数)、指数函数、正弦函数、余弦函数在复平面上连续,根式函数、对数函数在单值分支 $-\pi < \arg z < \pi$ 内连续.

5. 对于对数函数、幂函数(幂是非正整数)的多值性,如何取单值分支,特别是主值如何作为普通单值函数的运算等问题.

自测题 1

一、单项选择题

1. 复数 $i^8 - 4i^{21} + i$ 的值等于 （　　）

A. $1+3i$　　　　B. $1-3i$　　　　C. i　　　　D. $-i$

2. 使得 $z^2 = |z|^2$ 成立的复数是 （　　）

A. 不存在　　　　B. 唯一　　　　C. 纯虚数　　　　D. 实数

3. 方程 $|z+2-3i| = \sqrt{2}$ 所代表的曲线是 （　　）

A. 中心为 $2-3i$，半径为 $\sqrt{2}$ 的圆周

B. 中心为 $-2+3i$，半径为 2 的圆周

C. 中心为 $-2+3i$，半径为 $\sqrt{2}$ 的圆周

D. 中心为 $2-3i$，半径为 2 的圆周

4. 函数 $f(z) = u(x,y) + iv(x,y)$ 在点 $A = a + ib$ 处极限存在的充要条件是 （　　）

A. $\lim\limits_{(x,y)\to(a,b)} u(x,y)$ 存在

B. $\lim\limits_{(x,y)\to(a,b)} u(x,y)$，$\lim\limits_{(x,y)\to(a,b)} v(x,y)$ 都存在

C. $\lim\limits_{(x,y)\to(a,b)} v(x,y)$ 存在

D. $\lim\limits_{(x,y)\to(a,b)} [u(x,y) + v(x,y)]$ 存在

5. 函数 $f(z) = u(x,y) + iv(x,y)$ 在点 $z_0 = x_0 + y_0 i$ 处连续的充要条件是 （　　）

A. $u(x,y)$ 在 (x_0, y_0) 处连续

B. $v(x,y)$ 在 (x_0, y_0) 处连续

C. $u(x,y)$ 和 $v(x,y)$ 在 (x_0, y_0) 处连续

D. $u(x,y) + v(x,y)$ 在 (x_0, y_0) 处连续

6. $\lim\limits_{x\to x_0} \dfrac{\mathrm{Im}z - \mathrm{Im}z_0}{z - z_0}$ （　　）

A. 等于 i　　　　B. 等于 $-i$　　　　C. 等于 0　　　　D. 不存在

二、填空题

1. 复数 $z = \dfrac{2i}{-1+i}$ 的实部 = _____，虚部 = _____，模 = _____，幅角 = _____.

2. 复数 $\left(\dfrac{1+i}{1-i}\right)^6$ 的值为 _____.

3. 复数 $z = 2 + 2i$ 的三角表示式为 _____，

指数表示式为_____.

4. 方程 $z^3 + 8 = 0$ 的所有根为_____.

5. 若 $\mathrm{Re}(z+2) = -1$,则点 z 的轨迹是_____.

6. 极限 $\lim\limits_{z \to 1+i}(1 + z^2 + 2z^4) = $_____.

三、计算下列各复数

1. $(1+i)(1-i)$;

2. $\dfrac{-2+3i}{3+2i}$;

3. $\left(\dfrac{1-\sqrt{3}i}{2}\right)^3$;

4. $(-2+2i)^{\frac{1}{4}}$.

四、计算下列各函数值

1. $\mathrm{e}^{3+\pi i}$;　　　**2.** $\tan i$;　　　**3.** $\cos(\pi + 5i)$;

4. $\mathrm{Ln}(1+3i)$;　　**5.** $1^{\sqrt{2}}$;　　　**6.** $(-3)^{\sqrt{5}}$.

五、求连接点 $1+i$ 与 $-1-4i$ 的直线段的参数方程.

六、将下列坐标变换公式写成复数形式:

1. 平移公式 $\begin{cases} x = x_1 + a \\ y = y_1 + b \end{cases}$;　　**2.** 旋转公式 $\begin{cases} x = x_1\cos\alpha - y_1\sin\alpha \\ y = x_1\sin\alpha + y_1\cos\alpha \end{cases}$.

七、将定义在复平面上的复变函数 $w = z^2 + 1$ 化为两个二元实函数.

八、将定义在复平面除去坐标原点的区域上的一对二元实函数

$$u = \frac{2x}{x^2+y^2}, \quad v = \frac{y}{x^2+y^2} \quad (x^2+y^2 \neq 0)$$

化为一个复变函数.

九、函数 $w = \dfrac{1}{z}$ 把下列 z 平面上的曲线映射成 w 平面上怎样的曲线?

1. $x^2 + y^2 = 1$;　　　**2.** $y = x$;　　　**3.** $x = 1$.

十、解方程 $\sin z + i\cos z = 4i$.

第二章 解析函数

解析函数是复变函数研究的主要对象,在理论和实际问题中有着广泛的应用.本章在介绍复变函数导数的概念和求导法则的基础上,着重介绍解析函数的概念,判别函数解析的方法及重要性质,最后介绍几种求解析函数的方法.

§2.1 解析函数的概念

一、复变函数的导数与微分

1. 复变函数导数的定义

复变函数导数的定义形式与"高等数学"中导数的定义形式一样.

定义 2.1 设函数 $w=f(z)$ 在点 z_0 的某邻域内有定义,$z_0+\Delta z$ 是该邻域内任意一点,函数增量为 $\Delta w=f(z_0+\Delta z)-f(z_0)$,如果极限

$$\lim_{\Delta z\to 0}\frac{f(z_0+\Delta z)-f(z_0)}{\Delta z}$$

存在,则称函数在 z_0 处可导,此极限值称为函数 $f(z)$ 在 z_0 处的导数,即

$$f'(z_0)=\frac{\mathrm{d}w}{\mathrm{d}z}\bigg|_{z=z_0}=\lim_{\Delta z\to 0}\frac{f(z_0+\Delta z)-f(z_0)}{\Delta z}.$$

说明 ① 定义中 $z_0+\Delta z\to z_0$(即 $\Delta z\to 0$)的方式是任意的,即极限值存在的要求与 $z_0+\Delta z\to z_0$ 的方式无关;

② 如果函数 $f(z)$ 在区域 D 内处处可导,就称函数 $f(z)$ 在 D 内可导.

例 2.1 求幂函数 $f(z)=z^2$ 的导数.

解 据导数定义,有

$$\lim_{\Delta z\to 0}\frac{f(z+\Delta z)-f(z)}{\Delta z}=\lim_{\Delta z\to 0}\frac{(z+\Delta z)^2-z^2}{\Delta z}=\lim_{\Delta z\to 0}(2z+\Delta z)=2z,$$

所以 $$f'(z)=2z.$$

例 2.2 函数 $f(z)=\bar{z}=x-iy$ 是否可导?

解 考虑 $\dfrac{f(z+\Delta z)-f(z)}{\Delta z}=\dfrac{\overline{z+\Delta z}-\bar{z}}{\Delta z}=\dfrac{\bar{z}+\overline{\Delta z}-\bar{z}}{\Delta z}=\dfrac{\overline{\Delta z}}{\Delta z}=\dfrac{\Delta x-i\Delta y}{\Delta x+i\Delta y}.$

① 如果 $z+\Delta z$ 沿平行于实轴方向趋向于 z 时,即 $\Delta y=0$,而 $\Delta x\to 0$,则有

$$\lim_{\Delta z \to 0}\frac{f(z+\Delta z)-f(z)}{\Delta z}=\lim_{\substack{\Delta x \to 0 \\ \Delta y=0}}\frac{\Delta x-i\Delta y}{\Delta x+i\Delta y}=1;$$

② 如果 $z+\Delta z$ 沿平行于虚轴方向趋向于 z 时,即 $\Delta x=0$,而 $\Delta y \to 0$,则有

$$\lim_{\Delta z \to 0}\frac{f(z+\Delta z)-f(z)}{\Delta z}=\lim_{\substack{\Delta x=0 \\ \Delta y \to 0}}\frac{\Delta x-i\Delta y}{\Delta x+i\Delta y}=-1.$$

由此可见函数 $f(z)=\bar{z}=x-iy$ 的导数不存在.

注意　虽然函数 $f(z)=\bar{z}=x-iy$ 的实部和虚部是两个"很好"的函数,即有任意阶连续偏导数,但函数 $f(z)=\bar{z}=x-iy$ 作为复变函数时,导数却不存在,这说明,尽管复变函数的导数定义在形式上能够与实函数导数定义一样,但其实要求很高.因为,当 $z \to z_0$(在平面上以任何方式趋向于 z_0)时,$\frac{\Delta w}{\Delta z}$ 都要有同一个极限值;但在实函数中,当 $x \to x_0$ 时,只要求在 x 轴上 x_0 左、右两侧趋向于 x_0 时,$\frac{\Delta y}{\Delta x}$ 有同一个极限值就够了.显然前者是二重极限问题,即当 $x \to x_0, y \to y_0$ 时的情况.

2. 可导与连续关系

从例 2.2 可以看出,函数 $f(z)=\bar{z}=x-iy$ 处处连续,但处处不可导.但反之可导必连续,即函数 $w=f(z)$ 在 z_0 可导,则在 z_0 必连续.

事实上,由导数的定义知,对任意给的 $\varepsilon>0$,总存在 $\delta>0$,当 $0<|\Delta z|<\delta$ 时,有

$$\left|\frac{f(z_0+\Delta z)-f(z_0)}{\Delta z}-f'(z_0)\right|<\varepsilon.$$

令
$$\rho(\Delta z)=\frac{f(z_0+\Delta z)-f(z_0)}{\Delta z}-f'(z_0),$$

那么
$$\lim_{\Delta z \to 0}\rho(\Delta z)=0.$$

由此得
$$f(z_0+\Delta z)-f(z_0)=f'(z_0)\Delta z+\rho(\Delta z)\Delta z,$$

所以
$$\lim_{\Delta z \to 0}f(z_0+\Delta z)=f(z_0),$$

即函数 $f(z)$ 在点 z_0 处连续.

值得注意的是,在复变函数中,如 $w=\mathrm{Im}z, w=\bar{z}, w=|z|$ 等都是处处连续但处处不可导的函数.

3. 求导法则

由于复变函数中导数的定义与一元实函数中导数的定义在形式上完全相同,而且极限的运算法则也一样,因而实函数中的求导法则可推广到复变函数中.

(1) $(C)'=0$　(其中 C 为常数);

(2) $(z^n)'=nz^{n-1}$　(其中 n 为正整数);

(3) $[f(z)\pm g(z)]'=f'(z)\pm g'(z)$;

(4) $[f(z) \cdot g(z)]' = f'(z) \cdot g(z) + f(z) \cdot g'(z)$；

(5) $\left[\dfrac{f(z)}{g(z)}\right]' = \dfrac{1}{[g(z)]^2}[f'(z) \cdot g(z) - f(z) \cdot g'(z)]$　$(g(z) \neq 0)$；

(6) $\{f[g(z)]\}' = f'(w)g'(z)$　（其中 $w = g(z)$）；

(7) $f'(z) = \dfrac{1}{\varphi'(w)}$，其中 $w = f(z)$ 与 $z = \varphi(w)$ 是互为反函数的单值函数，且 $\varphi'(z) \neq 0$.

4. 微分的概念

复变函数的微分在形式上与一元实函数的微分概念一样，因此类似地有微分的定义.

定义 2.2　设函数 $w = f(z)$ 在 z_0 处可导，且

$$\Delta w = f(z_0 + \Delta z) - f(z_0) = f'(z_0)\Delta z + \rho(\Delta z)\Delta z,$$

其中 $\lim\limits_{\Delta z \to 0}\rho(\Delta z) = 0$，$|\rho(\Delta z)\Delta z|$ 是 $|\Delta z|$ 的高阶无穷小量，我们称 $f'(z_0)\Delta z$ 是函数 $w = f(z)$ 在 z_0 的微分，记为

$$\mathrm{d}w = f'(z_0)\Delta z,$$

或称函数 $f(z)$ 在 z_0 处可微.

显然，函数 $f(z)$ 在 z_0 处可微的充分必要条件是函数 $f(z)$ 在 z_0 处可导.

若 $f(z)$ 在区域 D 内处处可微，则称 $f(z)$ 在 D 内可微.

二、解析函数

在复变函数理论中，重要的不是只在个别点可导的函数，而是在区域 D 内处处可导的函数，即解析函数.

1. 解析函数的概念

定义 2.3　(1) 如果函数 $f(z)$ 在 z_0 及 z_0 的邻域内处处可导，则称函数 $f(z)$ 在 z_0 解析；

(2) 如果函数 $f(z)$ 在区域 D 内每一点解析，则称函数 $f(z)$ 在 D 内解析，或称函数 $f(z)$ 是 D 内的一个解析函数；

(3) 如果函数 $f(z)$ 在 z_0 不解析，则称 z_0 为函数 $f(z)$ 的奇点.

注意　① 函数在区域内解析与在区域内可导等价；

② 函数在一点处解析和可导是两个不等价的概念，即在一点处可导不一定在该点解析，反之函数在 z_0 解析，则必在 z_0 可导.

例 2.3　研究函数 $f(z) = z^2, g(z) = x - iy, h(z) = |z|^2$ 的解析性.

解　① 对于函数 $f(z) = z^2$，在例 2.1 中已经讨论在整个复平面上处处可导，所以函数在整个复平面处处解析.

② 在例 2.1 中已经讨论函数 $g(z) = x - iy$ 是处处不可导的，故一定不解析.

③ 讨论函数 $h(z)=|z|^2$ 的解析性.

任取 z_0,由于

$$\lim_{\Delta z \to 0} \frac{h(z_0+\Delta z)-h(z_0)}{\Delta z}=\lim_{\Delta z \to 0}\frac{|z_0+\Delta z|^2-|z_0|^2}{\Delta z}$$

$$=\lim_{\Delta z \to 0}\frac{(z_0+\Delta z)(\overline{z_0}+\overline{\Delta z})-z_0\,\overline{z_0}}{\Delta z}$$

$$=\lim_{\Delta z \to 0}\frac{z_0\,\overline{\Delta z}+\overline{z_0}\Delta z+\Delta z\,\overline{\Delta z}}{\Delta z}$$

$$=\lim_{\Delta z \to 0}\left(\overline{z_0}+\overline{\Delta z}+z_0\,\frac{\overline{\Delta z}}{\Delta z}\right).$$

当 $z_0=0$ 时,上述极限为零,即 $f'(0)=0$;

当 $z_0\neq0$ 时,让 $z_0+\Delta z$ 沿直线 $y-y_0=k(x-x_0)$ 趋向于 z_0,即

$$\frac{\overline{\Delta z}}{\Delta z}=\frac{\Delta x-i\Delta y}{\Delta x+i\Delta y}=\frac{1-\dfrac{\Delta y}{\Delta x}i}{1+\dfrac{\Delta y}{\Delta x}i}=\frac{1-ki}{1+ki}$$

随着 k 的变化而变化,不趋向于一个确定的定值. 所以极限 $\lim\limits_{\Delta z \to 0}\dfrac{f(z_0+\Delta z)-f(z_0)}{\Delta z}$ 不存在.

函数 $h(z)=|z|^2$ 在 $z_0=0$ 处可导,而在其他点却不可导,因此由解析函数的定义知函数在复平面上处处不解析.

例 2.4 研究函数 $w=\dfrac{1}{z}$ 的解析性.

解 据导数的定义,对于任意 $z\neq0$,有

$$\frac{\mathrm{d}w}{\mathrm{d}z}=\lim_{\Delta z \to 0}\frac{f(z+\Delta z)-f(z)}{\Delta z}=\lim_{\Delta z \to 0}\frac{\dfrac{1}{z+\Delta z}-\dfrac{1}{z}}{\Delta z}$$

$$=\lim_{\Delta z \to 0}-\frac{1}{z(z+\Delta z)}=-\frac{1}{z^2}\quad(z\neq0),$$

所以函数 $w=\dfrac{1}{z}$ 在复平面内除点 $z=0$ 外处处可导,且 $\dfrac{\mathrm{d}w}{\mathrm{d}z}=-\dfrac{1}{z^2}$.

于是在除 $z=0$ 外的复平面内,函数 $w=\dfrac{1}{z}$ 处处解析,而 $z=0$ 是函数的一个奇点.

2. 解析函数的运算法则

(1) 区域 D 内解析函数的和、差、积、商(除去分母为 0 的点)在 D 内解析.

(2) 设函数 $h=g(z)$ 在 z 平面上区域 D 内解析,函数 $w=f(h)$ 在 h 平面上的区域 G 内解析. 如果对 D 内的每一个点 z,函数 $g(z)$ 的对应值都属于 G,那么复合函数 $w=f[g(z)]$ 在 D 内解析.

根据解析函数的运算法则知，多项式

$$P(z) = a_0 z^n + a_1 z^{n-1} + \cdots + a_n$$

在全复平面上处处解析；有理函数

$$R(z) = \frac{P(z)}{Q(z)} = \frac{a_0 z^n + a_1 z^{n-1} + \cdots + a_n}{b_0 z^n + b_1 z^{n-1} + \cdots + b_n}$$

在分母不为零的点的区域内解析，使分母为零的点是函数的奇点.

例 2.5 确定函数 $f(z) = \dfrac{1}{z^2 - 1}$ 的解析区域和奇点，并求出导函数.

解 函数 $f(z) = \dfrac{1}{z^2 - 1}$ 是有理函数，除去分母为零的点外处处解析.

因为分母 $Q(z) = z^2 - 1 = (z-1)(z+1)$，则分母等于零的点为 $z = \pm 1$，于是函数 $f(z)$ 的解析区域为除点 $z = 1, z = -1$ 外的复平面，其中 $z = 1, z = -1$ 为函数的奇点. 且有导数

$$f'(z) = \left(\frac{1}{z^2 - 1}\right)' = \frac{-2z}{(z^2 - 1)^2}.$$

3. 函数解析的充分必要条件

据解析函数的定义，如果根据在每一点的邻域内函数是否可导判别一个函数是否解析显然是很困难的，下面寻求一种判别函数解析的简便方法.

定理 2.1 函数 $w = f(z) = u(x,y) + iv(x,y)$ 在点 $z = x + iy$ 处可导的充分必要条件是：

(1) 两个二元函数 $u(x,y)$ 与 $v(x,y)$ 在点 (x,y) 处可微；

(2) $u(x,y)$ 与 $v(x,y)$ 在点 (x,y) 处满足**柯西-黎曼方程**（Cauchy-Riemann），简称 C-R 方程，即

$$\frac{\partial u}{\partial x} = \frac{\partial v}{\partial y}, \quad \frac{\partial u}{\partial y} = -\frac{\partial v}{\partial x}.$$

* **证明** 先证明必要性，已知函数 $f(z)$ 在点 $z = x + iy$ 处可导，由导数的定义知

$$f'(z) = \lim_{\Delta z \to 0} \frac{f(z + \Delta z) - f(z)}{\Delta z},$$

对充分小的 $|\Delta z| = |\Delta x + i\Delta y| > 0$，有

$$f(z + \Delta z) - f(z) = f'(z)\Delta z + \rho(\Delta z)\Delta z, \tag{2.1}$$

其中 $\lim\limits_{\Delta z \to 0} \rho(\Delta z) = 0$.

设 $\Delta w = f(z + \Delta z) - f(z) = \Delta u + i\Delta v$，$f'(z) = a + ib$，$|\Delta z| = |\Delta x + i\Delta y|$，将其代入式(2.1)，得

$$\Delta u + i\Delta v = (a + ib)(\Delta x + i\Delta y) + o(|\Delta z|)$$
$$= [a\Delta x - b\Delta y + o(|\Delta z|)] + i[b\Delta x + a\Delta y + o(|\Delta z|)],$$

其中 $o(|\Delta z|) = \rho(\Delta z) \cdot \Delta z$.

从而有　　　$\Delta u = a\Delta x - b\Delta y + o(|\Delta z|)$, $\Delta v = b\Delta x + a\Delta y + o(|\Delta z|)$.

由二元函数全微分定义知, 函数 $u(x,y)$, $v(x,y)$ 在 (x,y) 处可微, 于是它们的偏导数存在, 即有

沿平行于实轴方向取极限有　$\dfrac{\partial u}{\partial x} = \lim\limits_{\substack{\Delta x \to 0 \\ \Delta y = 0}} \dfrac{\Delta u}{\Delta x} = a$,

沿平行于虚轴方向取极限有　$\dfrac{\partial v}{\partial y} = \lim\limits_{\substack{\Delta x = 0 \\ \Delta y \to 0}} \dfrac{\Delta v}{\Delta y} = a$.

从而 $\dfrac{\partial u}{\partial x} = \dfrac{\partial v}{\partial y}$, 同理可以得到 $\dfrac{\partial u}{\partial y} = -\dfrac{\partial v}{\partial x}$.

　　再证明充分性, 由于

$$\begin{aligned}
\Delta w &= f(z + \Delta z) - f(z) \\
&= u(x+\Delta x, y+\Delta y) + iv(x+\Delta x, y+\Delta y) - u(x,y) - iv(x,y) \\
&= u(x+\Delta x, y+\Delta y) - u(x,y) + i[v(x+\Delta x, y+\Delta y) - v(x,y)] \\
&= \Delta u + i\Delta v,
\end{aligned}$$

因为函数 $u(x,y)$, $v(x,y)$ 在点 (x,y) 可微, 由二元函数全微分定义可知

$$\Delta u = \frac{\partial u}{\partial x}\Delta x + \frac{\partial u}{\partial y}\Delta y + o(\rho), \quad \Delta v = \frac{\partial v}{\partial x}\Delta x + \frac{\partial v}{\partial y}\Delta y + o(\rho),$$

因此　　　$\Delta w = f(z + \Delta z) - f(z) = \Delta u + i\Delta v$

$$\begin{aligned}
&= \left(\frac{\partial u}{\partial x}\Delta x + \frac{\partial u}{\partial y}\Delta y\right) + i\left(\frac{\partial v}{\partial x}\Delta x + \frac{\partial v}{\partial y}\Delta y\right) + o(\rho) \\
&= \left(\frac{\partial u}{\partial x} + i\frac{\partial v}{\partial x}\right)\Delta x + \left(\frac{\partial u}{\partial y} + i\frac{\partial v}{\partial y}\right)\Delta y + o(\rho).
\end{aligned}$$

根据 C-R 方程

$$\frac{\partial u}{\partial x} = \frac{\partial v}{\partial y}, \quad \frac{\partial u}{\partial y} = -\frac{\partial v}{\partial x} = i^2\frac{\partial v}{\partial x},$$

有　　　$\Delta w = f(z + \Delta z) - f(z) = \Delta u + i\Delta v$

$$\begin{aligned}
&= \left(\frac{\partial u}{\partial x} + i\frac{\partial v}{\partial x}\right)\Delta x + \left(i^2\frac{\partial v}{\partial x} + i\frac{\partial u}{\partial x}\right)\Delta y + o(\rho) \\
&= \left(\frac{\partial u}{\partial x} + i\frac{\partial v}{\partial x}\right)\Delta x + i\left(\frac{\partial u}{\partial x} + i\frac{\partial v}{\partial x}\right)\Delta y + o(\rho),
\end{aligned}$$

所以

$$\Delta w = f(z + \Delta z) - f(z) = \left(\frac{\partial u}{\partial x} + i\frac{\partial v}{\partial x}\right)(\Delta x + i\Delta y) + o(\rho),$$

或

$$\frac{\Delta w}{\Delta z} = \frac{f(z + z) - f(z)}{\Delta z} = \frac{\partial u}{\partial x} + i\frac{\partial v}{\partial x} + \frac{o(\rho)}{\Delta z},$$

于是

$$f'(z) = \lim_{\Delta z \to 0} \frac{f(z+\Delta z) - f(z)}{\Delta z} = \frac{\partial u}{\partial x} + i\frac{\partial v}{\partial x},$$

这表明函数 $f(z)$ 在 $z = x + iy$ 处可导.

说明 ① 由证明可以看出函数 $f(z) = u + iv$ 在 $z = x + iy$ 处的导数公式有四种形式,即

$$f'(z) = \frac{\partial u}{\partial x} + i\frac{\partial v}{\partial x} = \frac{\partial v}{\partial y} - i\frac{\partial u}{\partial y} = \frac{\partial u}{\partial x} - i\frac{\partial u}{\partial y} = \frac{\partial v}{\partial y} + i\frac{\partial v}{\partial x}.$$

为了便于记忆,可以用如下图示表示:

$$\frac{\partial u}{\partial x} \longrightarrow -\frac{\partial u}{\partial y}$$

$$\downarrow \qquad\qquad \uparrow$$

$$\frac{\partial v}{\partial x} \longleftarrow \frac{\partial v}{\partial y}$$

② 函数 $f(z) = u(x,y) + iv(x,y)$ 在点 $z = x + iy$ 处可导的充分必要条件是 $u(x,y)$ 与 $v(x,y)$ 在点 (x,y) 处可微且满足 C-R 方程,这两个条件缺一不可,只要有一条不满足,就不可以推出函数 $f(z)$ 在 $z = x + iy$ 处可导的结论.

把函数 $f(z)$ 在一点处可导改为在区域 D 内每一点都可导,便可得判别函数 $f(z)$ 在区域 D 内解析的一个充分必要条件.

定理 2.2 函数 $w = f(z) = u(x,y) + iv(x,y)$ 在区域 D 内解析的充分必要条件是:

(1) 二元函数 $u(x,y)$ 与 $v(x,y)$ 在区域 D 内可微;

(2) $u(x,y)$ 与 $v(x,y)$ 在区域 D 内处处满足 C-R 方程.

这个定理是判别函数在区域内解析的常用方法.

注意 (1) 在高等数学中我们知道,若二元函数 $u(x,y)$ 与 $v(x,y)$ 的偏导数连续,则 $u(x,y)$ 与 $v(x,y)$ 可微,所以判断函数 $f(z) = u(x,y) + iv(x,y)$ 在 D 内解析只需判断两点:① 函数 $u(x,y), v(x,y)$ 在区域 D 内偏导数连续;② 满足 C-R 方程 $\frac{\partial u}{\partial x} = \frac{\partial v}{\partial y}, \frac{\partial u}{\partial y} = -\frac{\partial v}{\partial x}$.

(2) 若函数 $f(z) = u(x,y) + iv(x,y)$ 在 D 内不满足 C-R 方程,则函数 $f(z)$ 在 D 内不解析.

例 2.6 判定下列函数在何处可导,在何处解析?

① $w = \bar{z}$;　　　② $f(z) = e^x(\cos y + i\sin y)$;　　　③ $w = z\text{Re}z$.

解 ① $w = \bar{z} = x - iy$,因为 $u = x, v = -y$ 偏导数连续,且

$$\frac{\partial u}{\partial x} = 1, \quad \frac{\partial u}{\partial y} = 0, \quad \frac{\partial v}{\partial x} = 0, \quad \frac{\partial v}{\partial y} = -1.$$

可知 $\frac{\partial u}{\partial x} \neq \frac{\partial v}{\partial y}$,即不满足 C-R 方程,所以函数 $w = \bar{z}$ 在复平面内处处不可导,

从而处处不解析.

② $f(z)=\mathrm{e}^x(\cos y+i\sin y)$ 是指数函数,因为 $u=\mathrm{e}^x\cos y,v=\mathrm{e}^x\sin y$,且

$$\frac{\partial u}{\partial x}=\mathrm{e}^x\cos y, \quad \frac{\partial u}{\partial y}=-\mathrm{e}^x\sin y, \quad \frac{\partial v}{\partial x}=\mathrm{e}^x\sin y, \quad \frac{\partial v}{\partial y}=\mathrm{e}^x\cos y.$$

以上四个偏导数连续,且满足 C-R 方程,所以指数函数 $f(z)$ 在复平面内处处可导,于是处处解析,且

$$f'(z)=\mathrm{e}^x(\cos y+i\sin y)=f(z).$$

指数函数特点:导数是其本身,这与"高等数学"中的指数函数相同.

③ $w=z\mathrm{Re}z=(x+iy)x=x^2+ixy$,因为 $u=x^2,v=xy$,且

$$\frac{\partial u}{\partial x}=2x, \quad \frac{\partial u}{\partial y}=0, \quad \frac{\partial v}{\partial x}=y, \quad \frac{\partial v}{\partial y}=x.$$

这四个偏导数连续,但只有当 $x=y=0$ 时,才满足 C-R 方程,因此函数仅在 $z=0$ 处可导,但在复平面内处处不解析.

例 2.7　若函数 $f(z)=x+ay+i(bx+cy)$ 在复平面上解析,试确定实常数 a,b,c 的值.

解　因为 $u=x+ay,v=bx+cy$,且 $\dfrac{\partial u}{\partial x}=1, \quad \dfrac{\partial u}{\partial y}=a, \quad \dfrac{\partial v}{\partial x}=b, \quad \dfrac{\partial v}{\partial y}=c.$

又函数 $f(z)$ 在复平面上解析,所以满足 C-R 方程 $\dfrac{\partial u}{\partial x}=\dfrac{\partial v}{\partial y}, \quad \dfrac{\partial u}{\partial y}=-\dfrac{\partial v}{\partial x},$ 于是有 $c=1,b=-a$. 故当 $c=1,b=-a$ 时,函数 $f(z)$ 在复平面上解析.

例 2.8　如果函数 $f(z)$ 在区域 D 内解析,而且满足下列条件之一,则 $f(z)$ 在 D 内为一常数.

① $f'(z)\equiv0$;　② $\mathrm{Re}f(z)$ 为常数;　③ $|f(z)|$ 为常数.

证明　① 因为 $\quad f'(z)=\dfrac{\partial u}{\partial x}+i\dfrac{\partial v}{\partial x}=\dfrac{\partial v}{\partial y}-i\dfrac{\partial u}{\partial y}\equiv0,$

所以 $\quad \dfrac{\partial u}{\partial x}=\dfrac{\partial u}{\partial y}=\dfrac{\partial v}{\partial x}=\dfrac{\partial v}{\partial y}\equiv0$,因此 $u=$常数,$v=$常数,于是函数 $f(z)$ 在 D 内为常数.

② 因为 $\mathrm{Re}f(z)=u=$常数,所以 $\dfrac{\partial u}{\partial x}=\dfrac{\partial u}{\partial y}=0.$

由 C-R 方程,得 $\dfrac{\partial v}{\partial x}=\dfrac{\partial v}{\partial y}=0$,于是函数 $f(z)$ 为常数.

③ 因为 $|f(z)|^2=u^2+v^2=$常数,$u^2+v^2=C$ 两边分别对 x,y 求偏导数,得

$$u\frac{\partial u}{\partial x}+v\frac{\partial v}{\partial x}=0, \quad u\frac{\partial u}{\partial y}+v\frac{\partial v}{\partial y}=0.$$

由 C-R 方程,得 $u\dfrac{\partial u}{\partial x}-v\dfrac{\partial u}{\partial y}=0, \quad u\dfrac{\partial u}{\partial y}+v\dfrac{\partial u}{\partial x}=0,$

解关于 $\dfrac{\partial u}{\partial x}, \dfrac{\partial u}{\partial y}$ 的齐次线性方程组 $\begin{cases} u\dfrac{\partial u}{\partial x} - v\dfrac{\partial u}{\partial y} = 0 \\ v\dfrac{\partial u}{\partial x} + u\dfrac{\partial u}{\partial y} = 0 \end{cases}$.

当 $u^2 + v^2 \neq 0$ 时，$\dfrac{\partial u}{\partial x} = \dfrac{\partial u}{\partial y} = 0$，故 $u =$ 常数，再由题(2)知函数 $f(z)$ 在 D 内为常数；

当 $u^2 + v^2 = 0$，即 $u = v = 0$ 时，显然 $f(z) = 0$.

＊例 2.9　证明如果 $w = u(x,y) + iv(x,y)$ 为一解析函数，则它一定能单独用 z 来表示.

证明　将 x, y 代入 $w = u(x,y) + iv(x,y)$ 中，那么 w 可看成是变量 $z, \bar{z}$ 的函数，要证明 w 仅依赖于 z，只要证明 $\dfrac{\partial w}{\partial \bar{z}} = 0$ 即可.

因为 $x = \dfrac{1}{2}(z + \bar{z})$，$y = \dfrac{1}{2i}(z - \bar{z}) = -\dfrac{i}{2}(z - \bar{z})$，则

$$\frac{\partial x}{\partial \bar{z}} = \frac{1}{2}, \quad \frac{\partial y}{\partial \bar{z}} = \frac{i}{2},$$

由复合函数偏导数求法，得

$$\frac{\partial w}{\partial \bar{z}} = \frac{\partial u}{\partial x}\frac{\partial x}{\partial \bar{z}} + \frac{\partial u}{\partial y}\frac{\partial y}{\partial \bar{z}} + i\left(\frac{\partial v}{\partial x}\frac{\partial x}{\partial \bar{z}} + \frac{\partial v}{\partial y}\frac{\partial y}{\partial \bar{z}}\right)$$

$$= \frac{1}{2}\frac{\partial u}{\partial x} + \frac{i}{2}\frac{\partial u}{\partial y} + i\left(\frac{1}{2}\frac{\partial v}{\partial x} + \frac{i}{2}\frac{\partial v}{\partial y}\right)$$

$$= \frac{1}{2}\left(\frac{\partial u}{\partial x} - \frac{\partial v}{\partial y}\right) + \frac{i}{2}\left(\frac{\partial v}{\partial x} + \frac{\partial u}{\partial y}\right).$$

由于 w 是解析函数，由 C-R 方程 $\dfrac{\partial u}{\partial x} = \dfrac{\partial v}{\partial y}$，$\dfrac{\partial u}{\partial y} = -\dfrac{\partial v}{\partial x}$，得 $\dfrac{\partial w}{\partial \bar{z}} = 0$.

思考题 2.1

1. 函数在一点处可导与在一点处解析有什么不同？

2. 柯西-黎曼方程，即 C-R 方程是函数解析的什么条件？

3. 函数在区域上解析的充分必要条件是什么？

4. 下列说法是否正确？

(1) "函数 $f(z)$ 在点 z 解析"就是"函数 $f(z)$ 在点 z 的某个邻域内可微"；

(2) "函数 $f(z)$ 在点 z 解析"就是"函数 $f(z)$ 在点 z 可微"；

(3) "函数 $f(z)$ 在某邻域内解析"就是"函数 $f(z)$ 在某邻域内可微"；

(4) "函数 $f(z)$ 在某闭区域内解析"就是"函数 $f(z)$ 在闭区域内可微".

5. 试举一例不解析的函数.

习题 2.1

1. 求下列函数的奇点.

(1) $\dfrac{z+1}{z(z^2+1)}$； (2) $\dfrac{z}{(z+2)^2(z^4-1)}$.

2. 求下列函数 $f(z)$ 的解析区域，并求其导数.

(1) z^3+2iz； (2) $\dfrac{1}{z^2-1}$； (3) $\dfrac{az+b}{cz+d}$ (c,d 中至少有一个不为零).

3. 下列函数何处解析？如果解析，试求其导函数.

(1) $f(z)=x^3-y^3+2x^2y^2i$； (2) $f(z)=\mathrm{e}^{-y}(\cos x+i\sin x)$；

(3) $w=\mathrm{Re}z$； (4) $f(z)=|z|^2z$.

4. 下列函数在复平面上解析，求函数中的常数.
$$f(z)=x^2+axy+by^2+i(cx^2+\mathrm{d}xy+y^2).$$

5. 证明：如果函数 $f(z)$ 在区域 D 内解析，而且满足下列条件之一，则 $f(z)$ 在 D 内为一常数.

(1) $\overline{f(z)}$ 在 D 内解析； (2) $v=u^2$ 为常数.

§2.2 解析函数与调和函数的关系

一、调和函数的概念

平面静电场中的电位函数、无源无旋的平面流速场中的势函数与流函数都是特殊的二元实函数，即所谓的调和函数，它们都与某种解析函数有着密切的关系. 下面给出调和函数的定义.

定义 2.4 如果二元实变函数在区域 D 内具有二阶连续偏导数，并且满足二维拉普拉斯(Laplace)方程
$$\frac{\partial^2\varphi}{\partial x^2}+\frac{\partial^2\varphi}{\partial y^2}=0,$$
则称 $\varphi(x,y)$ 为区域 D 内的**调和函数**，或者说 $\varphi(x,y)$ 在区域 D 内调和.

在定理 3.8 中我们将证明解析函数有任意阶导数，并且解析函数的导数仍是解析函数，那么调和函数与解析函数的关系怎样呢？

定理 2.3 设函数 $f(z)=u(x,y)+iv(x,y)$ 在区域 D 内解析，则 $f(z)$ 的实部 $u(x,y)$ 和虚部 $v(x,y)$ 都是区域 D 内的调和函数.

证明 因为 $w=f(z)=u+iv$ 为 D 内的一个解析函数，则在区域 D 内满足 C-R 方程

$$\frac{\partial u}{\partial x} = \frac{\partial v}{\partial y}, \quad \frac{\partial u}{\partial y} = -\frac{\partial v}{\partial x},$$

根据解析函数的导数是解析函数（这一事实在后面将给出证明），上式分别对 x，y 求偏导数，得

$$\frac{\partial^2 u}{\partial x^2} = \frac{\partial^2 v}{\partial y \partial x}, \quad \frac{\partial^2 u}{\partial y^2} = -\frac{\partial^2 v}{\partial x \partial y}.$$

因为解析函数的导数是解析函数，则 u 与 v 具有任意阶连续的偏导数，所以

$$\frac{\partial^2 v}{\partial y \partial x} = \frac{\partial^2 v}{\partial x \partial y},$$

从而

$$\frac{\partial^2 u}{\partial x^2} + \frac{\partial^2 u}{\partial y^2} = \frac{\partial^2 v}{\partial y \partial x} - \frac{\partial^2 v}{\partial x \partial y} = 0.$$

这表明 $u(x,y)$ 是区域 D 内的调和函数.

同理可以证明

$$\frac{\partial^2 v}{\partial x^2} + \frac{\partial^2 v}{\partial y^2} = 0.$$

因此二元实函数 u,v 都是调和函数.

注意 本定理反之不成立，即若实部 $u(x,y)$ 和虚部 $v(x,y)$ 都是区域 D 内的调和函数，但是函数 $f(z) = u(x,y) + iv(x,y)$ 在区域 D 内不一定解析，为什么？

二、共轭调和函数

定义 2.5 设函数 $\varphi(x,y)$ 及 $\psi(x,y)$ 均为区域 D 内的调和函数，且在区域 D 内满足 C-R 方程

$$\frac{\partial \varphi}{\partial x} = \frac{\partial \psi}{\partial y}, \quad \frac{\partial \varphi}{\partial y} = -\frac{\partial \psi}{\partial x},$$

则称 $\psi(x,y)$ 是 $\varphi(x,y)$ 的共轭调和函数.

显然，解析函数的虚部是实部的共轭调和函数，反过来，具有共轭性质的两个调和函数是否可以构造一个解析的复变函数呢？下面的定理回答了这个问题.

定理 2.4 复变函数 $f(z) = u(x,y) + iv(x,y)$ 在区域 D 内解析的充分必要条件是在区域 D 内，函数 $f(z)$ 的虚部 $v(x,y)$ 是实部 $u(x,y)$ 的共轭调和函数.

根据这个定理，可以利用一个调和函数和它的共轭调和函数作出一个解析函数.

三、解析函数与调和函数的关系

如果已知一个调和函数 $u(x,y)$，则可利用 C-R 方程求得它的共轭调和函数 $v(x,y)$，从而构成一个解析函数 $f(z) = u(x,y) + iv(x,y)$，下面介绍几种求 $v(x,y)$ 的方法.

1. 偏积分法

例 2.10 证明 $u(x,y)=y^3-3x^2y$ 为调和函数,并求其共轭调和函数 $v(x,y)$ 和由它们构成的解析函数 $f(z)=u+iv$.

解 ① 先证明 $u(x,y)=y^3-3x^2y$ 为调和函数,因为

$$\frac{\partial u}{\partial x}=-6xy, \quad \frac{\partial^2 u}{\partial x^2}=-6y, \quad \frac{\partial u}{\partial y}=3y^2-3x^2, \quad \frac{\partial^2 u}{\partial y^2}=6y$$

均连续,且

$$\frac{\partial^2 u}{\partial x^2}+\frac{\partial^2 u}{\partial y^2}=0,$$

所以函数 $u(x,y)=y^3-3x^2y$ 为调和函数.

② 再求函数 $v(x,y)$,由 C-R 方程,有 $\frac{\partial u}{\partial x}=\frac{\partial v}{\partial y}=-6xy$,得

$$v(x,y)=\int -6xy\,\mathrm{d}y=-3xy^2+g(x),$$

又 $\frac{\partial v}{\partial x}=-3y^2+g'(x)$,由 C-R 方程,有 $\frac{\partial u}{\partial y}=-\frac{\partial v}{\partial x}$,即

$$3y^2-3x^2=3y^2-g'(x),$$

则 $g'(x)=3x^2$,因此 $g(x)=\int 3x^2\,\mathrm{d}x=x^3+C$,

于是 $v(x,y)=-3xy^2+x^3+C.$

从而得到解析函数为

$$w=f(z)=y^3-3x^2y+i(x^3-3xy^2+C)$$
$$=i(x^3-3xy^2+i3x^2y-(iy)^3+C),$$

故

$$w=f(z)=i(z^3+C).$$

此例说明,已知解析函数的实部为调和函数,可以确定它的虚部,它们至多相差一个任意常数.

2. 不定积分法

由于解析函数 $f(z)=u+iv$ 的导数 $f'(z)$ 仍为解析函数,且导数

$$f'(z)=\frac{\partial u}{\partial x}+i\frac{\partial v}{\partial x}=\frac{\partial u}{\partial x}-i\frac{\partial u}{\partial y}=\frac{\partial v}{\partial y}+i\frac{\partial v}{\partial x}.$$

把 $\frac{\partial u}{\partial x}-i\frac{\partial u}{\partial y}$ 与 $\frac{\partial v}{\partial y}+i\frac{\partial v}{\partial x}$ 还原成 z 的函数(即用 z 表示),得

$$f'(z)=\frac{\partial u}{\partial x}-i\frac{\partial u}{\partial y}=U(z) \text{ 与 } f'(z)=\frac{\partial v}{\partial y}+i\frac{\partial v}{\partial x}=V(z),$$

上式积分得 $f(z)=\int U(z)\,\mathrm{d}z \text{ 与 } f(z)=\int V(z)\,\mathrm{d}z.$

已知实部 $u(x,y)$,求 $f(z)$ 可用公式 $f(z)=\int U(z)\,\mathrm{d}z$;

已知虚部 $v(x,y)$，求 $f(z)$ 可用公式 $f(z)=\int V(z)\mathrm{d}z$.

如例 2.10 中 $u=y^3-3x^2y$，故 $\dfrac{\partial u}{\partial x}=-6xy,\dfrac{\partial u}{\partial y}=3y^2-3x^2$，从而

$$
\begin{aligned}
f'(z)&=-6xy-i(3y^2-3x^2)\\
&=3i(x^2+2xyi-y^2)=3i(x+iy)^2=3iz^2 \quad (\text{用 } z \text{ 表示 } x+iy),
\end{aligned}
$$

故

$$f(z)=\int 3iz^2\mathrm{d}z=iz^3+C_1.$$

其中 C_1 为任意纯虚数，因为 $f(z)$ 实部为已知函数，不含任意常数，所以

$$f(z)=i(z^3+C).$$

例 2.11 已知调和函数为 $v(x,y)=\mathrm{e}^x(y\cos y+x\sin y)+x+y$，求解析函数 $f(z)=u+iv$，使得 $f(0)=0$.

解 用不定积分法.

因为 $v=\mathrm{e}^x(y\cos y+x\sin y)+x+y,$

则 $\dfrac{\partial v}{\partial x}=\mathrm{e}^x(y\cos y+x\sin y+\sin y)+1,\dfrac{\partial v}{\partial y}=\mathrm{e}^x(\cos y-y\sin y+x\cos y)+1,$

从而

$$
\begin{aligned}
f'(z)&=\frac{\partial v}{\partial y}+i\frac{\partial v}{\partial x}\\
&=\mathrm{e}^x(\cos y-y\sin y+x\cos y)+1+i[\mathrm{e}^x(y\cos y+x\sin y+\sin y)+1]\\
&=\mathrm{e}^x(\cos y+i\sin y)+i(x+iy)\mathrm{e}^x\sin y+(x+iy)\mathrm{e}^x\cos y+1+i\\
&=\mathrm{e}^{x+iy}+(x+iy)\mathrm{e}^{x+iy}+1+i\\
&=\mathrm{e}^z+z\mathrm{e}^z+1+i,
\end{aligned}
$$

积分，得 $\quad f(z)=\displaystyle\int(\mathrm{e}^z+z\mathrm{e}^z+1+i)\mathrm{d}z=z\mathrm{e}^z+(1+i)z+C,$

由 $f(0)=0$，得 $f(0)=0+C=0$，即 $C=0$.

所以 $\qquad\qquad f(z)=z\mathrm{e}^z+(1+i)z.$

3. 曲线积分法

设函数 $u(x,y)$ 为区域 D 内的解析函数 $f(z)$ 的实部，由于它是调和函数，故有

$$\frac{\partial^2 u}{\partial x^2}+\frac{\partial^2 u}{\partial y^2}=0,\ \text{即} -\frac{\partial^2 u}{\partial y^2}=\frac{\partial^2 u}{\partial x^2}\quad\left(\text{其中 } P=-\frac{\partial u}{\partial y},Q=\frac{\partial u}{\partial x},\text{且}\frac{\partial P}{\partial y}=\frac{\partial Q}{\partial x}\right),$$

由此可知 $P\mathrm{d}x+Q\mathrm{d}y=-\dfrac{\partial u}{\partial y}\mathrm{d}x+\dfrac{\partial u}{\partial x}\mathrm{d}y$ 必为某一函数 $v(x,y)$ 的全微分，即

$$\mathrm{d}v\xlongequal[\text{定义}]{\text{全微分}}\frac{\partial v}{\partial x}\mathrm{d}x+\frac{\partial v}{\partial y}\mathrm{d}y=-\frac{\partial u}{\partial y}\mathrm{d}x+\frac{\partial u}{\partial x}\mathrm{d}y,\tag{2.2}$$

由式(2.2),有 $\dfrac{\partial v}{\partial x}=-\dfrac{\partial u}{\partial y},\dfrac{\partial v}{\partial y}=\dfrac{\partial u}{\partial x}$,即 u,v 满足 C-R 方程,从而 $u+iv$ 为一解析函数,对式(2.2)积分,得

$$v=\int_{(x_0,y_0)}^{(x,y)}\left[-\frac{\partial u}{\partial y}\mathrm{d}x+\frac{\partial u}{\partial x}\mathrm{d}y\right]+C,$$

其中 C 为常数,(x_0,y_0) 为 D 中的某一点.

如例 2.11,$v=\displaystyle\int_{(0,0)}^{(x,y)}\left[(3x^2-3y^2)\mathrm{d}x+(-6xy)\mathrm{d}y\right]+C=x^3-3xy^2+C.$

例 2.12 求解析函数 $f(z)=u+iv$,已知实部 $u=2(x-1)y$,且 $f(2)=-i.$

解 先验证函数 u 是全复平面上的调和函数.

因为 $\quad \dfrac{\partial u}{\partial x}=2y,\quad \dfrac{\partial^2 u}{\partial x^2}=0,\quad \dfrac{\partial u}{\partial y}=2(x-1),\quad \dfrac{\partial^2 u}{\partial y^2}=0,$

即有 $\dfrac{\partial^2 u}{\partial x^2}+\dfrac{\partial^2 u}{\partial y^2}=0$,所以函数 u 是全复平面上的调和函数.

由 C-R 方程,得 $\dfrac{\partial v}{\partial x}=-\dfrac{\partial u}{\partial y}=-2(x-1),\dfrac{\partial v}{\partial y}=\dfrac{\partial u}{\partial x}=2y,$

则
$$\begin{aligned}
v&=\int_{(0,0)}^{(x,y)}(2-2x)\mathrm{d}x+2y\mathrm{d}y+C\\
&=\int_0^x(2-2x)\mathrm{d}x+\int_0^y 2y\mathrm{d}y+C\\
&=2x-x^2+y^2+C,
\end{aligned}$$

所以
$$\begin{aligned}
f(z)&=(2xy-2y)+i(2x-x^2+y^2+C)\\
&=-i(x^2-y^2+2xyi)+2i(x+iy)+iC\\
&=-iz^2+2iz+iC.
\end{aligned}$$

又因为 $f(2)=-i$,所以 $C=-1$,于是所求的解析函数为
$$f(z)=-iz^2+2iz-i=-i(z-1)^2.$$

思考题 2.2

1. 两个 D 内的调和函数 u 与 v 组成的函数 $f(z)=u+iv$ 是否为解析函数?

2. 如果 u 是调和函数,如何选取 v,使 $f(z)=u+iv$ 是解析函数? 如果 v 是调和函数,如何选取 u,使 $f(z)=u+iv$ 是解析函数?

习题 2.2

1. 证明 $u(x,y)=x^2-y^2+xy$ 为调和函数,并求它的共轭调和函数 $v(x,y)$ 和由它们构成的解析函数 $f(z)=u+iv$,并且满足 $f(i)=-1+i.$

2. 已知调和函数 $v(x,y)=\arctan\dfrac{y}{x}\quad(x>0)$,求解析函数 $f(z)=u+iv.$

3. 由下列条件求解析函数 $f(z)=u+iv$.

(1) $u(x,y)=e^x\cos y$； (2) $v(x,y)=\dfrac{y}{x^2+y^2}$，$f(2)=0$.

4. 证明 $u=x^2-y^2$ 和 $v=\dfrac{y}{x^2+y^2}$ 均是调和函数，但是 $u+iv$ 不是解析函数.

5. 设函数 $f(z)$ 在区域 D 内解析，证明 $\begin{vmatrix} \dfrac{\partial u}{\partial x} & \dfrac{\partial u}{\partial y} \\ \dfrac{\partial v}{\partial x} & \dfrac{\partial v}{\partial y} \end{vmatrix}=|f'(z)|^2$.

§2.3 初等解析函数

在第一章我们已经讨论了复初等函数的一些性质，这里我们讨论它们的解析性质.

一、有理函数

设有理函数

$$f(z)=\frac{P(z)}{Q(z)}=\frac{a_n z^n+a_{n-1}z^{n-1}+\cdots+a_0}{b_m z^m+b_{m-1}z^{m-1}+\cdots+b_0} \quad (a_n,b_m\neq 0).$$

前面我们已经知道 $f(z)$ 除分母 $Q(z)=0$ 的点外处处可导，所以 $f(z)$ 在复平面上除去分母 $Q(z)=0$ 的点外处处解析.

二、指数函数

指数函数 $f(z)=e^x(\cos y+i\sin y)$.

这里 $u=e^x\cos y,v=e^x\sin y$，且

$$\frac{\partial u}{\partial x}=e^x\cos y,\quad \frac{\partial u}{\partial y}=-e^x\sin y,\quad \frac{\partial v}{\partial x}=e^x\sin y,\quad \frac{\partial v}{\partial y}=e^x\cos y$$

这四个偏导数连续，且满足 C-R 方程，所以指数函数 $f(z)$ 在复平面内处处可导，于是处处解析，且

$$f'(z)=\frac{\partial u}{\partial x}+i\,\frac{\partial v}{\partial x}=e^x(\cos y+i\sin y)=e^z=f(z).$$

三、三角函数

因为指数函数 e^z 在复平面上解析，根据求导的运算法则，正弦函数、余弦函数在复平面上解析，且

$$(\sin z)'=\left(\frac{e^{iz}-e^{-iz}}{2i}\right)'=\frac{ie^{iz}+ie^{-iz}}{2i}=\frac{e^{iz}+e^{-iz}}{2}=\cos z,$$

$$(\cos z)'=\left(\frac{e^{iz}+e^{-iz}}{2}\right)'=\frac{ie^{iz}-ie^{-iz}}{2}=-\frac{e^{iz}-e^{-iz}}{2i}=-\sin z.$$

据求导法则，正切函数与余切函数

$$\tan z=\frac{\sin z}{\cos z},\quad\cot z=\frac{\cos z}{\sin z},$$

在除去分母等于零的复平面上解析.

四、对数函数

对数函数 $w=f(z)=\mathrm{Ln}z$ 有无穷多个连续分支，因为

$$f(z)=\ln|z|+i\mathrm{Arg}z=\ln|z|+i(\arg z+2k\pi)\quad(k=0,\pm1,\pm2,\cdots).$$

设任意分支为 $w=f_k(z)$，利用反函数的求导法则求对数函数的导数.

因为指数函数 $z=e^w$ 在区域 $-\pi<v=\arg z<\pi$ 内的反函数对数函数 $w=\ln z$ 是单值的，由反函数求导法则可知

$$\frac{\mathrm{d}\ln z}{\mathrm{d}z}=\frac{1}{\dfrac{\mathrm{d}e^w}{\mathrm{d}w}}=\frac{1}{e^w}=\frac{1}{z}.$$

所以，对数函数 $w=\ln z$ 在除原点及负实轴的复平面内解析，又由于 $\mathrm{Ln}z=\ln z+2k\pi i$，因此 $\mathrm{Ln}z$ 的各个分支在除原点及负实轴的复平面内也解析，并且有相同的导数值.

今后，我们应用对数函数 $\mathrm{Ln}z$ 时，指的都是它在除去原点及负实轴的复平面内的某一单值分支.

五、幂函数

设幂函数 $w=z^a=e^{a\mathrm{Ln}z}$ （a 为复数，$z\neq0$）.

由于 $\mathrm{Ln}z$ 是多值函数，所以 $e^{a\mathrm{Ln}z}$ 一般也是多值函数.

1. 当 a 为正整数 n 时，幂函数在复平面内是单值解析函数，且导数

$$(z^n)'=nz^{n-1}.$$

2. 当 $a=\dfrac{1}{n}$ （n 为正整数）时，由于对数函数 $\mathrm{Ln}z$ 的各个单值连续分支在除去原点和负实轴的平面内解析，所以幂函数的各分支在除去原点和负实轴外的复平面上解析，并且导数为

$$(z^{\frac{1}{n}})'=\frac{1}{n}z^{\frac{1}{n}-1}.$$

3. 当 a 为有理数或无理数或复数时，它们各分支在除去原点和负实轴外的复平面上解析，并且它的导数可按复合函数求导法则求出，即

$$(z^a)'=(e^{a\mathrm{Ln}z})'=e^{a\mathrm{Ln}z}\cdot a\cdot\frac{1}{z}=az^{a-1}.$$

思考题 2.3

1. 指数函数、正弦函数、余弦函数的解析区域是什么?
2. 幂函数、根式函数与对数函数的解析区域是什么?

习题 2.3

1. 求下列函数的导数.

(1) $f(z)=z^n e^z$;　　　　(2) $f(z)=e^z \cos z$;　　　　(3) $f(z)=\tan z$.

2. 证明 $(\text{sh}z)'=\text{ch}z$;$(\text{ch}z)'=\text{sh}z$.

本章小结

本章引入了导数的概念,给出了导数的运算性质,讨论了复变函数解析的条件及 C-R 方程,揭示了共轭调和函数与解析函数的联系.最后通过判别初等函数的解析性,给出了它们的解析区域.

一、解析函数

解析函数是复变函数研究的主要对象,因为它具有很好的性质. C-R 方程是判断函数解析的主要条件.函数 $w=f(z)$ 在点 z_0 处(或区域 D)解析具有下列结果:

1. 在一点 z_0 解析的定义——函数在 z_0 以及在 z_0 某邻域内处处可导;

2. 在区域 D 内函数解析与可导是等价关系;

3. 函数解析,则函数 $w=u(x,y)+iv(x,y)$ 一定可以单独用 z 表示;

4. 解析函数有任意阶导数,并且导函数仍然是解析函数;

5. 有理分式函数 $\dfrac{P(z)}{Q(z)}$,当 $Q(z)\neq 0$ 时,处处解析;

6. 函数解析的充分必要条件 $\begin{cases} u(x,y),v(x,y) \text{在}(x_0,y_0)\text{可微} \\ \text{满足 C-R 方程}:\dfrac{\partial u}{\partial x}=\dfrac{\partial v}{\partial y},\dfrac{\partial u}{\partial y}=-\dfrac{\partial v}{\partial x}; \end{cases}$

7. 函数解析的充分条件 $\begin{cases} u(x,y),v(x,y) \text{在}(x_0,y_0)\text{处偏导数连续} \\ \text{满足 C-R 方程}:\dfrac{\partial u}{\partial x}=\dfrac{\partial v}{\partial y},\dfrac{\partial u}{\partial y}=-\dfrac{\partial v}{\partial x} \end{cases}$;

8. $v(x,y)$ 是 $u(x,y)$ 的共轭调和函数 $\Rightarrow$ 提供了构造解析函数的依据.

二、构造解析函数的方法

1. 偏积分法:利用解析关系 $\dfrac{\partial u}{\partial x}=\dfrac{\partial v}{\partial y},\dfrac{\partial u}{\partial y}=-\dfrac{\partial v}{\partial x}$,求出解析函数实部 $u(x,y)$

与虚部 $v(x,y)$.

2. 不定积分法：由 $f'(z)=\dfrac{\partial u}{\partial x}-i\dfrac{\partial u}{\partial y}=U(z)$ 或 $f'(z)=\dfrac{\partial v}{\partial y}+i\dfrac{\partial v}{\partial x}=V(z)$，求出

$$f(z)=\int U(z)\mathrm{d}z \text{ 或 } f(z)=\int V(z)\mathrm{d}z.$$

3. 曲线积分法：由 $\dfrac{\partial^2 u}{\partial x^2}+\dfrac{\partial^2 u}{\partial y^2}=0$ 及 C-R 方程，得到 $-\dfrac{\partial u}{\partial y}\mathrm{d}x+\dfrac{\partial u}{\partial x}\mathrm{d}y=\mathrm{d}v$，作曲线积分，有

$$v=\int_{(x_0,y_0)}^{(x,y)}-\dfrac{\partial u}{\partial y}\mathrm{d}x+\dfrac{\partial u}{\partial x}\mathrm{d}y+C.$$

三、初等解析函数

幂函数（正幂次）、指数函数、正弦函数、余弦函数在复平面上解析；根式函数、对数函数在单值分支 $-\pi<\arg z<\pi$ 内连续且解析.

四、需要注意的几点

1. 复变函数的导数定义与实一元函数的导数定义形式一样，但是复变函数的导数要求严格得多，所以它们有很多相同之处，但又有很多不同之处.

2. 分清函数在一点可导与解析的关系，函数在区域 D 内可导与解析的关系.

3. 函数 $f(z)$ 在区域 D 内解析的充要条件是实部和虚部在 D 内可微且满足 C-R 方程.

4. 若函数 $f(z)$ 在区域 D 内解析，则实部和虚部为共轭调和函数；反之若两个函数为共轭调和函数，则由它们组成的复变函数是解析函数，但是任意两个调和函数并不一定组成解析函数.

5. 虽然复变初等函数是实变量初等函数在复平面上的推广，但是它们之间的差异很多，比如性质、运算等.

自测题 2

一、单项选择题

1. 点 $z=0$ 是函数 $f(z)=3|z|^2$ 的（　　）点.

A. 解析　　　　　　　　　　　　B. 可导

C. 不可导　　　　　　　　　　　D. 既不解析也不可导

2. 函数 $f(z)$ 在点 z 可导是 $f(z)$ 在点 z 解析的　　　　　　　　（　　）

A. 必要条件　　　　　　　　　　B. 充分条件

C. 充分必要条件　　　　　　　　D. 既非充分条件也非必要条件

3. 下列函数中,属于解析函数的是　　　　　　　　　　　　　　　（　　）

A. x^2-y^2-2xyi　　　　　　　　B. x^2+xyi

C. $2(x-1)y+i(y^2-x^2+2x)$　　D. x^3+iy^3

4. 若函数 $f(z)=x^2+2xy-y^2+i(y^2+axy-x^2)$ 在复平面内处处解析,那么实常数 $a=$　　　　　　　　　　　　　　　　　　　　　　　　（　　）

A. 0　　　　　B. 1　　　　　C. -2　　　　　D. 2

5. 设函数 $f(z)=x^2+iy^2$,则 $f'(1+i)=$　　　　　　　　　　　　（　　）

A. 2　　　　B. $2i$　　　　C. $1+i$　　　　D. $2+2i$

6. 设 $f(z)=\sin z$,则下列命题中,不正确的是　　　　　　　　　（　　）

A. $f(z)$ 在复平面上处处解析　　B. $f(z)$ 以 2π 为周期

C. $f(z)=\dfrac{e^{iz}-e^{-iz}}{2}$　　　　　　D. $|f(z)|$ 是无界的

二、填空题

1. 设 $f(0)=1,f'(0)=1+i$,则 $\lim\limits_{z\to 0}\dfrac{f(z)-1}{z}=$＿＿＿＿＿＿＿.

2. 函数 $f(z)=u+iv$ 在区域 D 内解析的充要条件为＿＿＿＿＿＿＿＿＿.

3. 设 $f(z)=x^3+y^3+ix^2y^2$,则 $f'\left(-\dfrac{3}{2}+\dfrac{3}{2}i\right)=$＿＿＿＿＿＿＿＿＿.

4. 函数 $f(z)=z\operatorname{Im}z-\operatorname{Re}z$ 仅在点 $z=$＿＿＿＿＿＿＿处可导.

5. 若函数 $v(x,y)=x^3+axy^2$ 为某一解析函数的虚部,则常数 $a=$ ＿＿＿＿＿＿＿.

6. 设 $u(x,y)$ 的共轭调和函数为 $v(x,y)$,那么 $v(x,y)$ 的共轭调和函数为 ＿＿＿＿＿＿＿.

三、下列函数在何处解析? 在何处可导?

1. $f(z)=\operatorname{Im}z$;　　**2.** $f(z)=z|z|$;　　**3.** $f(z)=\sin z\cdot\ln(2z)+z^3-2$.

四、试证下列函数在复平面上解析,并分别求出其导数.

1. $f(z) = \cos x \operatorname{sh} y - i \sin x \operatorname{sh} y$;

2. $f(z) = e^x (x \cos y - y \sin y) + i e^x (y \cos y + x \sin y)$.

五、函数 $f(z) = \dfrac{x+y}{x^2+y^2} + i \dfrac{x-y}{x^2+y^2}$ 的解析区域是什么? 在解析区域内求导数.

六、已知 $u - v = x^2 - y^2$,试确定解析函数 $f(z) = u + iv$.

七、函数 $v(x, y) = 2xy + 3x$ 是否可以作为解析函数的虚部? 若是,作出一个解析函数 $f(z)$,且使它经过点 i 时,函数值为零.

八、设 $v(x, y) = e^{px} \sin y$,求 p 的值,使得 $v(x, y)$ 为调和函数,并求出解析函数 $f(z) = u + iv$.

九、证明:解析函数的导函数 $f'(z) = \dfrac{\partial u}{\partial x} + i \dfrac{\partial v}{\partial x}$ 在区域 D 内满足的 C-R 方程为

$$\frac{\partial^2 u}{\partial x^2} = \frac{\partial^2 v}{\partial x \partial y}, \quad \frac{\partial^2 u}{\partial x \partial y} = -\frac{\partial^2 v}{\partial x^2}.$$

十、若函数 $f(z) = u + iv$ 在区域 D 内解析,并且满足条件 $8u + 9v = C$ (常数),试证明函数 $f(z)$ 在 D 内为常数.

第三章 复变函数的积分

在"高等数学"中,当引入实变量函数的积分后,可以解决很多重要的问题.在复变函数中也一样,当引入复变函数的积分后,也可以解决很多理论及实际问题.如有了积分可以证明一个区域上有导数的函数有无穷多阶导数,可以将一般的解析函数分解成一些最简单函数的叠加,这就给研究解析函数的性质提供了强有力的工具.此外,用复变函数的积分还便于计算某些定积分.

本章内容与实变量二元函数有紧密关系,特别是二元函数的曲线积分的概念、性质、计算方法以及格林公式等.

§3.1 复变函数积分的概念

一、复变函数积分的定义

有向曲线 设 C 为平面给定的一条光滑(或按段光滑)的曲线,如果选定 C 的两个可能方向之一作为正方向(或正向),则称 C 为有向曲线.与曲线 C 反方向的曲线记为 C^-.

在"高等数学"中,连续函数 $f(x,y)$ 沿着曲线 C 的第一类曲线积分定义为

$$\int_C f(x,y)\mathrm{d}s = \lim_{\lambda \to 0}\sum_{k=1}^{n}f(\xi_k,\eta_k)\Delta s_k,$$

其中 $\Delta s_k = s_k - s_{k-1}$, $(\xi_k,\eta_k) \in \Delta s_k$, $\lambda = \max\{\Delta s_k\}$.

仿照第一类曲线积分,定义复变函数 $f(z)$ 的积分,我们首先作如下分析:

(1) **积分路径问题**:对第一类曲线积分,它的定义域是平面上的一条曲线,积分路径也是平面上的一条曲线;对于复变函数则不同,它的定义域是复平面上的区域,积分路径是这个区域内的一条曲线.

(2) **被积函数问题**:对第一类曲线积分的被积函数是在曲线上有定义的二元函数 $f(x,y)$;对于复变函数讨论的是在复平面某区域上有定义的复变函数 $w=f(z)$ 沿着该区域内曲线 C 的积分.

仿照第一类曲线积分,定义复变函数沿复平面上曲线 C 的积分.

定义 3.1　设函数 $w = f(z)$ 定义在区域 D 内. C 为区域 D 内起点为 A，终点为 B 的一条有向光滑的简单曲线.

（1）把曲线 C 任意分成 n 个小弧段，设分点为

$$A = z_0, z_1, z_2, \cdots, z_{k-1}, z_k, \cdots, z_n = B,$$

其中 $z_k = x_k + iy_k$ $(k = 0, 1, 2, \cdots, n)$；

（2）在每个弧段 $\overset{\frown}{z_{k-1}z_k}$ $(k = 1, 2, \cdots, n)$ 上任取一点 $\zeta_k = \xi_k + i\eta_k$，

作和

$$\sum_{k=1}^{n} f(\zeta_k)(z_{k-1} - z_k) = \sum_{k=1}^{n} f(\zeta_k)\Delta z_k,$$

其中 $\Delta z_k = z_k - z_{k-1} = \Delta x_k + i\Delta y_k$；

（3）设 $\lambda = \max\limits_{1 \leqslant k \leqslant n} |\Delta z_k|$，当 $\lambda \to 0$ 时，如果和式的极限唯一存在（即无论 C 怎样分，ζ_k 怎样取），则称此极限值为函数 $f(z)$ 沿曲线 C 自 A 到 B 的复积分，记为

$$\int_C f(z)\mathrm{d}z = \lim_{\lambda \to 0} \sum_{k=1}^{n} f(\zeta_k)\Delta z_k.$$

说明 ① 若 C 为闭曲线，则沿闭曲线积分记为 $\oint_C f(z)\mathrm{d}z$　（C 的正方向是逆时针方向）；② 积分 $\int_C f(z)\mathrm{d}z$ 表示沿曲线 C 自 A 到 B 的复积分，积分 $\int_{C^-} f(z)\mathrm{d}z$ 表示沿曲线 C 自 B 到 A 的复积分.

二、积分存在条件及其计算方法

复函数的积分与二元函数的曲线积分有什么关系？

根据复积分定义，把 $f(z)$，Δz_k，ζ_k 写出实部与虚部的和，即

$$\zeta_k = \xi_k + i\eta_k, \quad f(\zeta_k) = u(\xi_k, \eta_k) + iv(\xi_k, \eta_k) = u_k + iv_k,$$
$$z_k = x_k + iy_k, \Delta z_k = \Delta x_k + i\Delta y_k,$$

则积分和式 $\sum\limits_{k=1}^{n} f(\zeta_k)\Delta z_k = \sum\limits_{k=1}^{n} [u(\xi_k, \eta_k) + iv(\xi_k, \eta_k)](\Delta x_k + i\Delta y_k)$

$$= \sum_{k=1}^{n} [u(\xi_k, \eta_k)\Delta x_k - v(\xi_k, \eta_k)\Delta y_k]$$

$$+ i\sum_{k=1}^{n} [v(\xi_k, \eta_k)\Delta x_k + u(\xi_k, \eta_k)\Delta y_k]. \tag{3.1}$$

又由于函数 $f(z)$ 在光滑曲线 C 上连续，从而 $u(x, y)$，$v(x, y)$ 在光滑曲线 C 上也连续，当 $\lambda \to 0$ 时，有 $\max\limits_{1 \leqslant k \leqslant n} |\Delta x_k| \to 0$，$\max\limits_{1 \leqslant k \leqslant n} |\Delta y_k| \to 0$，于是式（3.1）右端极限存在，且有

$$\int_C f(z)\mathrm{d}z = \int_C u(x, y)\mathrm{d}x - v(x, y)\mathrm{d}y + i\int_C v(x, y)\mathrm{d}x + u(x, y)\mathrm{d}y.$$

便得到了复变函数积分存在的充分条件.

定理 3.1 函数 $f(z)=u(x,y)+iv(x,y)$ 在光滑曲线 C 上连续,则复积分 $\int_C f(z)\mathrm{d}z$ 存在,且有积分公式

$$\int_C f(z)\mathrm{d}z = \int_C u(x,y)\mathrm{d}x - v(x,y)\mathrm{d}y + i\int_C v(x,y)\mathrm{d}x + u(x,y)\mathrm{d}y.$$

这个定理揭示了复变函数积分与实函数曲线积分之间的联系,建立了复变函数积分存在的充分条件.

说明 ① 当函数 $f(z)=u(x,y)+iv(x,y)$ 在光滑曲线 C 上连续,复积分 $\int_C f(z)\mathrm{d}z$ 存在,通过两个二元实变函数的曲线积分来计算;

② 若曲线 C 是由 $C_1,C_2,C_3,\cdots,C_n$ 等光滑曲线段依次相互连接所组成的按段光滑曲线,则有

$$\int_C f(z)\mathrm{d}z = \int_{C_1} f(z)\mathrm{d}z + \int_{C_2} f(z)\mathrm{d}z + \cdots + \int_{C_n} f(z)\mathrm{d}z;$$

③ 以后无特别声明,总假设曲线 C 是分段光滑曲线,而被积函数 $f(z)$ 在曲线 C 上是连续函数.

计算方法 设光滑曲线 C 的参数方程为 $z=z(t)=x(t)+iy(t)$ $(\alpha\leqslant t\leqslant\beta)$,参数 α 及 β 对应于起点 A 及终点 B,由曲线积分计算,可得

计算式 1: $\displaystyle\int_C f(z)\mathrm{d}z = \int_\alpha^\beta \{u[x(t),y(t)]x'(t) - v[x(t),y(t)]y'(t)\}\mathrm{d}t$
$$+ i\int_\alpha^\beta \{v[x(t),y(t)]x'(t) + u[x(t),y(t)]y'(t)\}\mathrm{d}t;$$

计算式 2: $\displaystyle\int_C f(z)\mathrm{d}z = \int_\alpha^\beta f[z(t)]z'(t)\mathrm{d}t.$

计算步骤 (1) 写出曲线的参数方程 $z(z)=x(t)+iy(t)$,确定参数 α,β 变化范围;

(2) 将曲线参数方程代入被积式中,将其化为定积分.

例 3.1 沿下列路线计算积分 $\displaystyle\int_0^{3+i} z^2\mathrm{d}z$,其中

(1) 从原点到 $3+i$ 的直线段;

(2) 从原点 O 沿实轴到 $A(3,0)$,再由铅直向上直线到 $B(3,1)$,如图 3-1 所示.

解 (1) 先写出连接原点到点 $(3,1)$ 的直线的参数方程

$$\frac{x-0}{3-0} = \frac{y-0}{1-0} = t,$$

即有 $\begin{cases} x=3t \\ y=t \end{cases}$ $(0\leqslant t\leqslant 1).$

则直线的复变量参数方程为

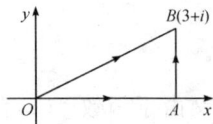

图 3-1

$$z=(3+i)t \quad (0 \leqslant t \leqslant 1),$$

在直线 $z=(3+i)t$ 上，$\mathrm{d}z=(3+i)\mathrm{d}t$，于是

$$\int_0^{3+i} z^2 \mathrm{d}z = \int_0^1 \left[(3+i)t\right]^2 (3+i)\mathrm{d}t$$

$$= \int_0^1 (3+i)^3 t^2 \mathrm{d}t = \frac{1}{3}(3+i)^3 t^3 \Big|_0^1 = \frac{1}{3}(3+i)^3.$$

(2) 折线方程为 $OA:z=x$ $(0 \leqslant x \leqslant 3)$，$AB:z=3+iy$ $(0 \leqslant y \leqslant 1)$，则

$$\int_0^{3+i} z^2 \mathrm{d}z = \int_{OA} z^2 \mathrm{d}z + \int_{AB} z^2 \mathrm{d}z$$

$$= \int_0^3 x^2 \mathrm{d}x + \int_0^1 (3+iy)^2 \mathrm{d}(3+iy)$$

$$= \frac{1}{3} x^3 \Big|_0^3 + \frac{1}{3}(3+iy)^3 \Big|_0^1$$

$$= \frac{1}{3} \cdot 3^3 + \frac{1}{3} \cdot (3+i)^3 - \frac{1}{3} \cdot 3^3 = \frac{1}{3}(3+i)^3.$$

注意　沿不同的路径积分的结果是相同的，即积分与路径无关，这是因为 $f(z)=z^2$ 是解析函数.

例 3.2　计算积分 $\int_C \bar{z} \mathrm{d}z$ 的值，其中 C 为

(1) 沿从原点到点 $z_0=1+i$ 的直线段 C_1；

(2) 沿从原点到点 $z_1=1$ 的直线段 C_2 与从 z_1 到 z_0 的直线段 C_3 所组成的直线，如图 3-2 所示.

解　(1) 因为 C_1 的参数方程为 $z=(1+i)t$ $(0 \leqslant t \leqslant 1)$，所以

$$\int_C \bar{z} \mathrm{d}z = \int_0^1 (t-it)(1+i)\mathrm{d}t = \int_0^1 2t \mathrm{d}t = 1.$$

(2) 因为 C_2 的参数方程为 $z=t$ $(0 \leqslant t \leqslant 1)$，

C_3 的参数方程为 $z=1+it$ $(0 \leqslant t \leqslant 1)$，

所以

$$\int_C \bar{z} \mathrm{d}z = \int_{C_2} \bar{z} \mathrm{d}z + \int_{C_3} \bar{z} \mathrm{d}z$$

$$= \int_0^1 t \mathrm{d}t + \int_0^1 (1-it)i\mathrm{d}t$$

$$= \frac{1}{2} + \left(\frac{1}{2}+i\right) = 1+i.$$

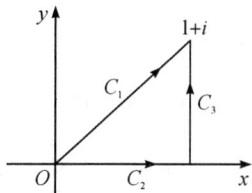

图 3-2

由此题可以看出，尽管线段的起点、终点都一样，但由于沿不同的曲线积分，积分值也不相同，这表明积分与路径有关. 什么样的函数积分与路径无关呢？这是我们后面将要讨论的问题.

例 3.3　计算积分 $\oint_C \frac{\mathrm{d}z}{(z-z_0)^{n+1}}$，其中 C 为以 z_0 为中心，r 为半径的正

向圆周,n 为整数.

解 曲线 C 的参数方程为

$$\begin{cases} x = x_0 + r\cos\theta \\ y = y_0 + r\sin\theta \end{cases} (0 \leqslant \theta \leqslant 2\pi),$$

则曲线 C 的复变量的参数式为 $z = z_0 + re^{i\theta}$ $(0 \leqslant \theta \leqslant 2\pi)$,于是

$$\oint_C \frac{\mathrm{d}z}{(z-z_0)^{n+1}} = \int_0^{2\pi} \frac{ire^{i\theta}\mathrm{d}\theta}{r^{n+1}e^{i(n+1)\theta}} = \int_0^{2\pi} \frac{i}{r^n e^{in\theta}}\mathrm{d}\theta = \frac{i}{r^n}\int_0^{2\pi} e^{-in\theta}\mathrm{d}\theta.$$

当 $n=0$ 时, $\qquad \oint_C \frac{\mathrm{d}z}{(z-z_0)^{n+1}} = i\int_0^{2\pi} \mathrm{d}\theta = 2\pi i;$

当 $n \neq 0$ 时, $\qquad \oint_C \frac{\mathrm{d}z}{(z-z_0)^{n+1}} = \frac{i}{r^n}\int_0^{2\pi} (\cos n\theta - i\sin n\theta)\mathrm{d}\theta = 0.$

综合上述,有 $\qquad \oint_C \frac{\mathrm{d}z}{(z-z_0)^{n+1}} = \begin{cases} 2\pi i, & n = 0 \\ 0, & n \neq 0 \end{cases}.$

注意 这个积分结果以后常用,它的特点是与积分圆周的中心和半径无关.

三、复积分的性质

因为复积分的实部和虚部都是曲线积分,故曲线积分的一些基本性质对复积分也成立.

(1) $\int_C f(z)\mathrm{d}z = -\int_{C^-} f(z)\mathrm{d}z;$

(2) $\int_C kf(z)\mathrm{d}z = k\int_C f(z)\mathrm{d}z$ (k 为常数);

(3) $\int_C [f(z) \pm g(z)]\mathrm{d}z = \int_C f(z)\mathrm{d}z \pm \int_C g(z)\mathrm{d}z;$

(4) $\int_C f(z)\mathrm{d}z = \int_{C_1} f(z)\mathrm{d}z + \int_{C_2} f(z)\mathrm{d}z$ (其中 C 由曲线 C_1, C_2 连接而成);

(5) $\left| \int_C f(z)\mathrm{d}z \right| \leqslant \int_C |f(z)|\mathrm{d}s.$

*因为 $\qquad \left| \sum_{k=1}^n f(\zeta_k)\Delta z_k \right| \leqslant \sum_{k=1}^n |f(\zeta_k)||\Delta z_k| \leqslant \sum_{k=1}^n |f(\zeta_k)||\Delta s_k|,$

其中 Δs_k 是小弧段 $\overparen{z_{k-1}z_k}$ 的长,$|\Delta z_k| = \sqrt{\Delta x_k^2 + \Delta y_k^2} \leqslant \Delta s_k$.

注意到 $|\mathrm{d}z| = |\mathrm{d}x + i\mathrm{d}y| = \sqrt{\mathrm{d}x^2 + \mathrm{d}y^2} = \mathrm{d}s$,因此

$$\lim_{\lambda \to 0} \left| \sum_{k=1}^n f(\zeta_k)\Delta z_k \right| \leqslant \lim_{\lambda \to 0} \sum_{k=1}^n |f(\zeta_k)||\Delta z_k| \leqslant \lim_{\lambda \to 0} \sum_{k=1}^n |f(\zeta_k)||\Delta s_k|,$$

即 $\qquad\qquad \left| \int_C f(z)\mathrm{d}z \right| \leqslant \int_C |f(z)|\mathrm{d}s.$

特别地,若曲线 C 的长度为 L,函数 $f(z)$ 在 C 上有界,即 $|f(z)| \leqslant M$,则

$$\left| \int_C f(z) \mathrm{d}z \right| \leqslant \int_C |f(z)| \mathrm{d}s \leqslant ML \quad \text{(估值不等式)}.$$

思考题 3.1

1. 复变函数积分和平面上曲线积分有什么不同?又有什么联系?

2. 积分 $\oint_{|z-z_0|=r} \dfrac{\mathrm{d}z}{(z-z_0)^{n+1}}$ 等于多少?

习题 3.1

1. 计算积分 $\int_C \mathrm{Re} z \mathrm{d}z$ 的值,其中 C 为

(1) 沿从原点到点 $z_0 = 2 + i$ 的直线段 C_1;

(2) 沿从原点到点 $z_1 = 2$ 的直线段 C_2 与从 z_1 到 z_0 的直线段 C_3 所组成的折线.

2. 设函数 $f(z) = \dfrac{1}{z}$,曲线是 $C: z(t) = \cos t + i \sin t \quad (0 \leqslant t \leqslant 2\pi)$,求积分 $\oint_C f(z) \mathrm{d}z$.

3. 计算积分 $\int_C \dfrac{\bar{z}}{|z|} \mathrm{d}z$ 的值,其中 C 为:(1) $|z| = 2$; (2) $|z| = 4$.

4. 计算积分 $\int_C (z - z_0)^n \mathrm{d}z$,积分路径 C 是以 z_0 为圆心,r 为半径的圆周.

5. 证明 $\left| \int_C \dfrac{1}{z^2} \mathrm{d}z \right| \leqslant 2$,其中积分路径 C 是点 i 与 $2 + i$ 之间的直线段.

§3.2 解析函数积分的基本定理

从上一节所举的几个例题来看,例 3.1 中的被积函数 $f(z) = z^2$ 在复平面内处处解析,所以它沿连接起点及终点的任何路线积分值均相同,换句话说,积分与路径无关. 在例 3.2 中的被积函数 $f(z) = \bar{z}$,它的实部 $u = x$,虚部 $v = -y$,不满足 C-R 方程,所以在平面上处处不解析,且积分与路径有关. 例 3.3 中的被积函数当 $n = 0$ 时为 $f(z) = \dfrac{1}{(z - z_0)}$,它在以 z_0 为中心的圆周 C 的内部不是处处解析的,因为它在 z_0 没有定义,当然在 z_0 不解析,而此时积分 $\oint_C \dfrac{\mathrm{d}z}{z - z_0} = 2\pi i \neq 0$. 如果把 z_0 除去,虽然在除去 z_0 的 C 内部,函数处处解析,但是这个区域已经不是单连通区域,由此可猜想,积分的值与路径无关,或沿闭曲线积分值为零的条件与被积函数的解析性及区域的单连通性有关. 究竟关系如何,这是我们将要讨

论的问题.

由于复变函数积分可以用两个实函数曲线积分表示为

$$\int_C f(z)\mathrm{d}z = \int_C u(x,y)\mathrm{d}x - v(x,y)\mathrm{d}y + i\int_C v(x,y)\mathrm{d}x + u(x,y)\mathrm{d}y.$$

故复变函数积分与积分路径无关问题的研究,可以转化为实变函数的曲线积分与积分路径无关的研究.在"高等数学"中有定理,如果 $P(x,y),Q(x,y)$ 在单连通区域 D 内有一阶连续偏导数,并且 $\dfrac{\partial P}{\partial y} = \dfrac{\partial Q}{\partial x}$,则曲线积分 $\int_{AB} P\mathrm{d}x + Q\mathrm{d}y$ 的值与路径无关,根据格林公式,上述条件又是沿区域 D 内任意一条闭曲线的积分值为零的条件.

于是便得曲线积分 $\int_C f(z)\mathrm{d}z$ 与积分路径无关或者说 $f(z)$ 沿区域 D 内任何一条闭曲线的积分值等于零的条件是 u,v 的偏导数连续,并且满足

$$\frac{\partial u}{\partial x} = \frac{\partial v}{\partial y}, \qquad \frac{\partial u}{\partial y} = -\frac{\partial v}{\partial x}.$$

这就是接下来要介绍的柯西积分定理的最原始形式.

一、柯西积分定理

定理 3.2 (柯西积分定理)设函数 $f(z)$ 在单连通区域 D 内处处解析,那么函数 $f(z)$ 在 D 内沿任何一条封闭曲线 C 的积分为零,即

$$\oint_C f(z)\mathrm{d}z = 0.$$

证明 因为函数 $f(z)$ 在区域 D 内解析,故 $f'(z)$ 存在[在 $f'(z)$ 连续的假设下证明].

因为 u 与 v 的一阶偏导数存在且连续,应用格林公式,得

$$\oint_C f(z)\mathrm{d}z = \int_C u(x,y)\mathrm{d}x - v(x,y)\mathrm{d}y + i\int_C v(x,y)\mathrm{d}x + u(x,y)\mathrm{d}y$$

$$= -\iint_G \left(\frac{\partial v}{\partial x} + \frac{\partial u}{\partial y}\right)\mathrm{d}x\mathrm{d}y + i\iint_G \left(\frac{\partial u}{\partial x} - \frac{\partial v}{\partial y}\right)\mathrm{d}x\mathrm{d}y.$$

其中 G 为简单闭曲线 C 所围区域,由于函数 $f(z)$ 解析,C-R 方程成立,即

$$\frac{\partial u}{\partial x} = \frac{\partial v}{\partial y}, \qquad \frac{\partial u}{\partial y} = -\frac{\partial v}{\partial x}.$$

所以 $\qquad \int_C u(x,y)\mathrm{d}x - v(x,y)\mathrm{d}y = -\iint_G \left(\frac{\partial v}{\partial x} + \frac{\partial u}{\partial y}\right)\mathrm{d}x\mathrm{d}y = 0,$

与 $\qquad i\int_C v(x,y)\mathrm{d}x + u(x,y)\mathrm{d}y = i\iint_G \left(\frac{\partial u}{\partial x} - \frac{\partial v}{\partial y}\right)\mathrm{d}x\mathrm{d}y = 0.$

从而 $\qquad\qquad\qquad\qquad \oint_C f(z)\mathrm{d}z = 0.$

注意　虽然用格林公式证明很简单,但是必须有导函数 $f'(z)$ 连续的条件,在定理 3.8 中我们证明只要函数 $f(z)$ 解析,$f'(z)$ 必连续,即 $f'(z)$ 的连续性已经包含在解析的假设条件中.

说明　若函数在 D 内解析,在闭区域 $\overline{D}=D+C$ 上连续,仍有 $\oint_C f(z)\mathrm{d}z=0$.

柯西积分定理表明,若函数满足解析条件,则复变函数的积分与路径无关.

由柯西积分定理可知,在全复平面上解析函数 $\sin z,\cos z,\mathrm{e}^z,z^n$ （n 为自然数）等,沿复平面上任意简单闭曲线积分为零,即

$$\oint_C \sin z\mathrm{d}z=0,\quad \oint_C \cos z\mathrm{d}z=0,\quad \oint_C \mathrm{e}^z\mathrm{d}z=0,\quad \oint_C z^n\mathrm{d}z=0.$$

例 3.4　求积分 $\oint_C \dfrac{\mathrm{d}z}{2+z}$ 的值,其中 C 是单位圆周 $|z|=1$,由此证明

$$\int_0^{2\pi}\frac{1+2\cos\theta}{5+4\cos\theta}\mathrm{d}\theta=0;\quad \int_0^{2\pi}\frac{\sin\theta}{5+4\cos\theta}\mathrm{d}\theta=0.$$

解　被积函数 $f(z)=\dfrac{1}{2+z}$ 仅有一个奇点 $z=-2$,但是这个奇点在单位圆 $|z|=1$ 外,即函数 $f(z)$ 在 C 所围成的闭区域上解析,所以由柯西积分定理得

$$\oint_C \frac{\mathrm{d}z}{2+z}=0.$$

又因为单位圆 $|z|=1$ 的参数方程为

$$z=\mathrm{e}^{i\theta}=\cos\theta+i\sin\theta\quad (0\leqslant\theta\leqslant 2\pi),$$

且 $\mathrm{d}z=i\mathrm{e}^{i\theta}\mathrm{d}\theta$,所以

$$\oint_C \frac{\mathrm{d}z}{2+z}=\int_0^{2\pi}\frac{i\mathrm{e}^{i\theta}}{2+\cos\theta+i\sin\theta}\mathrm{d}\theta=0,$$

即有

$$\int_0^{2\pi}\frac{i\mathrm{e}^{i\theta}}{2+\cos\theta+i\sin\theta}\mathrm{d}\theta=\int_0^{2\pi}\frac{i(\cos\theta+i\sin\theta)(\cos\theta+2-i\sin\theta)}{(2+\cos\theta)^2+\sin^2\theta}\mathrm{d}\theta$$

$$=\int_0^{2\pi}\frac{-2\sin\theta}{5+4\cos\theta}\mathrm{d}\theta+i\int_0^{2\pi}\frac{1+2\cos\theta}{5+4\cos\theta}\mathrm{d}\theta=0.$$

于是实部 $\displaystyle\int_0^{2\pi}\frac{-2\sin\theta}{5+4\cos\theta}\mathrm{d}\theta=0$;虚部 $\displaystyle\int_0^{2\pi}\frac{1+2\cos\theta}{5+4\cos\theta}\mathrm{d}\theta=0$.

二、原函数与不定积分

我们知道沿闭曲线的曲线积分为零的充分必要条件是曲线积分与路径无关.

由定理 3.2 知解析函数在单连通区域内的积分只与曲线的起点 z_0 及终点 z_1 有关,而与路径无关,即

$$\int_C f(z)\mathrm{d}z=\int_{z_0}^{z_1}f(z)\mathrm{d}z.$$

这里有与实变量函数积分类似的概念.

1. 积分上限函数

若固定 z_0, 让上限 $z = z_1$ 变动, 则积分

$$\int_{z_0}^{z} f(z) \mathrm{d}z$$

称为积分上限 z 的函数, 记作

$$F(z) = \int_{z_0}^{z} f(z) \mathrm{d}z = \int_{z_0}^{z} f(\zeta) \mathrm{d}\zeta.$$

对上限函数有如下定理.

定理 3.3　设函数 $f(z)$ 在单连通区域 D 内解析, 则函数 $F(z)$ 必为 D 内的一个解析函数, 并且 $F'(z) = f(z)$.

* 证明　据复积分计算有

$$\begin{aligned}
F(z) &= \int_{z_0}^{z} f(\zeta) \mathrm{d}\zeta \\
&= \int_{(x_0, y_0)}^{(x, y)} u \mathrm{d}x - v \mathrm{d}y + i \int_{(x_0, y_0)}^{(x, y)} v \mathrm{d}x + u \mathrm{d}y \\
&= P(x, y) + i Q(x, y),
\end{aligned}$$

这里　$P(x, y) = \int_{(x_0, y_0)}^{(x, y)} u \mathrm{d}x - v \mathrm{d}y, \quad Q(x, y) = \int_{(x_0, y_0)}^{(x, y)} v \mathrm{d}x + u \mathrm{d}y.$

由于函数 $f(z)$ 在单连通区域 D 内解析, 则上述两个曲线积分与路径无关, 由"高等数学"知, P, Q 在 D 内可微, 所以

$$\frac{\partial P}{\partial x} = u, \quad \frac{\partial P}{\partial y} = -v, \quad \frac{\partial Q}{\partial x} = v, \quad \frac{\partial Q}{\partial y} = u.$$

于是 P, Q 满足 C-R 方程

$$\frac{\partial P}{\partial x} = \frac{\partial Q}{\partial y}, \quad \frac{\partial P}{\partial y} = -\frac{\partial Q}{\partial x},$$

即可知 $F(z) = P(x, y) + i Q(x, y)$ 是解析函数, 并且

$$F'(z) = \frac{\partial P}{\partial x} + i \frac{\partial Q}{\partial x} = u + i v = f(z).$$

这个定理同"高等数学"中的积分上限函数的求导定理类似, 在此基础上, 也可得出类似于"高等数学"中的基本定理和牛顿-莱布尼茨公式.

2. 原函数的概念

定义 3.2　若函数 $F(z)$ 在区域 D 内的导数等于 $f(z)$, 即 $F'(z) = f(z)$, 则称函数 $F(z)$ 为 $f(z)$ 在区域 D 内的**原函数**.

积分上限函数 $F(z) = \int_{z_0}^{z} f(\zeta) \mathrm{d}\zeta$ 是 $f(z)$ 的一个原函数.

容易验证函数 $f(z)$ 的任意两个原函数之差为一个复常数.

由此可知, 若函数 $f(z)$ 在区域 D 内有一个原函数 $F(z)$, 则它有无穷多个原

函数 $F(z) + C$ （C 为任意复常数）.

利用这个关系,可以与微积分情形一样地用原函数来求解析函数的积分.

定理 3.4 设函数 $f(z)$ 在单连通区域 D 内解析,$G(z)$ 为函数 $f(z)$ 的一个原函数,则

$$\int_{z_0}^{z_1} f(z)\mathrm{d}z = G(z_1) - G(z_0),$$

其中 z_0, z_1 为区域 D 内的两点.

证明 因为 $F(z) = \int_{z_0}^{z} f(z)\mathrm{d}z$ 是函数 $f(z)$ 的一个原函数,设 $G(z)$ 是函数 $f(z)$ 的另一个原函数,所以

$$F(z) = G(x) + C,$$

即

$$\int_{z_0}^{z} f(z)\mathrm{d}z = G(z) + C.$$

当 $z = z_0$ 时,$\int_{z_0}^{z_0} f(z)\mathrm{d}z = G(z_0) + C = 0$,得 $C = -G(z_0)$,

于是 $$\int_{z_0}^{z} f(z)\mathrm{d}z = G(z) - G(z_0),$$

从而 $$\int_{z_0}^{z_1} f(z)\mathrm{d}z = G(z_1) - G(z_0).$$

有了定理 3.4,复变函数中解析函数的积分就可用微积分学中类似的方法计算.换元积分法、分部积分法均可用在复变函数积分中,但是要注意条件,即函数解析.

例 3.5 计算下列积分:

(1) $\int_0^{1+i} z^2 \mathrm{d}z$; (2) $\int_a^b z\cos z^2 \mathrm{d}z$.

解 (1) $\int_0^{1+i} z^2 \mathrm{d}z = \left.\dfrac{z^3}{3}\right|_0^{1+i} = \dfrac{1}{3}(1+i)^3$;

(2) 因为函数 $z\cos z^2$ 在复平面上解析,易知 $\dfrac{1}{2}\sin z^2$ 为被积函数的一个原函数,所以 $\int_a^b z\cos z^2 \mathrm{d}z = \dfrac{1}{2}(\sin b^2 - \sin a^2)$.

例 3.6 求积分 $\int_1^{1+i} z\mathrm{e}^z \mathrm{d}z$ 的值.

解 因为函数 $f(z) = z\mathrm{e}^z$ 在全复平面内解析,所以由分部积分法,有

$$\int_1^{1+i} z\mathrm{e}^z \mathrm{d}z = z\mathrm{e}^z \Big|_1^{1+i} - \int_1^{1+i} \mathrm{e}^z \mathrm{d}z$$

$$= (1+i)\mathrm{e}^{1+i} - \mathrm{e} - \mathrm{e}^z \Big|_1^{1+i}$$

$$= (1+i)e^{1+i} - e^{1+i} = ie^{1+i}$$
$$= eie^i = ei(\cos 1 + i\sin 1)$$
$$= e(-\sin 1 + i\cos 1).$$

例 3.7 在单连通区域 $D: -\pi < \arg z < \pi$ 内,函数 $\ln z$ 是 $f(z) = \dfrac{1}{z}$

的一个原函数,而 $f(z) = \dfrac{1}{z}$ 在 D 内解析,故

$$\int_1^z \frac{1}{z}\mathrm{d}z = \ln z - \ln 1 = \ln z \quad (z \in D).$$

思考题 3.2

1. 柯西积分定理成立的条件是什么?

2. 使用类似于"高等数学"中牛顿-莱布尼茨公式计算积分,对被积函数以及区域有什么要求?

习题 3.2

1. 试用观察的方法确定下列积分的值,并说明理由,其中 C: $|z| = 1$.

(1) $\oint_C \dfrac{1}{z^2 + 4z + 4}\mathrm{d}z$; (2) $\oint_C \dfrac{1}{\cos z}\mathrm{d}z$;

(3) $\oint_C z e^z \mathrm{d}z$; (4) $\oint_C \dfrac{1}{\left(z - \dfrac{1}{2}\right)}\mathrm{d}z$.

2. 计算下列积分.

(1) $\displaystyle\int_0^{\pi i} \sin z\,\mathrm{d}z$; (2) $\displaystyle\int_0^{\pi + 2i} \cos \dfrac{z}{2}\mathrm{d}z$;

(3) $\displaystyle\int_0^1 z\sin z\,\mathrm{d}z$.

3. 求积分 $\oint_C \dfrac{\mathrm{d}z}{3+z}$ 的值,其中 C 是单位圆周 $|z| = 1$,由此证明:

$$\int_0^{2\pi} \frac{1 + 3\cos\theta}{10 + 6\cos\theta}\mathrm{d}\theta = 0; \quad \int_0^{2\pi} \frac{3\sin\theta}{10 + 6\cos\theta}\mathrm{d}\theta = 0.$$

4. 求积分 $\displaystyle\int_C \dfrac{e^z}{z}\mathrm{d}z$ 的值,其中 C 由正向圆周 $|z| = 2$ 与负向圆周 $|z| = 2$ 所组成.

§3.3 基本定理的推广 —— 复合闭路定理

柯西积分定理要求区域是单连通区域,为了将柯西积分定理推广到复连通区域的情形,对区域边界曲线的正方向有如下规定.

简单闭曲线正向　当曲线上的点 P 顺此方向前进时,邻近 P 点的曲线内部始终位于 P 点的左方,这时曲线方向称为正方向,简称正向.

定理 3.5　设 C_1 与 C_2 是两条简单闭曲线,C_2 在 C_1 内部.函数 $f(z)$ 在 C_1 与 C_2 所围成的复连通区域 D 内解析,而在 $\overline{D} = D + C_1 + C_2^-$ 上连续,则

$$\int_{C_1} f(z)\mathrm{d}z = \int_{C_2} f(z)\mathrm{d}z.$$

* 证明　在 D 内做简单光滑弧 $\overset{\frown}{AB}$ 和 $\overset{\frown}{CD}$ 连接 C_1 和 C_2,将 D 分成两个单连通区域 D_1 和 D_2,其中 D_1 的边界为 $ABGCDHA$,记做 L_1;D_2 的边界为 $AEDCPBA$,记做 L_2,如图 3-3 所示.根据定理的条件,函数 $f(z)$ 在 $\overline{D_1}$ 和 $\overline{D_2}$ 上连续,在 D_1 和 D_2 内解析,由定理 3.2 有

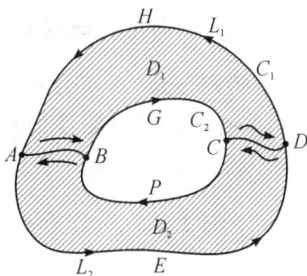

图 3-3

$$\oint_{L_1} f(z)\mathrm{d}z = 0, \quad \oint_{L_2} f(z)\mathrm{d}z = 0,$$

又由于

$$\int_{\overset{\frown}{AB}} f(z)\mathrm{d}z + \int_{\overset{\frown}{BA}} f(z)\mathrm{d}z = 0,$$

$$\int_{\overset{\frown}{CD}} f(z)\mathrm{d}z + \int_{\overset{\frown}{DC}} f(z)\mathrm{d}z = 0,$$

于是

$$\oint_{C_1} f(z)\mathrm{d}z + \oint_{C_2^-} f(z)\mathrm{d}z = 0,$$

即

$$\int_{C_1} f(z)\mathrm{d}z = \int_{C_2} f(z)\mathrm{d}z.$$

这正说明,一个解析函数沿闭曲线的积分,不会因闭曲线在区域内作连续的变形而改变它的值 —— 这一事实称**闭路变形原理**.

说明　如果将 C_1 与 C_2^- 看成是一条复合闭路 $\Gamma = C_1 + C_2^-$,Γ 的正方向指的是:Γ 的内部总在闭曲线 Γ 的左侧,具体到 C_1 是指逆时针方向,具体到 C_2 是顺时针方向,那么总有

$$\oint_{\Gamma} f(z)\mathrm{d}z = 0.$$

累次用相同的方法,可以证明下面的结果.

定理 3.6　(**复合闭路定理**)设 C 为多连通区域 D 的一条简单闭曲线,C_1,C_2,$\cdots$,C_n 是在 C 内部的简单闭曲线,它们互不包含也互不相交,并且以 C_1,C_2,$\cdots$,C_n 为边界的区域全包含于 D,如果函数 $f(z)$ 在 D 内解析,则

(1) $\oint_C f(z)\mathrm{d}z = \sum_{k=1}^{n} \oint_{C_k} f(z)\mathrm{d}z$,其中 C 及 $C_k(k = 1,2,\cdots,n)$ 均取正方向;

(2) $\oint_{\Gamma} f(z)\mathrm{d}z = 0$,这里 Γ 为 C 及 $C_k(k = 1,2,\cdots,n)$ 所围成的复合闭路(其方向是:C 按逆时针进行,C_k^- 按顺时针进行),如图 3-4 所示.

证明提示 取 n 条互不相交,且全在 D 内的辅助曲线 $L_1, L_2, \cdots, L_n$ 作割线,将 C 顺次与 $C_1, C_2, \cdots, C_n$ 连接,再利用前面讨论的方法即可得证.

例如,在例 3.3 中,当 C 为以 z_0 为中心的正向圆周时,$\oint_C \dfrac{\mathrm{d}z}{z-z_0} = 2\pi i$,根据闭路变形原理,对包含 z_0 的任何一条正向简单闭曲线 C,都有 $\oint_C \dfrac{\mathrm{d}z}{z-z_0} = 2\pi i$.

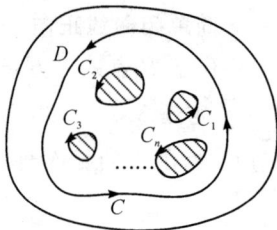

图 3 - 4

特别注意 复合闭路定理(即复连通区域的柯西积分定理),将解析函数 $f(z)$ 沿复杂积分路线的积分转化为沿较简单(如圆周)路线积分,这一点在积分计算上非常有用.

例 3.8 计算积分 $\oint_C \dfrac{\mathrm{d}z}{z-a}$ 的值,其中 a 是复常数,C 是不过 a 的任何简单闭曲线.

解 分两种情况讨论.

(1) 若 C 不包含 a 点,则被积函数 $\dfrac{1}{z-a}$ 在 C 所围区域上是解析函数,由柯西积分定理,得

$$\oint_C \frac{\mathrm{d}z}{z-a} = 0.$$

(2) 若 C 包含 a 点,则被积函数 $\dfrac{1}{z-a}$ 在 C 所围区域中含有一个奇点 a,因此不能应用柯西积分定理. 此时我们可以在 C 所围的区域 D 内以点 a

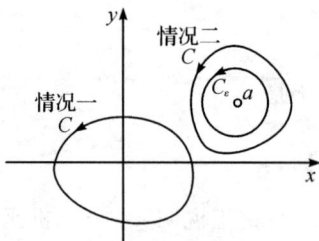

图 3 - 5

为圆心,作一个半径为 ε(适当小的正数)的圆周 C_ε,则由 C 与 C_ε 所围成的区域是复连通域 G(如图 3-5 所示),函数 $\dfrac{1}{z-a}$ 在 G 以及边界上解析,由闭路变形原理得到

$$\oint_C \frac{\mathrm{d}z}{z-a} = \oint_{C_\varepsilon} \frac{\mathrm{d}z}{z-a}.$$

圆周 C_ε 的参数方程为 $z = a + \varepsilon e^{i\theta}$ $(0 \leqslant \theta \leqslant 2\pi)$,$\mathrm{d}z = i\varepsilon e^{i\theta}\mathrm{d}\theta$,代入积分式,得

$$\oint_{C_\varepsilon} \frac{\mathrm{d}z}{z-a} = \int_0^{2\pi} \frac{\varepsilon i e^{i\theta}}{\varepsilon e^{i\theta}}\mathrm{d}\theta = 2\pi i.$$

于是

$$\oint_C \frac{\mathrm{d}z}{z-a} = \begin{cases} 0, & C\ \text{不包含点}\ a \\ 2\pi i, & C\ \text{包含点}\ a \end{cases}.$$

这个积分很重要,今后常用.

例 3.9 计算积分 $\oint_C \dfrac{\mathrm{d}z}{z^2-z}$ 的值,其中 C 为包含圆周 $|z|=1$ 在内的

任何正向简单闭曲线.

解 因为函数 $f(z) = \dfrac{1}{z^2 - z}$ 在复平面内除 $z = 0, z = 1$ 两个奇点外是处处解析的,所以在 C 内以 $z = 0, z = 1$ 为圆心分别作两个互不包含也互不相交的正向圆周 C_1 与 C_2,如图 $3-6$ 所示.根据复合闭路定理,得

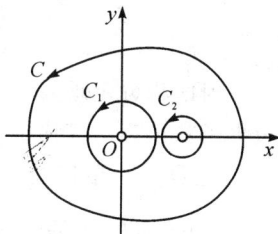

$$\oint_c \frac{\mathrm{d}z}{z^2 - z} = \oint_c \frac{\mathrm{d}z}{z(z-1)}$$

$$= \oint_{C_1} \frac{\mathrm{d}z}{z(z-1)} + \oint_{C_2} \frac{\mathrm{d}z}{z(z-1)}$$

$$= \oint_{C_1} \frac{1}{z-1}\mathrm{d}z - \oint_{C_1} \frac{1}{z}\mathrm{d}z + \oint_{C_2} \frac{1}{z-1}\mathrm{d}z - \oint_{C_2} \frac{1}{z}\mathrm{d}z$$

$$= 0 - 2\pi i + 2\pi i - 0 = 0.$$

图 $3-6$

从这个例子可以看出,借助于复合闭路定理,我们将较复杂函数的积分化为较简单函数的积分计算其值.这是计算复变函数积分常用的一种方法.

思考题 3.3

1. 什么是闭路变形原理?什么是复合闭路定理?它们有什么区别?

2. 闭路变形原理、复合闭路定理在计算积分上有什么作用?

习题 3.3

1. 计算下列积分.

$(1) \oint_c \left(\dfrac{4}{z+1} + \dfrac{3}{z+2i} \right) \mathrm{d}z$,其中 C:$|z| = 4$ 的正向;

$(2) \oint_c \dfrac{2i}{z^2+1}\mathrm{d}z$,其中 C:$|z-1| = 6$ 的正向;

$(3) \oint_c \dfrac{\mathrm{d}z}{(z-i)(z+2)}$,其中 C:$|z| = 3$ 的正向;

$(4) \oint_c \dfrac{\mathrm{d}z}{z-i}$,其中 C 为以点 $\pm\dfrac{1}{2}$,$\pm\dfrac{6}{5}i$ 为顶点的正向菱形.

2. 计算积分 $\oint_c \left(z + \dfrac{1}{z} \right)\mathrm{d}z$,其中曲线 C 为

(1) 单位圆周 C:$|z| = 1$ 负向;

(2) 单位圆周 C:$|z-2| = 1$ 正向.

§3.4　柯西积分公式

柯西积分定理具有广泛的应用,这一节我们将由它推出一个用解析函数的边界函数值表示其内部值的积分公式.

设 D 为一单连通区域,z_0 为 D 中的一点,如果函数 $f(z)$ 在 D 内解析,则 $\oint_C f(z)\mathrm{d}z = 0$,但是函数 $\dfrac{f(z)}{z - z_0}$ 在 z_0 不解析,所以在 D 内沿围绕 z_0 的一条封闭曲线 C 的积分 $\oint_C \dfrac{f(z)}{z - z_0}\mathrm{d}z$ 一般不为零,它为多少呢?

根据闭路变形原理,这个积分沿着任何一条围绕 z_0 的简单闭曲线的积分都是相同的,我们取以 z_0 为中心,δ 为半径的很小的圆周 $|z - z_0| = \delta$(取其正向)作为积分曲线 C.由于函数 $f(z)$ 的连续性,在 C 上函数 $f(z)$ 的值将随 δ 的缩小而逐渐接近于它的圆心 z_0 的值,从而可以猜想,积分

$$\oint_C \frac{f(z)}{z - z_0}\mathrm{d}z$$

的值也将随 δ 的缩小而逐渐接近于

$$\oint_C \frac{f(z)}{z - z_0}\mathrm{d}z = f(z_0) \cdot \oint_C \frac{1}{z - z_0}\mathrm{d}z = 2\pi i f(z_0),$$

即有

$$\oint_C \frac{f(z)}{z - z_0}\mathrm{d}z = 2\pi i f(z_0).$$

这种猜想是否正确?下面来证明这种猜想的正确性.

定理 3.7　(柯西积分公式)设函数 $f(z)$ 在简单闭曲线 C 所围成的区域 D 内解析,在 $\overline{D} = D \cup C$ 上连续,z_0 为 D 内的任意一点,则

$$f(z_0) = \frac{1}{2\pi i}\oint_C \frac{f(z)}{z - z_0}\mathrm{d}z.$$

*证明　由于函数 $f(z)$ 在 z_0 解析,当然在 z_0 点连续,对于任意给定的 $\varepsilon > 0$,必有一个 $\delta(\varepsilon) > 0$,当 $|z - z_0| < \delta$ 时,有 $|f(z) - f(z_0)| < \varepsilon$.

做以 z_0 为中心,ρ 为半径的圆周 $L: |z - z_0| = \rho$,使其全部在 C 的内部,且 $\rho < \delta$,则

$$\oint_C \frac{f(z)}{z - z_0}\mathrm{d}z = \oint_L \frac{f(z)}{z - z_0}\mathrm{d}z$$

$$= \oint_L \frac{f(z_0)}{z - z_0}\mathrm{d}z + \oint_L \frac{f(z) - f(z_0)}{z - z_0}\mathrm{d}z$$

$$= 2\pi i f(z_0) + \oint_L \frac{f(z) - f(z_0)}{z - z_0}\mathrm{d}z.$$

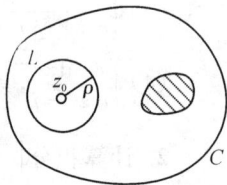

图 3-7

对于积分 $\oint_L \dfrac{f(z) - f(z_0)}{z - z_0}\mathrm{d}z$,有

$$\left| \oint_L \frac{f(z) - f(z_0)}{z - z_0} dz \right| \leqslant \oint_L \frac{|f(z) - f(z_0)|}{|z - z_0|} ds < \frac{\varepsilon}{\rho} \oint_C ds = 2\pi\varepsilon.$$

因此
$$\left| \oint_L \frac{f(z)}{z - z_0} dz - 2\pi i f(z_0) \right| < 2\pi\varepsilon,$$

于是
$$\oint_C \frac{f(z)}{z - z_0} dz = 2\pi i f(z_0).$$

这个公式称为**柯西积分公式**,它把一个解析函数在 C 内部任一点的值用其在边界上的积分值表示,这是解析函数的又一特征.

公式也可以写成
$$f(z_0) = \frac{1}{2\pi i} \oint_C \frac{f(z)}{z - z_0} dz.$$

若 z_0 作为变量看待,则柯西积分公式可写为

$$f(z) = \frac{1}{2\pi i} \oint_C \frac{f(\zeta)}{\zeta - z} d\zeta.$$

将圆的方程 $z - z_0 = Re^{i\theta}$ 代入柯西积分公式中,即得平均值公式如下.

推论 3.1　　(平均值公式)设函数 $f(z)$ 在圆域 $|z - z_0| < R$ 内解析,在 $|z - z_0| = R$ 上连续,则

$$f(z_0) = \frac{1}{2\pi} \int_0^{2\pi} f(z_0 + Re^{i\theta}) d\theta.$$

这表明解析函数在圆心处的值等于它在圆周上的平均值.

推论 3.2　　设函数 $f(z)$ 在由简单闭曲线 C_1, C_2 所围成的二连通域 D 内解析,并在 C_1, C_2 上连续,C_2 在 C_1 的内部,z_0 为 D 内一点,则

$$f(z_0) = \frac{1}{2\pi i} \oint_{C_1} \frac{f(z)}{z - z_0} dz - \frac{1}{2\pi i} \oint_{C_2} \frac{f(z)}{z - z_0} dz.$$

提示:将闭曲线 C_1, C_2 用线连接,其中 C_1 是逆时针方向,C_2 是顺时针方向,于是可应用柯西积分公式得到结果.

例 3.10　　计算下列积分.

(1) $\oint_{|z+i|=1} \frac{\sin z}{z + i} dz$;　　　　　　　　(2) $\oint_{|z|=2} \frac{z}{(5 - z^2)(z - i)} dz$.

解　(1) 因为函数 $f(z) = \sin z$ 在复平面解析,故由柯西积分公式,得

$$\oint_{|z+i|=1} \frac{\sin z}{z + i} dz = 2\pi i \sin(-i) = \frac{2\pi i}{2}(e - e^{-1}) = \pi i(e - e^{-1}).$$

(2) 因为函数 $f(z) = \frac{z}{5 - z^2}$ 在 $|z| \leqslant 2$ 上解析,故由柯西积分公式,得

$$\oint_{|z|=2} \frac{z}{(5 - z^2)(z - i)} dz = \oint_{|z|=2} \frac{\frac{z}{(5 - z^2)}}{(z - i)} dz$$

$$= 2\pi i \left(\frac{z}{5 - z^2} \right) \bigg| = 2\pi i \frac{i}{5 - i^2} = -\frac{\pi}{3}.$$

例 3.11　计算积分 $\oint_C \dfrac{\mathrm{d}z}{z(z^2+1)}$，其中 C 为正向圆周 $|z-i| = \dfrac{3}{2}$.

解　因为函数 $\dfrac{1}{z(z^2+1)}$ 在 C 内有两个奇点 $z=0$ 及 $z=i$，所以分别以 $z=0$ 及 $z=i$ 为圆心，以适当小的数 $\varepsilon > 0$ 为半径作圆周 C_1 及 C_2，由复合闭路定理，得

$$\oint_C \frac{\mathrm{d}z}{z(z^2+1)} = \oint_{C_1} \frac{\mathrm{d}z}{z(z^2+1)} + \oint_{C_2} \frac{\mathrm{d}z}{z(z^2+1)}$$

$$= \oint_{C_1} \frac{\dfrac{1}{(z^2+1)}}{z}\,\mathrm{d}z + \oint_{C_2} \frac{\dfrac{1}{z(z+i)}}{(z-i)}\,\mathrm{d}z$$

$$= 2\pi i f_1(0) + 2\pi i f_2(i)$$

$$= 2\pi i + 2\pi i \left(-\frac{1}{2}\right) = \pi i.$$

其中 $f_1(z) = \dfrac{1}{z^2+1}, f_2(z) = \dfrac{1}{z(z+i)}$.

例 3.12　设函数 $f(z)$ 与 $g(z)$ 在区域 D 内解析，C 为 D 内任意一条简单闭曲线，它的内部完全属于 D，如果 $f(z) = g(z)$ 在 C 上所有的点都成立，试证明在 C 内所有的点处 $f(z) = g(z)$ 也成立.

证明　因为 C 为 D 内任意一条简单闭曲线，在 C 上 $f(z) = g(z)$，现在证明在 C 内部 $f(z) = g(z)$.

在 C 内部任意取一点 z_0，只需证明 $f(z_0) = g(z_0)$ 即可.

设 $F(z) = f(z) - g(z)$. 因为在 C 上有 $f(z) = g(z)$，则 $F(z) = 0$，又由于 $F(z)$ 是 D 内的解析函数，据柯西积分公式，得

$$F(z_0) = \frac{1}{2\pi i}\oint_C \frac{F(z)}{z-z_0}\,\mathrm{d}z = \frac{1}{2\pi i}\oint_C \frac{f(z)-g(z)}{z-z_0}\,\mathrm{d}z = 0,$$

即 $F(z_0) = 0$，从而 $f(z_0) = g(z_0)$.

由 z_0 的任意性知在 C 内部有 $f(z) = g(z)$ 成立.

思考题 3.4

1. 柯西积分公式成立的条件是什么？

2. 柯西积分公式对于复连通域是否成立？(可见推论 3.2)

3. 柯西积分公式说明了什么？

习题 3.4

1. 计算积分 $\oint_C \dfrac{z^2}{z-2i}\,\mathrm{d}z$，其中积分路径为

（1）圆心在原点，半径等于 3 的正向圆周；

（2）圆心在原点，半径等于 1 的正向圆周.

2. 计算积分 $\oint_C \dfrac{\cos z}{z+i}\mathrm{d}z$，其中 C 为正向圆周 $|z+i|=1$.

3. 计算积分 $\oint_C \dfrac{\mathrm{e}^{iz}}{z^2+1}\mathrm{d}z$，其中 C 为正向圆周 $|z-2i|=\dfrac{3}{2}$.

4. 计算积分 $\oint_C \dfrac{z}{z^4-1}\mathrm{d}z$，其中 C 为正向圆周 $|z-2|=2$.

5. 设 $f(z)=\oint_C \dfrac{\mathrm{e}^{\frac{\pi}{3}\zeta}}{\zeta-z}\mathrm{d}\zeta$，当曲线 $C:|\zeta|=2$ 时，试求 $f(i),f(-i)$；当 $|z|>2$ 时，试求 $f(z)$ 的值.

6. 设函数 $f(z)$ 在区域 D 内解析，在 $\overline{D}=D\bigcup C$ 上连续，D 的边界 C 由分段光滑曲线所组成，若 $f(z)$ 在 C 上恒为常数 M，试证明函数 $f(z)$ 在 $\overline{D}$ 上恒为常数.

§3.5　解析函数的柯西导数公式

一、解析函数的柯西导数公式

前面我们已经用到了"一个解析函数不仅有一阶导数，而且有各阶导数"这个结论，并且它的值可以通过函数在边界上积分来表示，这一点跟"高等数学"完全不同. 一个实函数在某一区间上可导，它的导数在这个区间上是否连续也不一定，更不要说有高阶导数存在了. 下面我们讨论解析函数的各阶导数的解析问题.

我们将柯西积分公式　$f(z)=\dfrac{1}{2\pi i}\oint_C \dfrac{f(\zeta)}{\zeta-z}\mathrm{d}\zeta$

形式地在积分号下对 z 求导，得

$$f'(z)=\frac{1}{2\pi i}\oint_C \frac{f(\zeta)}{(\zeta-z)^2}\mathrm{d}\zeta,$$

再继续求导，得

$$f''(z)=\frac{2!}{2\pi i}\oint_C \frac{f(\zeta)}{(\zeta-z)^3}\mathrm{d}\zeta,$$

依次类推，n 阶导数 $f^{(n)}(z)$ 的形式是

$$f^{(n)}(z)=\frac{n!}{2\pi i}\oint_C \frac{f(\zeta)}{(\zeta-z)^{n+1}}\mathrm{d}\zeta.$$

这是求导与积分两种运算允许交换次序的条件下推出的结果，这样做是否可行呢？

定理 3.8　设函数 $f(z)$ 在简单闭曲线 C 所围成的区域 D 内解析，而且在

$\overline{D} = D \cup C$ 上连续,则函数 $f(z)$ 的各阶导数均在 D 内解析,且对 D 内任一点 z,有

$$f^{(n)}(z) = \frac{n!}{2\pi i} \oint_C \frac{f(\zeta)}{(\zeta - z)^{n+1}} \mathrm{d}\zeta \quad (n = 1, 2, \cdots).$$

* 证明 设 z 为 D 内的任意一点,先证明 $n = 1$ 的情况,即

$$f'(z) = \frac{1}{2\pi i} \oint_C \frac{f(\zeta)}{(\zeta - z)^2} \mathrm{d}\zeta,$$

据导数定义 $f'(z) = \lim\limits_{\Delta z \to 0} \dfrac{f(z + \Delta z) - f(z)}{\Delta z}$,

由柯西积分公式,得

$$f(z) = \frac{1}{2\pi i} \oint_C \frac{f(\zeta)}{\zeta - z} \mathrm{d}\zeta, \quad f(z + \Delta z) = \frac{1}{2\pi i} \oint_C \frac{f(\zeta)}{\zeta - z - \Delta z} \mathrm{d}\zeta,$$

从而有

$$\begin{aligned}
\frac{f(z + \Delta z) - f(z)}{\Delta z} &= \frac{1}{2\pi i \Delta z} \oint_C f(\zeta) \left[\frac{1}{\zeta - z - \Delta z} - \frac{1}{\zeta - z} \right] \mathrm{d}\zeta \\
&= \frac{1}{2\pi i} \oint_C \frac{f(\zeta)}{(\zeta - z)(\zeta - z - \Delta z)} \mathrm{d}\zeta \\
&= \frac{1}{2\pi i} \oint_C \frac{f(\zeta)(\zeta - z)}{(\zeta - z)^2 (\zeta - z - \Delta z)} \mathrm{d}\zeta \\
&= \frac{1}{2\pi i} \oint_C \frac{f(\zeta)(\zeta - z - \Delta z + \Delta z)}{(\zeta - z)^2 (\zeta - z - \Delta z)} \mathrm{d}\zeta \\
&= \frac{1}{2\pi i} \oint_C \frac{f(\zeta)}{(\zeta - z)^2} \mathrm{d}\zeta + \frac{1}{2\pi i} \oint_C \frac{f(\zeta) \Delta z}{(\zeta - z)^2 (\zeta - z - \Delta z)} \mathrm{d}\zeta.
\end{aligned}$$

设后一个积分为 I,那么

$$\begin{aligned}
|I| &= \frac{1}{2\pi} \left| \oint_C \frac{f(\zeta) \Delta z}{(\zeta - z)^2 (\zeta - z - \Delta z)} \mathrm{d}\zeta \right| \\
&\leqslant \frac{1}{2\pi} \oint_C \frac{|f(\zeta)| |\Delta z|}{|(\zeta - z)^2| |(\zeta - z - \Delta z)|} \mathrm{d}s.
\end{aligned}$$

因为 $f(z)$ 在 C 上解析,所以在 C 上连续,故在 C 上有界,因此一定存在一个 $M > 0$,使得 $|f(z)| \leqslant M$.

设 d 为从 z 到曲线上各点的最短距离,并且取 $|\Delta z|$ 适当小,使满足 $|\Delta z| < \frac{1}{2} d$,那么有 $|\zeta - z| \geqslant d$,$\dfrac{1}{|\zeta - z|} \leqslant \dfrac{1}{d}$,于是

$$|\zeta - z - \Delta z| \geqslant |\zeta - z| - |\Delta z| > \frac{d}{2}, \quad \frac{1}{|\zeta - z - \Delta z|} < \frac{2}{d},$$

所以 $|I| < |\Delta z| \dfrac{ML}{\pi d^3}$ （L 为 C 之长）.

当 $\Delta z \to 0$ 时,$I \to 0$,从而有

$$f'(z) = \frac{1}{2\pi i}\oint_C \frac{f(\zeta)}{(\zeta-z)^2}d\zeta.$$

这证明了解析函数导数仍是解析函数.

要完成定理的证明,只需应用数学归纳法,设 $n=k$ 时公式成立,证明 $n=k+1$ 时也成立,即证明下式

$$\frac{f^{(k)}(z+\Delta z)-f^{(k)}(z)}{\Delta z} = \frac{1}{\Delta z}\Big[\frac{(k+1)!}{2\pi i}\oint_C \frac{f(\zeta)}{(\zeta-z-\Delta z)^{k+2}}d\zeta$$

$$+\frac{(k+1)!}{2\pi i}\oint_C \frac{f(\zeta)}{(\zeta-z)^{k+2}}d\zeta\Big],$$

当 $\Delta z \to 0$ 时,有

$$f^{(k+1)}(z) = \frac{(k+1)!}{2\pi i}\oint_C \frac{f(\zeta)}{(\zeta-z)^{k+2}}d\zeta.$$

说明 ① 此公式可理解为把柯西积分公式

$$f(z) = \frac{1}{2\pi i}\oint_C \frac{f(\zeta)}{\zeta-z}d\zeta$$

两边对 z 求 n 阶导数,右边在积分号内求导,即有

$$f^{(n)}(z) = \frac{n!}{2\pi i}\oint_C \frac{f(\zeta)}{(\zeta-z)^{n+1}}d\zeta.$$

② 高阶导数公式的作用不在于通过积分来求函数的导数,而在于通过求函数的导数来求积分,即有

$$\oint_C \frac{f(z)}{(z-z_0)^{n+1}}dz = \frac{2\pi i}{n!}f^{(n)}(z_0).$$

例 3.13 求下列积分的值,其中 C 为正向圆周 $|z|=r>1$.

(1) $\oint_C \frac{\cos\pi z}{(z-1)^5}dz$; (2) $\oint_C \frac{e^z}{(z^2+1)^2}dz$.

解 (1) 函数 $\frac{\cos\pi z}{(z-1)^5}$ 在 C 内除 $z=1$ 外处处解析,但是函数 $\cos\pi z$ 在 C 内处处解析,因此应用柯西导数公式,有

$$\oint_C \frac{\cos\pi z}{(z-1)^5}dz = \frac{2\pi i}{(5-1)!}(\cos\pi z)^{(4)}\Big|_{z=1} = \frac{2\pi i}{4!}\pi^4\cos\pi z\Big|_{z=1} = -\frac{\pi^5}{12}i.$$

(2) 函数 $\frac{e^z}{(z^2+1)^2}$ 在 C 内的 $z=\pm i$ 处不解析,我们在 C 内作以 i 为中心的正向圆周 C_1,以 $-i$ 为中心的正向圆周 C_2,那么函数 $\frac{e^z}{(z^2+1)^2}$ 在由 C_1,C_2 和 C 所围成的区域内解析,根据复合闭路定理及柯西导数公式,有

$$\oint_C \frac{e^z}{(z^2+1)^2}dz = \oint_{C_1} \frac{e^z}{(z^2+1)^2}dz + \oint_{C_2} \frac{e^z}{(z^2+1)^2}dz$$

$$= \oint_{C_1} \frac{\frac{e^z}{(z+i)^2}}{(z-i)^2} dz + \oint_{C_2} \frac{\frac{e^z}{(z-i)^2}}{(z+i)^2} dz$$

$$= \frac{2\pi i}{(2-1)!} \cdot \left[\frac{e^z}{(z+i)^2}\right]' \Big|_{z=i} + \frac{2\pi i}{(2-1)!} \cdot \left[\frac{e^z}{(z-i)^2}\right]' \Big|_{z=-i}$$

$$= \frac{(1-i)e^i}{2} \pi + \frac{-(1+i)e^{-i}}{2} \pi = \pi \left[i \frac{e^i - e^{-i}}{2i} - i \frac{e^i + e^{-i}}{2} \right]$$

$$= \pi(i\sin 1 - i\cos 1) = \sqrt{2}\pi i \left(\frac{\sqrt{2}}{2}\sin 1 - \frac{\sqrt{2}}{2}\cos 1 \right)$$

$$= \pi i \sqrt{2} \sin\left(1 - \frac{\pi}{4}\right).$$

例 3.14 计算积分 $I = \oint_C \frac{dz}{z^3(z+1)(z-2)}$ 的值,其中 C 为 $|z| = r$,$r \neq 1, 2$.

解 由于积分圆周的半径不同,所以要分情况讨论.

(1) 当 $0 < r < 1$ 时,设 $f(z) = \frac{dz}{(z+1)(z-2)}$,则函数 $f(z)$ 在 C 内解析,根据柯西导数公式,有

$$I = \oint_C \frac{f(z)}{z^3} dz = \frac{2\pi i}{(3-1)!} f''(0) = \pi i f''(0),$$

函数二阶导数 $f''(z) = \frac{6z^2 - 6z + 6}{(z^2 - z - 2)^3}$,所以 $f''(0) = -\frac{3}{4}$,

于是 $\qquad\qquad\qquad I = -\frac{3}{4}\pi i.$

(2) 当 $1 < r < 2$ 时,在 C 内以 0 为中心作圆周 C_1,以 -1 为中心作圆周 C_2,根据复合闭路定理与柯西导数公式,有

$$I = \oint_{C_1} \frac{dz}{z^3(z+1)(z-2)} + \oint_{C_2} \frac{dz}{z^3(z+1)(z-2)}$$

$$= \oint_{C_1} \frac{\frac{1}{(z+1)(z-2)}}{z^3} dz + \oint_{C_2} \frac{\frac{1}{z^3(z-2)}}{(z+1)} dz$$

$$= -\frac{3}{4}\pi i + 2\pi i \cdot \frac{1}{z^3(z-2)} \Big|_{z=-1}$$

$$= -\frac{3}{4}\pi i + \frac{2}{3}\pi i = -\frac{1}{12}\pi i.$$

(3) 当 $r > 2$ 时,在 C 内以 0 为中心作圆周 C_1,以 -1 为中心作圆周 C_2,以 2 为中心作圆周 C_3,则

$$I = \oint_{C_1} \frac{dz}{z^3(z+1)(z-2)} + \oint_{C_2} \frac{dz}{z^3(z+1)(z-2)} + \oint_{C_3} \frac{dz}{z^3(z+1)(z-2)}$$

$$= \oint_{C_1} \frac{\dfrac{1}{(z+1)(z-2)}}{z^3} dz + \oint_{C_2} \frac{\dfrac{1}{z^3(z-2)}}{(z+1)} dz + \oint_{C_3} \frac{\dfrac{1}{z^3(z+1)}}{(z-2)} dz$$

$$= -\frac{1}{12}\pi i + \oint_{C_3} \frac{\dfrac{1}{z^3(z+1)}}{(z-2)} dz = -\frac{1}{12}\pi i + 2\pi i \frac{1}{z^3(z+1)}\bigg|_{z=2}$$

$$= -\frac{1}{12}\pi i + \frac{1}{12}\pi i = 0.$$

例 3.15　计算积分 $\oint_C \dfrac{e^z}{z(1-z)^3} dz$，其中 C 是不经过 0 与 1 的简单光滑闭曲线.

解　据题意要分以下四种情况讨论.

（1）若封闭曲线既不包含 0 也不包含 1，则函数 $f(z) = \dfrac{e^z}{z(1-z)^3}$ 在 C 内解析，根据柯西积分定理，知 $\oint_C \dfrac{e^z}{z(1-z)^3} dz = 0$；

（2）若 0 在 C 内而 1 在 C 外，则函数 $f(z) = \dfrac{e^z}{(1-z)^3}$ 在 C 内解析，据柯西导数公式，有

$$I = \oint_C \frac{e^z}{z(1-z)^3} dz = \oint_C \frac{\dfrac{e^z}{(1-z)^3}}{z} dz = 2\pi i \cdot \frac{e^z}{(1-z)^3}\bigg|_{z=0} = 2\pi i；$$

（3）若 1 在 C 内而 0 在 C 外，则函数 $f(z) = \dfrac{e^z}{z}$ 在 C 内解析，根据柯西导数公式，有

$$I = \oint_C \frac{\dfrac{e^z}{z}}{(1-z)^3} dz = -\oint_C \frac{\dfrac{e^z}{z}}{(z-1)^3} dz = -\frac{2\pi}{2!} \cdot \left[\frac{e^z}{z}\right]''\bigg|_{z=1} = -e\pi i；$$

（4）若 0 和 1 都在 C 内，则分别以 0,1 为中心在 C 内作两圆周 C_1, C_2，根据复合闭路定理及柯西导数公式，有

$$I = \oint_{C_1} \frac{e^z}{z(1-z)^3} dz + \oint_{C_2} \frac{e^z}{z(1-z)^3} dz$$

$$= \oint_{C_1} \frac{\dfrac{e^z}{(1-z)^3}}{z} dz + \oint_{C_2} \frac{\dfrac{e^z}{z}}{(1-z)^3} dz = 2\pi i - e\pi i = (2-e)\pi i.$$

例 3.16　设函数 $f(z) = \oint_{|\zeta|=3} \dfrac{3\zeta^2 + 7\zeta + 1}{\zeta - z} d\zeta$，求导数 $f'(1+i)$.

解　设函数 $g(z) = 3z^2 + 7z + 1$，则函数 $g(z)$ 在全平面内解析，由柯西积分公式

$$\oint_{|\zeta|=3} \frac{3\zeta^2+7\zeta+1}{\zeta-z}\mathrm{d}\zeta = 2\pi i g(z),$$

又因为 $f(z) = \oint_{|\zeta|=3} \frac{3\zeta^2+7\zeta+1}{\zeta-z}\mathrm{d}\zeta$，所以 $f(z) = 2\pi i g(z)$，求出函数 $f(z)$ 的导

数为 $f'(z) = 2\pi i g'(z) = 2\pi i(6z+7)$，

于是

$$f'(1+i) = 2\pi i g'(1+i) = 2\pi i \cdot [6(1+i)+7] = 2\pi(-6+13i).$$

*二、解析函数柯西导数公式的应用

柯西积分公式及柯西导数公式有着广泛的应用，简介如下.

1. 柯西不等式

设函数 $f(z)$ 在闭区域 $\overline{D}$ 上解析，则对于任意 $z \in D$ 均有

$$|f^{(n)}(z)| \leqslant \frac{n!ML}{2\pi d^{n+1}} \quad (n=0,1,2,\cdots),$$

其中 $M = \max\limits_{z \in C} |f(z)|$，$d$ 是点 z 到边界 C 的最短距离.

证明 据柯西导数公式，有

$$\left| f^{(n)}(z) \right| = \left| \frac{n!}{2\pi i} \oint_C \frac{f(\zeta)}{(\zeta-z)^{n+1}}\mathrm{d}\zeta \right|$$

$$\leqslant \frac{n!}{2\pi} \oint_C \frac{|f(\zeta)|}{|\zeta-z|^{n+1}}\mathrm{d}s \leqslant \frac{n!}{2\pi} \cdot \frac{M}{d^{n+1}} \oint_C \mathrm{d}s = \frac{n!}{2\pi} \cdot \frac{ML}{d^{n+1}}.$$

2. 最大模原理

设 C 为简单闭曲线，函数 $f(z)$ 在以 C 为边界的闭区域 $\overline{D}$ 上解析，则 $|f(z)|$ 在 D 的边界上达到最大值，称为**最大模原理**.

说明 最大模原理不仅是复变函数论一个很重要的原理，而且在实际中也是很有用的原理. 它在流体力学上反映了平面稳定流在无源无旋的区域内流体的最大值不能在区域内达到，而只能在边界上达到，除非它是等速流体.

证明 由于函数 $f(z)$ 解析，则将柯西不等式取 $n=0$ 得到

$$|f(z)| \leqslant \frac{ML}{2\pi d}.$$

对于自然数 m，函数 $|f(z)|^m$ 是解析函数，将函数 $|f(z)|^m$ 应用到上式，得

$$|f(z)|^m \leqslant \frac{M^m L}{2\pi d},$$

故

$$|f(z)| \leqslant M\left(\frac{L}{2\pi d}\right)^{\frac{1}{m}},$$

当 $m \to \infty$ 时，有 $\left(\dfrac{L}{2\pi d}\right)^{\frac{1}{m}} \to 1$，于是

$$| f(z) | \leqslant M.$$

3. 刘维尔(Liouville)定理

设函数 $f(z)$ 在全平面上解析且有界,则函数 $f(z)$ 为常数.

证明 设 z_0 为平面上任意一点,对任意正数 R,函数 $f(z)$ 在 $| z - z_0 | < R$ 内为解析,又函数 $f(z)$ 在全平面有界,设 $| f(z) | \leqslant M$,由柯西不等式,得

$$| f'(z_0) | \leqslant \frac{M}{2\pi R^2} \cdot 2\pi R = \frac{M}{R},$$

令 $R \to \infty$,即得 $| f'(z_0) | = 0$,由 z_0 的任意性知,在全平面上有 $f'(z) = 0$,故函数 $f(z)$ 为常数.

思考题 3.5

1. 总结复变函数积分的几种方法.

2. 比较柯西积分定理、闭路变形原理、复合闭路定理、柯西积分公式、柯西导数公式,从中发现它们之间有什么联系?又有什么差异?

3. 柯西导数公式是用积分计算导数好还是用导数计算积分好?

习题 3.5

1. 计算积分 $\oint_C \frac{e^z}{z(z^2-1)} dz$,其中 C 为正向圆周 $| z | = 3$.

2. 计算积分 $\oint_C \frac{e^z}{z^{100}} dz$,其中 C 为正向圆周 $| z | = 1$.

3. 计算积分 $\oint_C \frac{1}{z^3(z-2)^2} dz$,其中 C 为:

(1) 正向圆周 $| z - 3 | = 2$; (2) 正向圆周 $| z - 1 | = 3$.

4. 计算积分 $\oint_C \frac{e^z}{(z^2+2)^4} dz$,其中 C 为包含 -2 在内的一条正向简单闭曲线.

5. 设曲线 C 为不经过 z_0 的简单闭曲线,试求

$$g(z_0) = \oint_C \frac{z^4+z^2}{(z-z_0)^3} dz$$

的值.

6. 设 C 为不经过 α 与 $-\alpha$ 的正向简单闭曲线,其中 α 为不等于零的任意复常数,试就 α 与 $-\alpha$ 跟 C 的各种不同位置,计算积分 $\oint_C \frac{z}{z^2-\alpha^2} dz$ 的值.

7. 设 C_1 与 C_2 为两条互不包含、互不相交的正向简单闭曲线,证明:

$$\frac{1}{2\pi i} \left(\oint_{C_1} \frac{z^2}{z-z_0} dz + \oint_{C_2} \frac{\sin z}{z-z_0} dz \right) = \begin{cases} z_0^2, & \text{当 } z_0 \text{ 在 } C_1 \text{ 内时} \\ \sin z_0, & \text{当 } z_0 \text{ 在 } C_2 \text{ 内时} \end{cases}.$$

8. 设函数 $f(z)$ 在以简单闭曲线 C 为边界的有界闭区域 $\overline{D} = D \cup C$ 上解析, 且对于 D 内任意一点 z_0, 都有 $\oint_C \dfrac{f(z)}{(z-z_0)^2} \mathrm{d}z = 0$, 试证明函数 $f(z)$ 在 D 内为常数.

9. 设函数 $f(z)$ 在区域 D 内解析, C 为 D 内任意一条正向简单闭曲线, 其内部全属于 D, 证明对于任意 $z_0 \in D$, 都有

$$\oint_C \frac{f'(z)}{z-z_0} \mathrm{d}z = \oint_C \frac{f(z)}{(z-z_0)^2} \mathrm{d}z.$$

本章小结

本章引入了复变函数积分的概念、运算性质, 讨论了连续函数复积分与"高等数学"中的曲线积分的类似计算方法, 并给出了柯西积分定理, 从而揭示了区域与沿其内任意闭曲线积分的联系, 进而得到柯西积分公式, 使得闭区域内一点的函数值与其边界上的积分联系起来. 最后由柯西积分公式推出柯西导数公式.

一、复变函数积分的概念

复变函数的积分定义与实一元函数定积分定义的形式一样, 但是复变函数积分要求更高.

复变函数 $f(z)$ 沿区域 D 内曲线 C 的积分存在的条件是:

(1) C 是分段光滑的曲线;

(2) 函数在 C 上连续,

则 $\displaystyle\int_C f(z) \mathrm{d}z = \int_C u(x,y) \mathrm{d}x - v(x,y) \mathrm{d}y + i \int_C v(x,y) \mathrm{d}x + u(x,y) \mathrm{d}y,$

$$\int_C f(z) \mathrm{d}z = \int_\alpha^\beta f[z(t)] z'(t) \mathrm{d}t.$$

复变函数积分的计算转化为二元实函数曲线积分的计算问题.

二、柯西积分定理及其推广

柯西积分定理要求函数在单连通区域 D 内解析, 则沿区域 D 内的闭曲线 C 积分为零. 在应用柯西定理时应注意条件, 如果函数在区域 D 内有奇点, 则定理不一定成立. 如果条件不满足, 即函数有奇点或者是复连通区域, 则需要应用闭路变形原理、复合闭路定理, 以及公式

$$\oint_C \frac{\mathrm{d}z}{z-z_0} = 2\pi i$$

计算.

如果函数在单连通区域 D 内解析, 还可以应用类似于一元实函数积分的牛顿-莱布尼茨公式计算复积分

$$\int_{z_0}^{z_1} f(z)\mathrm{d}z = G(z_1) - G(z_0),$$

其中 $G(z)$ 是函数 $f(z)$ 的一个原函数.

三、柯西积分公式及其柯西导数公式

柯西积分公式表示了区域内一点的函数值与其边界上积分的联系,应用柯西积分公式应注意条件:函数 $f(z)$ 在区域 D 上解析. 由柯西积分公式推出了平均值公式、最大模原理等,每一个结论都有独立的应用和理论价值. 柯西积分公式的推广公式是柯西导数公式

$$f^{(n)}(z_0) = \frac{2\pi i}{n!} \oint_C \frac{f(z)}{(z-z_0)^{n+1}} \mathrm{d}z \quad (n = 0,1,2,\cdots).$$

柯西导数公式的主要作用:

(1) 柯西积分公式把一个函数在 C 内部任一点的值用它在边界上的积分值表示;

(2) 一个解析函数不仅有一阶导数,而且有各高阶导数,它的值也可以用函数在边界上积分值表示;

(3) 柯西导数公式的作用不在于通过积分来求导,而在于通过求导来计算积分,即有

$$\oint_C \frac{f(z)}{(z-z_0)^{n+1}} \mathrm{d}z = \frac{2\pi i}{n!} f^{(n)}(z_0).$$

自测题 3

一、选择题

1. 设 C 为从原点沿 $y^2 = x$ 到 $1+i$ 的弧段,则 $\int_C (x + iy^2)\mathrm{d}z =$ （　　）

A. $\dfrac{1}{6} - \dfrac{5}{6}i$　　　　B. $-\dfrac{1}{6} + \dfrac{5}{6}i$　　　C. $-\dfrac{1}{6} - \dfrac{5}{6}i$　　　D. $\dfrac{1}{6} + \dfrac{5}{6}i$

2. 设 C 为正向圆周 $|z| = 2$,则 $\oint_C \dfrac{\cos z}{(1-z)^2}\mathrm{d}z =$ （　　）

A. $-\sin 1$　　　　B. $\sin 1$　　　　　C. $-2\pi i \sin 1$　　　D. $2\pi i \sin 1$

3. 设 C 为正向圆周 $|z| = \dfrac{1}{2}$,则 $\oint_C \dfrac{z^3 \cos \dfrac{1}{z-2}}{(1-z)^2}\mathrm{d}z =$ （　　）

A. $2\pi i(3\cos 1 - \sin 1)$　　　　　　　B. 0

C. $6\pi i\cos 1$　　　　　　　　　　　　D. $-2\pi i\sin 1$

4. 设 $f(z) = \oint_{|\xi|=4} \dfrac{\mathrm{e}^{\xi}}{\xi - z}\mathrm{d}\xi$,其中 $|z| \neq 4$,则 $f'(\pi i) =$ （　　）

A. $-2\pi i$　　　　B. -1　　　　　C. $2\pi i$　　　　　D. 1

5. 设 C 是从 0 到 $1 + \dfrac{\pi}{2}i$ 的直线段,则积分 $\int_C z\mathrm{e}^z\mathrm{d}z =$ （　　）

A. $1 - \dfrac{\pi}{2}\mathrm{e}$　　　B. $-1 - \dfrac{\pi}{2}\mathrm{e}$　　　C. $1 + \dfrac{\pi}{2}\mathrm{e}i$　　　D. $1 - \dfrac{\pi}{2}\mathrm{e}i$

6. 设 C 为正向圆周 $|z - i| = 1$,$a \neq i$,则 $\oint_C \dfrac{z\cos z}{(a-i)^2}\mathrm{d}z =$ （　　）

A. $2\pi i\mathrm{e}$　　　B. $\dfrac{2\pi}{\mathrm{e}}i$　　　　C. 0　　　　　　D. $i\cos i$

二、填空题

1. 设 C 为沿原点 $z = 0$ 到点 $z = 1+i$ 的直线段,则 $\int_C 2\bar{z}\mathrm{d}z =$ _____.

2. 设 C 为正向圆周 $|z - 4| = 1$,则 $\int_C \dfrac{z^2 - 3z + 2}{(z-4)^2}\mathrm{d}z =$ _____.

3. 设 $f(z) = \oint_{|\xi|=2} \dfrac{\sin\left(\dfrac{\pi}{2}\xi\right)}{\xi - z}\mathrm{d}\xi$,其中 $|z| \neq 2$,则 $f'(3) =$ _____.

4. 设 C 为负向圆周 $|z| = 4$,则 $\oint_C \dfrac{\mathrm{e}^z}{(z-\pi i)^5}\mathrm{d}z =$ _____.

5. 解析函数在圆心处的值等于它在圆周上的_____.

6. 设 $f(z)$ 在单连通域 D 内连续,且对于 D 内任何一条简单闭曲线 C 都有

$\oint_C f(z)\mathrm{d}z = 0$，那么 $f(z)$ 在 D 内 _____.

三、计算下列积分

1. 计算积分 $I = \oint_c \dfrac{z\,\mathrm{d}z}{(2z+1)(z-2)}$，其中正向圆周 C 是：

(1) $|z| = 1$；　(2) $|z-2| = 1$；　(3) $|z-1| = \dfrac{1}{2}$；　(4) $|z| = 3$.

2. $\displaystyle\int_c \dfrac{z}{(z-1)(z+1)^2}\mathrm{d}z$，其中 C 为不经过点 1 与 -1 的正向简单闭曲线.

3. $\displaystyle\oint_{C=C_1+C_2} \dfrac{\sin z}{z^2}\mathrm{d}z$，其中 $C_1:|z|=1$ 负向，$C_2:|z|=3$ 正向.

4. $\displaystyle\oint_c \dfrac{\sin\left(\dfrac{\pi}{4}z\right)}{z^2-1}\mathrm{d}z$，其中 C 为正向圆周 $x^2+y^2-2x = 0$.

5. $\displaystyle\oint_c \dfrac{6z}{(z^2-1)(z+2)}\mathrm{d}z$，其中 $C:|z|=R$ 正向，$R>0$，$R\neq 1$ 且 $R\neq 2$.

6. $\displaystyle\oint_c \dfrac{\mathrm{d}z}{z^4+2z^2+2}$，其中 $C:|z|=2$ 正向.

四、设 $f(z)$ 在单连通域 D 内解析，且满足 $|1-f(z)|<1$，$x\in D$. 试证：

1. 在 D 内处处有 $f(z)\neq 0$；

2. 对于 D 内任意一条闭曲线 C，都有 $\displaystyle\oint_c \dfrac{f''(z)}{f(z)}\mathrm{d}z = 0$.

五、求积分 $\displaystyle\oint_{|z|=1} \dfrac{\mathrm{e}^z}{z}\mathrm{d}z$，从而证明 $\displaystyle\int_0^\pi \mathrm{e}^{\cos\theta}\cos(\sin\theta)\mathrm{d}\theta = \pi$.

第四章   解析函数的级数表示

　　级数是研究解析函数的重要工具之一,将解析函数表示成级数,在理论上可以帮助我们掌握解析函数的性质,这对解决许多实际问题有着重要的意义.

　　本章的主要内容是复数项级数、复变函数项级数的一些基本概念和性质,重点介绍复变函数项级数中的最简单级数——幂级数,及由正幂次项、负幂次项所组成的级数——洛朗级数.

　　关于复数项级数和复变函数项级数的某些概念和定理都是实数范围内相应内容在复数范围内的直接推广. 因此,在学习中结合高等数学无穷级数部分内容的复习来学习会给我们带来很大方便.

§4.1   复数项级数

一、复数列极限

定义 4.1　　设 $\{z_n\} = \{x_n + iy_n\}$ $(n = 1, 2, \cdots)$ 为复数列,又 $z_0 = x_0 + iy_0$ 为确定的复数,若对任意给定 $\varepsilon > 0$,总存在正整数 $N(\varepsilon) > 0$,当 $n > N$ 时,有 $|z_n - z_0| < \varepsilon$ 成立,则称 z_0 为复数列 $\{z_n\}$ 当 $n \to \infty$ 时的极限,记作

$$\lim_{n \to \infty} z_n = z_0$$

或称复数列 $\{z_n\}$ 收敛于 z_0.

　　如果复数列 $\{z_n\}$ 不收敛,则称复数列 $\{z_n\}$ 为发散数列.

　　复数列极限的定义与实数列极限的定义形式上完全一致,是否可以通过实数列的极限讨论呢?

定理 4.1　　设 $z_n = x_n + iy_n$, $z_0 = x_0 + iy_0$,则 $\lim\limits_{n \to \infty} z_n = z_0$ 的充分必要条件是

$$\lim_{n \to \infty} x_n = x_0, \quad \lim_{n \to \infty} y_n = y_0.$$

证明　　必要性:已知 $\lim\limits_{n \to \infty} z_n = z_0$,据极限的定义,对任意给定 $\varepsilon > 0$,总存在正整数 N,当 $n > N$ 时,有

$$|z - z_0| = |(x_n + iy_n) - (x_0 + iy_0)| < \varepsilon$$

成立,从而有 $|x_n - x_0| \leqslant |z_n - z_0| = |(x_n - x_0) + i(y_n - y_0)| < \varepsilon$,

所以 $\lim\limits_{n\to\infty}x_n = x_0$，同理可以证明 $\lim\limits_{n\to\infty}y_n = y_0$．

充分性：已知 $\lim\limits_{n\to\infty}x_n = x_0$，$\lim\limits_{n\to\infty}y_n = y_0$，据实数列极限的定义，当 $n > N$ 时，有

$$| x_n - x_0 | < \frac{\varepsilon}{2}, \qquad | y_n - y_0 | < \frac{\varepsilon}{2},$$

从而有

$$| z_n - z_0 | = | (x_n - x_0) + i(y_n - y_0) | \leqslant | x_n - x_0 | + | y_n - y_0 | < \frac{\varepsilon}{2} + \frac{\varepsilon}{2} = \varepsilon,$$

所以
$$\lim_{n\to\infty}z_n = z_0.$$

从这个定理中我们看到复数列的收敛性完全归结为实数列的情形，于是有关实数列极限的结论均可以拿到复数列中使用．

例 4.1　下列复数列是否收敛？如果收敛，求出其极限．

（1）$z_n = \left(1 + \dfrac{1}{n}\right)\mathrm{e}^{i\frac{\pi}{n}}$；　（2）$z_n = n\cos in$；　（3）$z_n = \left(\dfrac{1 + 3i}{6}\right)^n$．

解　（1）由于 $z_n = \left(1 + \dfrac{1}{n}\right)\mathrm{e}^{i\frac{\pi}{n}} = \left(1 + \dfrac{1}{n}\right)\left(\cos\dfrac{\pi}{n} + i\sin\dfrac{\pi}{n}\right)$，

其中　　　　　$x_n = \left(1 + \dfrac{1}{n}\right)\cos\dfrac{\pi}{n}, \qquad y_n = \left(1 + \dfrac{1}{n}\right)\sin\dfrac{\pi}{n}$，

而且　　　　　　　$\lim\limits_{n\to\infty}x_n = 1, \qquad \lim\limits_{n\to\infty}y_n = 0$，

所以数列 $z_n = \left(1 + \dfrac{1}{n}\right)\mathrm{e}^{i\frac{\pi}{n}}$ 收敛，且极限为 $\lim\limits_{n\to\infty}z_n = 1$．

（2）由于　$z_n = n\cos in = \dfrac{1}{2}n(\mathrm{e}^{-n} + \mathrm{e}^{n}) = \dfrac{1}{2}n\mathrm{e}^{n}(\mathrm{e}^{-2n} + 1)$，

而且　　　　　$\lim\limits_{n\to\infty}z_n = \lim\limits_{n\to\infty}\dfrac{1}{2}n\mathrm{e}^{n}(\mathrm{e}^{-2n} + 1) = \infty$，

所以复数列 $\{z_n\}$ 发散．

（3）我们将这个复数列表示为三角式．

设 $\dfrac{1 + 3i}{6} = r\mathrm{e}^{i\theta}$，则 $z_n = \left(\dfrac{1 + 3i}{6}\right)^n = r^n(\cos n\theta + i\sin n\theta)$，

因为　　$r = \left|\dfrac{1 + 3i}{6}\right| = \dfrac{\sqrt{10}}{6} < 1$，　所以 $\lim\limits_{n\to\infty}r^n = 0$，

从而　　　　　$\lim\limits_{n\to\infty}r^n\cos n\theta = 0, \qquad \lim\limits_{n\to\infty}r^n\sin n\theta = 0$，

于是　　　　　　　　$\lim\limits_{n\to\infty}z_n = 0.$

二、复数项级数

定义 4.2　（1）设复数列 $\{z_n\} = \{x_n + iy_n\}$，称 $\sum\limits_{n=1}^{\infty}z_n$ 为复数项无穷级数，

简称级数.

(2) 称 $S_n = z_1 + z_2 + \cdots + z_n$ 为复数项级数的部分和.

(3) 若部分和数列 $\{S_n\}$ 收敛,则称级数 $\sum\limits_{n=1}^{\infty} z_n$ 收敛,且 $\lim\limits_{n\to\infty} S_n = S$ 称为级数的和;如果数列 $\{S_n\}$ 不收敛,则称级数 $\sum\limits_{n=1}^{\infty} z_n$ 发散.

例 4.2 当 $|z| < 1$ 时,判断级数
$$1 + z + z^2 + \cdots + z^n + \cdots$$
是否收敛?

解 因为部分和 $S_n(z) = 1 + z + z^2 + \cdots + z^n = \dfrac{1 - z^{n+1}}{1 - z} = \dfrac{1}{1 - z} - \dfrac{z^{n+1}}{1 - z}$,
由于 $|z| < 1$,所以 $\lim\limits_{n\to\infty} |z|^{n+1} = 0$,因此
$$\lim_{n\to\infty} \left| \frac{z^{n+1}}{1-z} \right| = \lim_{n\to\infty} \frac{|z|^{n+1}}{|1-z|} = 0,$$
于是
$$\lim_{n\to\infty} \frac{z^{n+1}}{1-z} = 0,$$
故
$$\lim S_n = \lim_{n\to\infty} \left(\frac{1}{1-z} - \frac{z^{n+1}}{1-z} \right) = \frac{1}{1-z}.$$

所以当 $|z| < 1$ 时,级数 $1 + z + z^2 + \cdots + z^n + \cdots$ 收敛,且其和为 $\dfrac{1}{1-z}$.

如果令 $x_k = \mathrm{Re} z_k$,$y_k = \mathrm{Im} z_k$,则有
$$S_n = \sum_{k=1}^{n} z_k = \sum_{k=1}^{n} x_k + i \sum_{k=1}^{n} y_k.$$
即可得如下定理.

定理 4.2 复数项级数 $\sum\limits_{n=1}^{\infty} z_n$ 收敛的充分必要条件是实数项级数 $\sum\limits_{n=1}^{\infty} x_n$ 和 $\sum\limits_{n=1}^{\infty} y_n$ 都收敛.

证明 因为复数项级数的部分和
$$S_n = z_1 + z_2 + \cdots + z_n$$
$$= (x_1 + x_2 + \cdots + x_n) + i(y_1 + y_2 + \cdots + y_n) = \sigma_n + i\tau_n,$$
σ_n 和 τ_n 分别为实数项级数 $\sum\limits_{n=1}^{\infty} x_n$ 和 $\sum\limits_{n=1}^{\infty} y_n$ 的部分和,据定理 4.1 知数列 $\{S_n\}$ 有极限的充分必要条件是数列 $\{\sigma_n\}$,$\{\tau_n\}$ 极限存在,即级数 $\sum\limits_{n=1}^{\infty} x_n$ 和 $\sum\limits_{n=1}^{\infty} y_n$ 都收敛.

说明 定理 4.2 将复数项级数的审敛问题转化为实数项级数的审敛问题,由实数项级数 $\sum\limits_{n=1}^{\infty} x_n$ 和 $\sum\limits_{n=1}^{\infty} y_n$ 收敛的必要条件 $\lim\limits_{n\to\infty} x_n = 0$,$\lim\limits_{n\to\infty} y_n = 0$,即可得.

定理 4.3　复数项级数收敛的必要条件是$\lim\limits_{n \to \infty} z_n = 0$.

定理 4.4　如果级数$\sum\limits_{n=1}^{\infty} |z_n|$收敛,则级数$\sum\limits_{n=1}^{\infty} z_n$也收敛(此时称$\sum\limits_{n=1}^{\infty} z_n$为绝对收敛;非绝对收敛的收敛级数称为条件收敛),且不等式$\left| \sum\limits_{n=1}^{\infty} z_n \right| \leqslant \sum\limits_{n=1}^{\infty} |z_n|$成立.

证明　因为　$\sum\limits_{n=1}^{\infty} |z_n| = \sum\limits_{n=1}^{\infty} \sqrt{x_n^2 + y_n^2}$,由于$|x_n| \leqslant \sqrt{x_n^2 + y_n^2}$,$|y_n| \leqslant \sqrt{x_n^2 + y_n^2}$,由实数项正项级数的比较审敛法,可知级数$\sum\limits_{n=1}^{\infty} |x_n|$与$\sum\limits_{n=1}^{\infty} |y_n|$收敛,从而级数$\sum\limits_{n=1}^{\infty} x_n$与$\sum\limits_{n=1}^{\infty} y_n$也收敛,由定理 4.2 可知复级数$\sum\limits_{n=1}^{\infty} z_n$也收敛.

又对于级数$\sum\limits_{n=1}^{\infty} z_n$和$\sum\limits_{n=1}^{\infty} |z_n|$的部分和成立的不等式

$$\left| \sum_{k=1}^{n} z_k \right| \leqslant \sum_{k=1}^{n} |z_k|,$$

可得

$$\lim_{n \to \infty} \left| \sum_{k=1}^{n} z_k \right| \leqslant \lim_{n \to \infty} \sum_{k=1}^{n} |z_k|,$$

即

$$\left| \sum_{k=1}^{\infty} z_k \right| \leqslant \sum_{k=1}^{\infty} |z_k|.$$

说明　① 复数项级数$\sum\limits_{n=1}^{\infty} z_n$绝对收敛的充分必要条件是实数项级数$\sum\limits_{n=1}^{\infty} x_n$与$\sum\limits_{n=1}^{\infty} y_n$均绝对收敛;

② 因为$\sum\limits_{n=1}^{\infty} |z_n|$各项为非负实数,所以它的收敛性可用实数的正项级数审敛法来判定;

③ 若级数$\sum\limits_{n=1}^{\infty} z_n$收敛,而级数$\sum\limits_{n=1}^{\infty} |z_n|$不一定收敛,我们把$\sum\limits_{n=1}^{\infty} z_n$收敛、$\sum\limits_{n=1}^{\infty} |z_n|$发散的级数$\sum\limits_{n=1}^{\infty} z_n$称为条件收敛级数.

例 4.3　下列级数是否收敛?是否绝对收敛?

(1) $\sum\limits_{n=1}^{\infty} \dfrac{1}{n}\left(1 + \dfrac{i}{n}\right)$;　(2) $\sum\limits_{n=1}^{\infty} \dfrac{(8i)^n}{n!}$;　(3) $\sum\limits_{n=1}^{\infty} \left[\dfrac{(-1)^n}{n} + \dfrac{1}{2^n} i \right]$.

解　(1) 因为级数$\sum\limits_{n=1}^{\infty} \dfrac{1}{n}\left(1 + \dfrac{i}{n}\right)$的实部$\sum\limits_{n=1}^{\infty} x_n = \sum\limits_{n=1}^{\infty} \dfrac{1}{n}$发散,虚部$\sum\limits_{n=1}^{\infty} y_n = \sum\limits_{n=1}^{\infty} \dfrac{1}{n^2}$收敛,故级数$\sum\limits_{n=1}^{\infty} \dfrac{1}{n}\left(1 + \dfrac{i}{n}\right)$发散.

（2）因为复数项级数一般项的模为 $|z_n| = \left| \dfrac{(8i)^n}{n!} \right| = \dfrac{8^n}{n!}$,

由正项级数比值审敛法,有

$$\lim_{n \to \infty} \frac{8^{n+1} n!}{(n+1)! 8^n} = \lim_{n \to \infty} \frac{8}{n+1} = 0 < 1,$$

所以级数 $\displaystyle\sum_{n=1}^{\infty} \dfrac{8^n}{n!}$ 收敛,于是级数 $\displaystyle\sum_{n=1}^{\infty} \dfrac{(8i)^n}{n!}$ 也收敛,且为绝对收敛.

（3）因为级数 $\displaystyle\sum_{n=1}^{\infty} \dfrac{(-1)^n}{n}$ 收敛,级数 $\displaystyle\sum_{n=1}^{\infty} \dfrac{1}{2^n}$ 收敛,所以级数 $\displaystyle\sum_{n=1}^{\infty} \left[\dfrac{(-1)^n}{n} + \dfrac{1}{2^n} i \right]$ 收

敛,但是级数 $\displaystyle\sum_{n=1}^{\infty} \dfrac{(-1)^n}{n}$ 为条件收敛,于是原级数非绝对收敛.

思考题 4.1

1. 复数项数列的极限与实数项数列的极限之间有什么关系?

2. 复数项级数与实数项级数之间有什么关系?

习题 4.1

1. 下列数列 $\{z_n\}$ 是否收敛?如果收敛,求出极限.

（1）$z_n = \dfrac{1 + ni}{1 - ni}$; （2）$z_n = (-1)^n + \dfrac{i}{n+1}$; （3）$z_n = \dfrac{1}{n} e^{-\frac{1}{2} n \pi i}$.

2. 下列级数是否收敛?如果收敛,是绝对收敛还是条件收敛?

（1）$\displaystyle\sum_{n=1}^{\infty} \dfrac{i^n}{n}$; （2）$\displaystyle\sum_{n=1}^{\infty} \dfrac{(3+5i)^n}{n!}$; （3）$\displaystyle\sum_{n=1}^{\infty} \dfrac{\cos in}{2^n}$.

§4.2　复变函数项级数

一、复变函数项级数

定义 4.3　设 $f_1(z), f_2(z), \cdots, f_n(z), \cdots$ 为区域 D 内的函数列,
称表达式

$$f_1(z) + f_2(z) + \cdots + f_n(z) + \cdots = \sum_{n=1}^{\infty} f_n(z)$$

为区域 D 内的复变函数项级数. 该级数前 n 项的和

$$S_n(z) = f_1(z) + f_2(z) + \cdots + f_n(z)$$

称为级数的部分和.

对任一 $z_0 \in D$,若 $\lim\limits_{n \to \infty} S_n(z_0) = S(z_0)$,则称级数 $\sum\limits_{n=1}^{\infty} f_n(z)$ 在 z_0 处收敛,$S(z_0)$ 就是级数的和,即 $\sum\limits_{n=1}^{\infty} f_n(z_0) = S(z_0)$. 若级数 $\sum\limits_{n=1}^{\infty} f_n(z)$ 在 D 内处处收敛,则级数 $\sum\limits_{n=1}^{\infty} f_n(z)$ 的和是 D 内的一个函数 $S(z)$,即 $\sum\limits_{n=1}^{\infty} f_n(z) = S(z)$ 称为和函数.

例如:级数 $1 + z + z^2 + \cdots + z^n + \cdots$,在区域 $|z| < 1$ 内收敛,且在该区域内的和函数为 $\dfrac{1}{1-z}$.

下面研究复变函数项级数中最简单也是最常用的函数项级数——幂级数,及含有正幂项、负幂项的级数——洛朗级数,它们与解析函数有着密切的关系.

二、幂级数

1. 幂级数概念

定义 4.4　(1) 形如

$$\sum_{n=0}^{\infty} C_n(z-z_0)^n = C_0 + C_1(z-z_0) + C_2(z-z_0)^2 + \cdots + C_n(z-z_0)^n + \cdots$$

的级数,称为 $(z-z_0)$ 的幂级数[其中 C_n　$(n=0,1,2,\cdots)$ 与 z_0 为复常数];

(2) 形如 $\sum\limits_{n=0}^{\infty} C_n z^n$ 的级数,称为 z 的幂级数,其中 C_n 为复常数,以后主要讨论形如 $\sum\limits_{n=0}^{\infty} C_n z^n$ 的级数,而形如 $\sum\limits_{n=0}^{\infty} C_n(z-z_0)^n$ 的级数,通过变量代换,即令 $z-z_0 = t$,即可转化为 t 的幂级数 $\sum\limits_{n=0}^{\infty} C_n t^n$.

由于复数项级数的定义以及有关定理与实数项级数的相应部分是相似的,所以关于幂级数也有与实数项级数相似的一些结论.

定理 4.5　(阿贝尔定理)

(1) 如果幂级数 $\sum\limits_{n=0}^{\infty} C_n z^n$ 在 $z = z_0(z_0 \neq 0)$ 处收敛,则对满足 $|z| < |z_0|$ 的一切 z,幂级数 $\sum\limits_{n=0}^{\infty} C_n z^n$ 绝对收敛;

(2) 如果幂级数 $\sum\limits_{n=0}^{\infty} C_n z^n$ 在 $z = z_0(z_0 \neq 0)$ 处发散,则对满足 $|z| > |z_0|$ 的一切 z,幂级数发散.

证明　(1) 由于幂级数 $\sum\limits_{n=0}^{\infty} C_n z_0^n$ 收敛,由收敛的必要条件有 $\lim\limits_{n \to \infty} C_n z_0^n = 0$,因而存在 $M > 0$,使得对所有 n,有 $|C_n z_0^n| < M$.

如果 $|z|<|z_0|$，则 $\left|\dfrac{z}{z_0}\right|=q<1$，而且 $|C_n z^n|=|C_n z_0^n|\cdot\left|\dfrac{z}{z_0}\right|^n<Mq^n$，又级数 $\displaystyle\sum_{n=0}^{\infty}Mq^n$ 是公比小于 1 的等比级数，所以是收敛级数．

从而级数 $\displaystyle\sum_{n=0}^{\infty}|C_n z^n|$ 收敛，于是级数 $\displaystyle\sum_{n=0}^{\infty}C_n z^n$ 收敛，并且绝对收敛．

（2）用反证法证明．

假设在 $|z|<|z_0|$ 的外部有一点 z_1，幂级数收敛，据（1）可知，幂级数在 $|z|<|z_1|$ 内绝对收敛，而 $|z_0|<|z_1|$，所以幂级数在 z_0 处也收敛，这与已知的假设条件矛盾，因此定理结论成立．

注意 阿贝尔定理告诉我们，若已知幂级数在 $z=z_0\neq 0$ 处收敛，则可断定该幂级数在以 0 为中心，以 $|z_0|$ 为半径的圆周内部的任何点 z 处，幂级数必收敛，且是绝对收敛；若已知幂级数在 $z=z_1$ 处发散，则可断定该幂级数在以 0 为中心，以 $|z_1|$ 为半径的圆周外的任何点 z，幂级数必发散．

2. 幂级数的收敛圆与收敛半径

利用阿贝尔定理，可以确定出幂级数的收敛范围．

（1）若对所有的正实数，幂级数 $\displaystyle\sum_{n=0}^{\infty}C_n z^n$ 都收敛，则幂级数 $\displaystyle\sum_{n=0}^{\infty}C_n z^n$ 在复平面内处处绝对收敛；

（2）若对所有的正实数除 $z=0$ 外，幂级数 $\displaystyle\sum_{n=0}^{\infty}C_n z^n$ 都是发散的，则幂级数 $\displaystyle\sum_{n=0}^{\infty}C_n z^n$ 在复平面内除原点外处处发散；

（3）若 $z=\alpha$（正实数）时，幂级数 $\displaystyle\sum_{n=0}^{\infty}C_n z^n$ 收敛，则在以原点为中心，α 为半径的圆周 C_α 内，幂级数 $\displaystyle\sum_{n=0}^{\infty}C_n z^n$ 绝对收敛；若 $z=\beta$（正实数）时，幂级数 $\displaystyle\sum_{n=0}^{\infty}C_n z^n$ 发散，则在以原点为中心，β 为半径的圆周 C_β 外，幂级数 $\displaystyle\sum_{n=0}^{\infty}C_n z^n$ 发散，显然 $\alpha<\beta$．

现在让 α 逐渐由小变大，圆周 C_α 必定逐渐接近于一个以原点为中心，R 为半径的圆周 C_R，在 C_R 内幂级数 $\displaystyle\sum_{n=0}^{\infty}C_n z^n$ 绝对收敛，在 C_R 外幂级数 $\displaystyle\sum_{n=0}^{\infty}C_n z^n$ 发散．这样的圆以及半径称为幂级数的收敛圆、收敛半径．

定义 4.5 若存在实数 $R>0$，当 $|z|<R$ 时，幂级数 $\displaystyle\sum_{n=0}^{\infty}C_n z^n$ 绝对收敛，当 $|z|>R$ 时，幂级数 $\displaystyle\sum_{n=0}^{\infty}C_n z^n$ 发散，则称以 R 为半径的圆周为幂级数 $\displaystyle\sum_{n=0}^{\infty}C_n z^n$

的收敛圆,R 称为收敛半径.

注意　在圆周 $|z| = R$ 上,幂级数 $\sum\limits_{n=0}^{\infty} C_n z^n$ 可能收敛也可能发散,不能作一般结论,要对具体幂级数进行具体分析.

例 4.4　求幂级数 $\sum\limits_{n=0}^{\infty} z^n$ 的收敛范围与和函数.

解　幂级数的部分和为

$$S_n = 1 + z + z^2 + \cdots + z^{n-1} = \frac{1 - z^n}{1 - z} \quad (z \neq 1).$$

(1) 当 $|z| < 1$ 时,由于 $\lim\limits_{n \to \infty} z^n = 0$,从而 $\lim\limits_{n \to \infty} S_n = \frac{1}{1-z}$,即当 $|z| < 1$ 时,幂级数 $\sum\limits_{n=0}^{\infty} z^n$ 收敛,其和函数为 $S = \frac{1}{1-z}$;

(2) 当 $|z| \geqslant 1$ 时,由于 $\lim\limits_{n \to \infty} z^n \neq 0$,故幂级数发散.

由以上讨论可知幂级数 $\sum\limits_{n=0}^{\infty} z^n$ 的收敛范围为 $|z| < 1$,即在单位圆域内幂级数绝对收敛,收敛半径为 1,和函数为 $\frac{1}{1-z}$.

3. 幂级数收敛半径的求法

与实幂级数的情形类似,关于幂级数 $\sum\limits_{n=0}^{\infty} C_n z^n$ 的收敛半径的求法,有如下定理.

定理 4.6　设幂级数 $\sum\limits_{n=0}^{\infty} C_n z^n$,若

$$\lim_{n \to \infty} \frac{|C_{n+1}|}{|C_n|} = \lambda \neq 0 \text{ 或 } \lim_{n \to \infty} \sqrt[n]{|C_n|} = \lambda \neq 0,$$

则幂级数 $\sum\limits_{n=0}^{\infty} C_n z^n$ 收敛半径为 $R = \frac{1}{\lambda}$.

说明　① 若 $\lambda = 0$ 时,则对任何复数 z,幂级数 $\sum\limits_{n=0}^{\infty} |C_n||z|^n$ 收敛,从而幂级数在复平面内处处收敛,即收敛半径为 $R = +\infty$;

② 若 $\lambda = +\infty$ 时,则对复平面内除 $z = 0$ 外的一切 z,幂级数 $\sum\limits_{n=0}^{\infty} |C_n||z|^n$ 都发散,因此 $\sum\limits_{n=0}^{\infty} C_n z^n$ 也发散,即 $R = 0$.

例 4.5　求下列幂级数的收敛半径:

(1) $\sum\limits_{n=1}^{\infty} \frac{z^n}{n^3}$ (并讨论在收敛圆周上的情形);

(2) $\displaystyle\sum_{n=1}^{\infty} \frac{(z-1)^n}{n}$ （讨论 $z=0$，$z=2$ 时情形）；

(3) $\displaystyle\sum_{n=0}^{\infty} (\cos in) z^n$；

(4) $\displaystyle\sum_{n=1}^{\infty} (-i)^{n-1} \frac{(2n-1)}{2^n} z^{2n-1}$.

解 (1) 因为 $\displaystyle\lim_{n \to \infty} \left| \frac{C_{n+1}}{C_n} \right| = \lim_{n \to \infty} \left(\frac{n}{n+1} \right)^3 = 1$，所以收敛半径为 $R=1$，

故幂级数 $\displaystyle\sum_{n=1}^{\infty} \frac{z^n}{n^3}$ 在圆周 $|z|=1$ 内收敛，在 $|z|=1$ 外发散.

在圆周 $|z|=1$ 上，幂级数 $\displaystyle\sum_{n=1}^{\infty} \left| \frac{z^n}{n^3} \right| = \sum_{n=1}^{\infty} \frac{1}{n^3}$ 收敛.

(2) 因为 $\displaystyle\lim_{n \to \infty} \left| \frac{C_{n+1}}{C_n} \right| = \lim_{n \to \infty} \frac{n}{n+1} = 1$，所以幂级数收敛半径为 $R=1$，

点 $z=0$，$z=2$ 均在收敛圆周 $|z-1|=1$ 上，于是

当 $z=0$ 时，级数 $\displaystyle\sum_{n=1}^{\infty} \frac{(-1)^n}{n}$ 收敛；

当 $z=2$ 时，级数 $\displaystyle\sum_{n=1}^{\infty} \frac{1}{n}$ 发散.

因此在收敛圆周上既有幂级数的收敛点又有幂级数的发散点.

(3) 因为 $\quad C_n = \cos in = \dfrac{1}{2}(e^n + e^{-n})$，所以

$$\lim_{n \to \infty} \frac{|C_{n+1}|}{|C_n|} = \lim_{n \to \infty} \frac{e^{n+1} + e^{-(n+1)}}{e^n + e^{-n}} = \lim_{n \to \infty} \frac{e + e^{-2n-1}}{1 + e^{-2n}} = e,$$

故幂级数的收敛半径为 $\dfrac{1}{e}$.

(4) 因为 $C_{2n} = 0$，$C_{2n-1} = (-i)^{n-1} \dfrac{(2n-1)}{2^n}$，所以不能直接用公式求幂级数的收

敛半径. 与实数项级数讨论类似，用比较审敛法，令 $f_n(z) = (-i)^{n-1} \dfrac{(2n-1)}{2^n} z^{2n-1}$，

则 $\qquad \displaystyle\lim_{n \to \infty} \left| \frac{f_{n+1}(z)}{f_n(z)} \right| = \lim_{n \to \infty} \frac{(2n+1) 2^n}{(2n-1) 2^{n+1}} \frac{|z|^{2n+1}}{|z|^{2n-1}} = \frac{1}{2} |z|^2$.

因此，当 $\dfrac{1}{2} |z|^2 < 1$，即 $|z| < \sqrt{2}$ 时，幂级数绝对收敛；

当 $\dfrac{1}{2} |z|^2 > 1$，即 $|z| > \sqrt{2}$ 时，幂级数发散.

于是幂级数 $\displaystyle\sum_{n=1}^{\infty} (-i)^{n-1} \frac{(2n-1)}{2^n} z^{2n-1}$ 的收敛半径为 $R = \sqrt{2}$.

说明　求形如 $\sum\limits_{n=0}^{\infty} C_{2n} z^{2n}$ 或 $\sum\limits_{n=0}^{\infty} C_{2n+1} z^{2n+1}$ 缺项幂级数的收敛半径时,若先求出极限

$$\lim_{n \to \infty} \left| \frac{C_{2n}}{C_{2n+1}} \right| = L,$$

则收敛半径为 $R = \sqrt{L}$.

4. 幂级数的运算和性质

(1) 幂级数的四则运算

设幂级数 $f(z) = \sum\limits_{n=0}^{\infty} a_n z^n, g(z) = \sum\limits_{n=0}^{\infty} b_n z^n$ 的收敛半径分别为 R_1, R_2,并设 $R = \min(R_1, R_2)$,则当 $|z| < R$ 时,有

$$f(z) \pm g(z) = \sum_{n=0}^{\infty} a_n z^n \pm \sum_{n=0}^{\infty} b_n z^n = \sum_{n=0}^{\infty} (a_n \pm b_n) z^n,$$

$$f(z) g(z) = \left(\sum_{n=0}^{\infty} a_n z^n \right) \left(\sum_{n=0}^{\infty} b_n z^n \right)$$
$$= a_0 b_0 + (a_0 b_1 + a_1 b_0) z + (a_0 b_2 + a_1 b_1 + a_2 b_0) z^2 + \cdots$$
$$+ (a_0 b_n + a_1 b_{n-1} + \cdots + a_n b_0) z^n + \cdots.$$

(2) 复合运算

若当 $|z| < r$ 时,$f(z) = \sum\limits_{n=0}^{\infty} a_n z^n$,又设在 $|z| < R$ 内函数 $g(z)$ 解析,且满足 $|g(z)| < r$,则当 $|z| < R$ 时,有 $f[g(z)] = \sum\limits_{n=0}^{\infty} a_n [g(z)]^n$.

这个运算具有广泛的应用,常用来将函数间接地展为幂级数.

例 4.6　把函数 $\dfrac{1}{z-b}$ 表示成形如 $\sum\limits_{n=0}^{\infty} C_n (z-a)^n$ 的幂级数,其中 a 与 b 是不相等的复常数.

解　因为　$\dfrac{1}{z-b} = \dfrac{1}{(z-a) - (b-a)} = -\dfrac{1}{b-a} \cdot \dfrac{1}{1 - \dfrac{z-a}{b-a}}$,

由例 4.4 知,当 $\left| \dfrac{z-a}{b-a} \right| < 1$ 时,有 $\dfrac{1}{1 - \dfrac{z-a}{b-a}} = \sum\limits_{n=0}^{\infty} \left(\dfrac{z-a}{b-a} \right)^n$,从而得

$$\frac{1}{z-b} = -\sum_{n=0}^{\infty} \frac{(z-a)^n}{(b-a)^{n+1}}.$$

当 $\left| \dfrac{z-a}{b-a} \right| < 1$,即 $|z-a| < |b-a|$ 时,幂级数收敛,此时和为 $\dfrac{1}{z-b}$.

求收敛半径,可设 $|b-a| = R$,当 $|z-a| < R$ 时,幂级数收敛,又因为当 $z = b$ 时,上述级数发散,即 $|z-a| > |b-a| = R$ 时幂级数发散,于是收敛半

径为 $R = |b - a|$.

或利用公式求收敛半径,因为

$$\lim_{n \to \infty} \left| \frac{C_{n+1}}{C_n} \right| = \lim_{n \to \infty} \frac{1}{|b - a|} = \frac{1}{|b - a|},$$

所以收敛半径为 $R = |b - a|$.

(3) 幂级数和函数的性质

定理 4.7 设幂级数 $\sum_{n=0}^{\infty} C_n z^n = f(z)$ 的收敛半径为 R,则和函数具有如下性质:

① 和函数 $f(z) = \sum_{n=0}^{\infty} C_n z^n$ 在收敛圆 $|z| < R$ 内是解析函数,且可以逐项求导,即

$$f'(z) = \sum_{n=0}^{\infty} (C_n z^n)' = \sum_{n=1}^{\infty} n C_n z^{n-1}.$$

② 和函数 $f(z) = \sum_{n=0}^{\infty} C_n z^n$ 在收敛圆 $|z| < R$ 内是可积函数,且可以逐项积分,即

$$\int_C f(z) \mathrm{d}z = \sum_{n=0}^{\infty} C_n \int_C z^n \mathrm{d}z = \sum_{n=0}^{\infty} \frac{C_n}{n+1} z^{n+1},$$

其中 C 为收敛圆内的任一条曲线.

例 4.7 试求给定幂级数在收敛圆内的和函数.

(1) $\sum_{n=1}^{\infty} (-1)^{n-1} n z^{n-1}$; (2) $\sum_{n=1}^{\infty} (-1)^{n-1} \frac{1}{n} z^n$.

解 (1) 求得收敛半径为 $R = 1$,令 $S(z) = \sum_{n=1}^{\infty} (-1)^{n-1} n z^{n-1}$,则

当 $|z| < 1$ 时,$\int_0^z S(z) \mathrm{d}z = \sum_{n=1}^{\infty} \int_0^z (-1)^{n-1} n z^{n-1} \mathrm{d}z = \sum_{n=1}^{\infty} (-1)^{n-1} z^n = \frac{z}{1+z}$,

所以和函数为 $\qquad S(z) = \left(\frac{z}{1+z} \right)' = \frac{1}{(1+z)^2}.$

或者 $\quad S(z) = \sum_{n=1}^{\infty} (-1)^{n-1} (z^n)' = \left[\sum_{n=1}^{\infty} (-1)^{n-1} z^n \right]' = \left(\frac{z}{1+z} \right)' = \frac{1}{(1+z)^2}.$

(2) 求得收敛半径为 $R = 1$,令 $S(z) = \sum_{n=1}^{\infty} (-1)^{n-1} \frac{1}{n} z^n$,则

当 $|z| < 1$ 时,$S'(z) = \sum_{n=1}^{\infty} (-1)^{n-1} \left(\frac{1}{n} z^n \right)' = \sum_{n=1}^{\infty} (-1)^{n-1} z^{n-1} = \frac{1}{1+z}$,

所以和函数为 $\qquad S(z) = \int_0^z \frac{1}{1+z} \mathrm{d}z = \ln(1+z).$ (主值)

思考题 4.2

1. 复数项幂级数是否具有收敛半径的概念?它与实幂级数收敛域有什么不同?

2. 幂级数的和函数在收敛圆周上是否处处收敛?这个和函数在收敛点上是否解析?

3. 幂级数的和函数有哪些分析性质?

习题 4.2

1. 求下列幂级数的收敛半径.

(1) $\sum\limits_{n=1}^{\infty} \dfrac{z^n}{n}$; (2) $\sum\limits_{n=1}^{\infty} \dfrac{n}{2^n} z^n$; (3) $\sum\limits_{n=1}^{\infty} \dfrac{(n!)^2}{n^n} z^n$; (4) $\sum\limits_{n=1}^{\infty} (1+i)^n z^n$.

2. 如果 $\lim\limits_{n\to\infty} \dfrac{C_{n+1}}{C_n}$ 存在 $(\neq \infty)$,试证下列三个幂级数有相同的收敛半径.

(1) $\sum\limits_{n=0}^{\infty} C_n z^n$ (原级数);

(2) $\sum\limits_{n=0}^{\infty} \dfrac{C_n}{n+1} z^{n+1}$ (原级数逐项积分后所得级数);

(3) $\sum\limits_{n=1}^{\infty} n C_n z^{n-1}$ (原级数逐项求导后所得级数).

§4.3   解析函数的泰勒级数

前面讨论了已知幂级数,如何求收敛半径、收敛圆以及和函数,并且知道和函数在它的收敛圆内是一个解析函数,接下来研究与此相反的问题,即任何一个解析函数是否能用幂级数来表示?下面的定理给出了问题的答案.

定理 4.8 [**泰勒(Taylor)公式**]设函数 $f(z)$ 在区域 D 内解析,z_0 为 D 内一点,R 为 z_0 到 D 的边界上各点的最短距离,则当 $|z-z_0| < R$ 时,函数 $f(z)$ 可展为幂级数

$$f(z) = \sum_{n=0}^{\infty} C_n (z-z_0)^n,$$

其中 $C_n = \dfrac{1}{n!} f^{(n)}(z_0)$ $(n = 0, 1, 2, \cdots)$.

称 $f(z) = \sum\limits_{n=0}^{\infty} C_n (z-z_0)^n$ 为函数 $f(z)$ 在 z_0 的泰勒展开式,右端的级数称为函数 $f(z)$ 在 z_0 的泰勒级数.

证明 据定理条件:① 函数 $f(z)$ 在区域 D 内解析;② 在 D 内任一以 $z_0 \in D$

为圆心，r 为半径的圆周 C：$|z-z_0|=r$（C 取正方向）内的任何点 z，如图 4-1 所示，有柯西积分公式

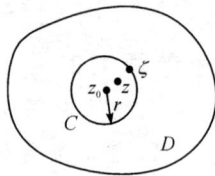

图 4-1

$$f(z)=\frac{1}{2\pi i}\oint_C\frac{f(\zeta)}{(\zeta-z)}\mathrm{d}\zeta. \qquad (4.1)$$

由于 z 在 C 内，ζ 在 C 上，所以有 $\left|\dfrac{z-z_0}{\zeta-z_0}\right|<1$，

$$\frac{1}{\zeta-z}=\frac{1}{(\zeta-z_0)-(z-z_0)}=\frac{1}{\zeta-z_0}\left[\frac{1}{1-\dfrac{z-z_0}{\zeta-z_0}}\right]$$

$$=\frac{1}{\zeta-z_0}\sum_{n=0}^{\infty}\left(\frac{z-z_0}{\zeta-z_0}\right)^n=\sum_{n=0}^{\infty}\frac{(z-z_0)^n}{(\zeta-z_0)^{n+1}},$$

将其代入 (4.1) 中，得

$$f(z)=\frac{1}{2\pi i}\oint_C f(\zeta)\sum_{n=0}^{\infty}\frac{(z-z_0)^n}{(\zeta-z_0)^{n+1}}\mathrm{d}\zeta$$

$$=\sum_{n=0}^{N-1}\left[\frac{1}{2\pi i}\oint_C\frac{f(\zeta)\mathrm{d}\zeta}{(\zeta-z_0)^{n+1}}\right](z-z_0)^n$$

$$+\frac{1}{2\pi i}\oint_C\left[\sum_{n=N}^{\infty}\frac{f(\zeta)}{(\zeta-z_0)^{n+1}}(z-z_0)^n\right]\mathrm{d}\zeta,$$

据柯西导数公式，有

$$f(z)=\sum_{n=0}^{N-1}\frac{f^{(n)}(z_0)}{n!}(z-z_0)^n+R_N(z), \qquad (4.2)$$

其中

$$R_N(z)=\frac{1}{2\pi i}\oint_C\left[\sum_{n=N}^{\infty}\frac{f(\zeta)}{(\zeta-z_0)^{n+1}}(z-z_0)^n\right]\mathrm{d}\zeta.$$

若能证明 $\lim\limits_{N\to\infty}R_N(z)=0$ 在 C 内成立，由式 (4.2) 可得

$$f(z)=\sum_{n=0}^{\infty}\frac{f^{(n)}(z_0)}{n!}(z-z_0)^n, \text{在 } C \text{ 内成立}.$$

即在 C 内函数 $f(z)$ 可用幂级数表示.

下面证明 $\lim\limits_{N\to\infty}R_N(z)=0$.

令 $\left|\dfrac{z-z_0}{\zeta-z_0}\right|=\dfrac{|z-z_0|}{r}=q<1$，而函数 $f(z)$ 在 $C\subset D$ 内解析，从而在 C 上连续，于是在 C 上有界，即存在一个 $M>0$，在 C 上 $|f(\zeta)|\leqslant M$，由 $R_N(z)$ 表达式，得

$$|R_N(z)|\leqslant\frac{1}{2\pi}\oint_C\left|\sum_{n=N}^{\infty}\frac{f(\zeta)}{(\zeta-z_0)^{n+1}}(z-z_0)^n\right|\mathrm{d}s$$

$$\leqslant\frac{1}{2\pi}\oint_C\left[\sum_{n=N}^{\infty}\frac{|f(\zeta)|}{|\zeta-z_0|}\cdot\left|\frac{z-z_0}{\zeta-z_0}\right|^n\right]\mathrm{d}s\leqslant\frac{1}{2\pi}\oint_C\sum_{n=N}^{\infty}\frac{M}{r}q^n\mathrm{d}s$$

$$=\frac{1}{2\pi}\sum_{n=N}^{\infty}\frac{M}{r}q^n\cdot 2\pi r=\frac{Mq^N}{1-q}.$$

因为当 $q < 1$ 时，$\lim\limits_{N \to \infty} \dfrac{Mq^N}{1-q} = \dfrac{M}{1-q} \lim\limits_{N \to \infty} q^N = 0$，所以在 C 内 $\lim\limits_{N \to \infty} R_N(z) = 0$. 从而在 C 内有

$$f(z) = \sum_{n=0}^{\infty} \frac{f^{(n)}(z_0)}{n!}(z - z_0)^n.$$

说明　① 在函数 $f(z)$ 的泰勒公式中，若取 $z_0 = 0$，所得的展开式称作麦克劳林(Maclaurin)展开式；

② 若函数 $f(z)$ 有有限个奇点，那么 $f(z)$ 在 z_0 的泰勒展开式成立的 R 就等于从 z_0 到 $f(z)$ 的最近一个奇点 α 之间的距离，即 $R = |\alpha - z_0|$；

③ 利用泰勒级数可把函数展开成幂级数，但这种展开式是否唯一呢?

设函数 $f(z)$ 在 z_0 用另外的方法展开成幂级数为

$$f(z) = a_0 + a_1(z - z_0) + a_2(z - z_0)^2 + \cdots + a_n(z - z_0)^n + \cdots,$$

那么可以推出　$f(z_0) = a_0, f'(z_0) = a_1, \cdots, a_n = \dfrac{1}{n!}f^{(n)}(z_0), \cdots$.

由此可见任何解析函数展开成幂级数的结果就是泰勒级数，即展开式是唯一的.

注意　由上面定理及幂级数性质可以得到一个重要性质，即函数在一点解析的充分必要条件是它在这一点的邻域内可以展开为幂级数.

下面我们介绍将函数展为幂级数的两种展开方法.

一、利用直接法将函数展开成幂级数

直接通过计算系数 $C_n = \dfrac{1}{n!}f^{(n)}(z_0)$　$(n = 0, 1, 2, 3, \cdots)$，把函数展开成幂级数.

例 4.8　　求函数(1) e^z；（2）$\sin z$ 的麦克劳林级数.

解　（1）设 $f(z) = e^z$，取 $z_0 = 0$，则函数 n 阶导数为

$$f^{(n)}(z) = e^z, \quad f^{(n)}(0) = 1 \quad (n = 0, 1, 2, \cdots),$$

于是　　　　　　　　　　$C_n = \dfrac{f^{(n)}(0)}{n!} = \dfrac{1}{n!}$,

因此函数 $f(z) = e^z$ 的泰勒展开式为

$$e^z = \sum_{n=0}^{\infty} \frac{z^n}{n!}.$$

这个级数的收敛圆可以用两种方法来确定.

① 从幂级数的系数求，即

$$\frac{1}{R} = \lim_{n \to \infty} \frac{n!}{(n+1)!} = 0,$$

所以 $R = +\infty$；

② 因为 e^z 在整个复平面内处处解析,故在 $|z|<\infty$ 内可展开为泰勒级数,因此级数的收敛圆就是 $|z|<+\infty$.

(2) 将函数 $\sin z$ 展为麦克劳林级数是

$$\sin z = z - \frac{1}{3!}z^3 + \frac{1}{5!}z^5 + \cdots + (-1)^n \frac{z^{2n+1}}{(2n+1)!} + \cdots,$$

因为函数 $\sin z$ 在整个复平面内处处解析,所以收敛圆为 $|z|<+\infty$.

二、利用间接法将函数展开成幂级数

借助于已知函数的展开式,利用幂级数的运算性质和分析性质,以唯一性为理论依据得到函数的泰勒展开式.

几个常用函数的展开式 $\dfrac{1}{1-z} = \displaystyle\sum_{n=0}^{\infty} z^n \quad (|z|<1);$

$$e^z = \sum_{n=0}^{\infty} \frac{z^n}{n!} \quad (|z|<+\infty);$$

$$\sin z = \sum_{n=0}^{\infty} (-1)^n \frac{z^{2n+1}}{(2n+1)!} \quad (|z|<+\infty).$$

由 $\sin z = \displaystyle\sum_{n=0}^{\infty} (-1)^n \frac{z^{2n+1}}{(2n+1)!}$ 两边求导,得到

$$\cos z = \sum_{n=0}^{\infty} (-1)^n \frac{z^{2n}}{(2n)!} \quad (|z|<\infty).$$

例 4.9 把函数 $\dfrac{1}{(1-z)^2}$ 展开成 z 的幂级数.

解 由于函数 $\dfrac{1}{(1-z)^2}$ 在圆域 $|z|<1$ 内处处解析,所以在 $|z|<1$ 内可展开成 z 的幂级数.

又因为 $\dfrac{1}{1-z} = 1 + z + z^2 + \cdots + z^n + \cdots = \displaystyle\sum_{n=0}^{\infty} z^n \quad (|z|<1),$

上式两边逐项求导,即得所求展开式

$$\frac{1}{(1-z)^2} = 1 + 2z + 3z^2 + \cdots + nz^{n-1} + \cdots = \sum_{n=1}^{\infty} nz^{n-1},$$

即 $$\frac{1}{(1-z)^2} = \sum_{n=1}^{\infty} nz^{n-1} \quad (|z|<1).$$

例 4.10 求对数函数的主值 $\ln(1+z)$ 在 $z=0$ 处的泰勒展开式.

解 因为函数 $\ln(1+z)$ 在 $|z|<1$ 内处处解析,所以在 $|z|<1$ 内可展开成 z 的幂级数.

又因为 $[\ln(1+z)]' = \dfrac{1}{1+z} = \displaystyle\sum_{n=0}^{\infty} (-1)^n z^n = 1 - z + z^2 - z^3 + \cdots,$

所以在 $|z|<1$ 内任取一条从 0 到 z 的积分路线 C，上式两端沿路线 C 逐项积分，有

$$\int_0^z \frac{\mathrm{d}z}{1+z} = \int_0^z \mathrm{d}z - \int_0^z z\mathrm{d}z + \int_0^z z^2 \mathrm{d}z - \cdots + (-1)^n \int_0^z z^n \mathrm{d}z + \cdots,$$

即

$$\ln(1+z) = z - \frac{1}{2}z^2 + \frac{1}{3}z^3 - \cdots + \frac{(-1)^n}{n+1}z^{n+1} + \cdots$$

$$= \sum_{n=0}^{\infty} \frac{(-1)^n}{n+1}z^{n+1} \quad (|z|<1).$$

*例 4.11 将函数 $\mathrm{e}^z \cos z$ 及 $\mathrm{e}^z \sin z$ 展开成 z 的幂级数.

解 因为 $\mathrm{e}^z(\cos z + i\sin z) = \mathrm{e}^z \cdot \mathrm{e}^{iz} = \mathrm{e}^{(1+i)z} = \mathrm{e}^{(\sqrt{2}\mathrm{e}^{\frac{\pi}{4}i})z}$

$$= 1 + \sqrt{2}\mathrm{e}^{\frac{\pi}{4}i}z + \sum_{n=2}^{\infty} \frac{(\sqrt{2})^n \mathrm{e}^{\frac{n\pi}{4}i}z^n}{n!}, \quad (4.3)$$

同理，因为 $\mathrm{e}^z(\cos z - i\sin z) = \mathrm{e}^z \cdot \mathrm{e}^{-iz} = \mathrm{e}^{(1-i)z} = \mathrm{e}^{(\sqrt{2}\mathrm{e}^{-\frac{\pi}{4}i})z}$

$$= 1 + \sqrt{2}\mathrm{e}^{-\frac{\pi}{4}i}z + \sum_{n=2}^{\infty} \frac{(\sqrt{2})^n \mathrm{e}^{-\frac{n\pi}{4}i}z^n}{n!}, \quad (4.4)$$

式(4.3)与式(4.4)相加除 2，得

$$\mathrm{e}^z \cos z = 1 + \sqrt{2}\cos\frac{\pi}{4}z + \sum_{n=2}^{\infty} \frac{(\sqrt{2})^n \cos\dfrac{n\pi}{4}}{n!}z^n \quad (|z|<+\infty).$$

式(4.3)与式(4.4)相减除 $2i$，得

$$\mathrm{e}^z \sin z = 1 + \sqrt{2}\sin\frac{\pi}{4}z + \sum_{n=2}^{\infty} \frac{(\sqrt{2})^n \sin\dfrac{n\pi}{4}}{n!}z^n \quad (|z|<+\infty).$$

三、将函数展成 $z-z_0$ 的幂级数

同上述方法一样，借助于已知函数的展开式，只要将 z 换成 $z-z_0$ 即可.

例 4.12 将函数 $f(z) = \dfrac{1}{z-2}$ 在 $z=-1$ 处展开成泰勒级数.

解 题意是将函数展开为 $\sum\limits_{n=0}^{\infty} C_n(z+1)^n$ 形式.

因为函数 $f(z) = \dfrac{1}{z-2}$ 只有一个奇点 $z=2$，其收敛半径 $R = |2-(-1)| = 3$，所以函数在圆域 $|z+1|<3$ 内可以展开为 $z+1$ 的幂级数.

$$\frac{1}{z-2} = \frac{1}{z+1-3} = -\frac{1}{3}\frac{1}{1-\dfrac{z+1}{3}}$$

$$= -\frac{1}{3}\left[1 + \frac{z+1}{3} + \left(\frac{z+1}{3}\right)^2 + \left(\frac{z+1}{3}\right)^3 + \cdots + \left(\frac{z+1}{3}\right)^n + \cdots\right]$$

$$=-\sum_{n=0}^{\infty}\frac{1}{3^{n+1}}(z+1)^{n} \quad (|z+1|<3).$$

例 4.13　将函数 $f(z)=\dfrac{1}{(1-z)^{2}}$ 展开为 $z-i$ 的幂级数.

解　因为函数 $f(z)$ 只有一个奇点 $z=1$,所以收敛半径为 $R=|1-i|=\sqrt{2}$,于是函数在 $|z-i|<\sqrt{2}$ 内可以展开为 $z-i$ 的幂级数.

注意　收敛半径的求法是:$R=|$奇点－圆中心$|$.

$$f(z)=\frac{1}{(1-z)^{2}}=\left(\frac{1}{1-z}\right)'=\left[\frac{1}{1-i-(z-i)}\right]'=\left(\frac{1}{1-i}\frac{1}{1-\frac{z-i}{1-i}}\right)'$$

$$=\left\{\frac{1}{1-i}\left[1+\frac{z-i}{1-i}+\left(\frac{z-i}{1-i}\right)^{2}+\cdots+\left(\frac{z-i}{1-i}\right)^{n}+\cdots\right]\right\}'$$

$$=\frac{1}{1-i}\left[\frac{1}{1-i}+\frac{2}{1-i}\left(\frac{z-i}{1-i}\right)+\cdots+\frac{n}{1-i}\left(\frac{z-i}{1-i}\right)^{n-1}+\cdots\right]$$

$$=\frac{1}{(1-i)^{2}}\left[1+2\left(\frac{z-i}{1-i}\right)+\cdots+n\left(\frac{z-i}{1-i}\right)^{n-1}+\cdots\right]$$

$$=\sum_{n=0}^{\infty}\frac{(n+1)}{(1-i)^{n+2}}(z-i)^{n} \quad (|z-i|<\sqrt{2}).$$

例 4.14　将函数 $f(z)=\dfrac{z}{z^{2}-z-2}$ 在 $z=1$ 处展开为泰勒级数.

解　将函数分解为　$f(z)=\dfrac{z}{z^{2}-z-2}=\dfrac{\frac{1}{3}}{z+1}+\dfrac{\frac{2}{3}}{z-2}$,

因为 $\dfrac{1}{3}\cdot\dfrac{1}{z+1}=\dfrac{1}{3}\cdot\dfrac{1}{z-1+2}=\dfrac{1}{6}\dfrac{1}{1+\frac{z-1}{2}}$

$$=\frac{1}{6}\left[1-\frac{z-1}{2}+\left(\frac{z-1}{2}\right)^{2}-\left(\frac{z-1}{2}\right)^{3}+\cdots+\left(\frac{z-1}{2}\right)^{n}+\cdots\right]$$

$$=\frac{1}{6}\sum_{n=0}^{\infty}\frac{(-1)^{n}}{2^{n}}(z-1)^{n} \quad (|z-1|<2),$$

$$\frac{2}{3}\cdot\frac{1}{z-2}=\frac{2}{3}\cdot\frac{1}{(z-1)-1}=-\frac{2}{3}\frac{1}{1-(z-1)}$$

$$=-\frac{2}{3}\left[1+(z-1)+(z-1)^{2}+(z-1)^{3}+\cdots+(z-1)^{n}+\cdots\right]$$

$$=-\frac{2}{3}\sum_{n=0}^{\infty}(z-1)^{n} \quad (|z-1|<1),$$

于是在圆域 $|z-1|<1$ 内,上述两个级数均收敛,可以逐项相加,得

$$f(z)=\frac{z}{z^{2}-z-2}=\frac{1}{6}\sum_{n=0}^{\infty}\frac{(-1)^{n}}{2^{n}}(z-1)^{n}-\frac{2}{3}\sum_{n=0}^{\infty}(z-1)^{n}$$

$$= \frac{1}{3} \sum_{n=0}^{\infty} \left[\frac{(-1)^n}{2^{n+1}} - 2 \right] (z-1)^n \quad (\mid z-1 \mid < 1)$$

为所求函数的展开式.

由以上讨论可得出以下两点:

(1) 幂级数 $\sum_{n=0}^{\infty} C_n (z-z_0)^n$ 在收敛圆 $\mid z-z_0 \mid < R$ 内的和函数是解析函数;

(2) 在圆域 $\mid z-z_0 \mid < R$ 内的解析函数 $f(z)$ 必能在 z_0 展为幂级数 $\sum_{n=0}^{\infty} C_n (z-z_0)^n$.

思考题 4.3

1. 复数基本初等函数的泰勒展开式与实数基本初等函数的泰勒展开式有什么关系?

2. 是否任何复变函数都可以展为幂级数?

3. 怎样将函数展为泰勒级数?

4. 函数的奇点与幂级数展开式的收敛半径有什么关系?

习题 4.3

1. 将下列函数在指定点处展成泰勒级数,并指出收敛域.

(1) $\sin z^2$ 在 $z_0 = 0$; (2) e^{2z} 在 $z_0 = 0$;

(3) e^z 在 $z_0 = 1$; (4) $\frac{1}{z}$ 在 $z_0 = 1$.

2. 将下列函数在指定点处展成泰勒级数,并指出收敛半径.

(1) $\frac{z-1}{z+1}$ 在 $z_0 = 1$; (2) $\frac{1}{4-3z}$ 在 $z_0 = 1+i$;

(3) $\frac{z}{(z+1)(z+2)}$ 在 $z_0 = 2$; (4) $\frac{1}{z^2}$ 在 $z_0 = -1$.

3. 将下列函数展成麦克劳林级数.

(1) $\frac{1}{(1-z)^2}$; (2) $\arctan z$.

§4.4 解析函数的洛朗级数

泰勒级数是解析函数 $f(z)$ 在区域 D 内任一解析点的展开式,但在实际应用中常需将函数在奇点附近展开;即在环形区域内将函数展开成幂级数,此时要引入一个新的级数,即洛朗级数.

定义 4.6　形如 $\sum\limits_{n=-\infty}^{+\infty} C_n(z-z_0)^n$ 的级数称为洛朗级数,系数 C_n 称为洛朗系数.

考察洛朗级数

$$\sum_{n=-\infty}^{\infty} C_n(z-z_0)^n = \cdots + C_{-n}(z-z_0)^{-n} + \cdots + C_{-1}(z-z_0)^{-1}$$
$$+ C_0 + C_1(z-z_0) + \cdots + C_n(z-z_0)^n + \cdots$$
$$= \sum_{n=0}^{+\infty} C_n(z-z_0)^n + \sum_{n=-1}^{-\infty} C_n(z-z_0)^n. \tag{4.5}$$

正幂项部分　　　　　　　　$\sum\limits_{n=0}^{\infty} C_n(z-z_0)^n,$ 　　　　　　　　(4.6)

级数(4.6)是一般的幂级数,收敛半径为 R_2,则当 $|z-z_0| < R_2$ 时,幂级数(4.6)收敛;当 $|z-z_0| > R_2$ 时,幂级数(4.6)发散.

负幂项级数　　　$\sum\limits_{n=-1}^{-\infty} C_n(z-z_0)^n = \sum\limits_{n=1}^{\infty} C_{-n}\zeta^n$ 　$[令(z-z_0)^{-1} = \zeta]$,　(4.7)

级数(4.7)是关于 ζ 的幂级数,设收敛半径为 R,则当 $|\zeta| < R$ 时,幂级数(4.7)收敛;当 $|\zeta| > R$ 时,幂级数(4.7)发散.

又因为 $\zeta = \dfrac{1}{z-z_0}$,所以当 $\left|\dfrac{1}{z-z_0}\right| < R$,即 $|z-z_0| > \dfrac{1}{R} = R_1$ 时,幂级数(4.7)收敛;当 $\left|\dfrac{1}{z-z_0}\right| > R$,即 $|z-z_0| < \dfrac{1}{R} = R_1$ 时,幂级数(4.7)发散.

对于级数 $\sum\limits_{n=-\infty}^{\infty} C_n(z-z_0)^n$ 作如下规定:

当且仅当 $\sum\limits_{n=0}^{\infty} C_n(z-z_0)^n$ 与 $\sum\limits_{n=1}^{\infty} C_{-n}(z-z_0)^{-n}$ 都收敛时,幂级数 $\sum\limits_{n=-\infty}^{\infty} C_n(z-z_0)^n$ 才收敛.因此

① 当 $R_1 > R_2$ 时,幂级数(4.6)与(4.7)没有公共的收敛范围,所以幂级数(4.5)发散;

② 当 $R_1 < R_2$ 时,幂级数(4.6)与(4.7)的收敛范围是圆环域 $R_1 < |z-z_0| < R_2$,所以幂级数(4.5)在圆环域 $R_1 < |z-z_0| < R_2$ 内收敛,在圆环域外发散;

③ 在圆环域边界 $R_1 = |z-z_0|$ 及 $|z-z_0| = R_2$,幂级数(4.5)可能有一些点收敛,有一些点发散.

注意

① 圆环域的内收敛半径 R_1 可能为零,外半径可能为无穷大,即 $0 < |z-z_0| < +\infty$;

② 幂级数在收敛圆内所具有的许多性质,洛朗级数(4.5)在收敛圆环域内也具有.

问题提出:在圆环域内解析函数是否一定能展开成幂级数?

引例:函数 $f(z)=\dfrac{1}{z(1-z)}$ 在 $z=0$ 及 $z=1$ 都不解析,但是在圆环域 $0<|z|<1$ 及圆环域 $0<|z-1|<1$ 内是处处解析的.

(1) 当 $0<|z|<1$ 时,有

$$f(z)=\frac{1}{z}+\frac{1}{1-z}=\frac{1}{z}+1+z+z^2+\cdots+z^n+\cdots,$$

于是函数 $f(z)$ 在环域 $0<|z|<1$ 内可以展开为幂级数;

(2) 当 $0<|z-1|<1$ 时,有

$$f(z)=\frac{1}{1-z}+\frac{1}{z}=\frac{1}{1-z}+\frac{1}{1+(z-1)}$$

$$=\frac{1}{1-z}+1-(z-1)+(z-1)^2+\cdots+(-1)^n(z-1)^n+\cdots$$

$$=\frac{1}{1-z}+1+(1-z)+(1-z)^2+\cdots+(1-z)^{n-1}+\cdots.$$

从上面讨论可以看出函数 $f(z)$ 可以展开为幂级数,只是这个幂级数含有负幂项,据此可想,在圆环域 $R_1<|z-z_0|<R_2$ 内处处解析函数 $f(z)$ 可以展为形如(4.5)的幂级数,事实也是这样,于是有下列定理给出函数展开的方法.

一、直接展开法

定理 4.9　(**洛朗定理**)设函数 $f(z)$ 在圆环域 $R_1<|z-z_0|<R_2$ 内处处解析,则函数 $f(z)$ 在环形域 $R_1<|z-z_0|<R_2$ 内展开为

$$f(z)=\sum_{n=-\infty}^{\infty}C_n(z-z_0)^n,$$

其中 $C_n=\dfrac{1}{2\pi i}\oint_C \dfrac{f(\zeta)}{(\zeta-z_0)^{n+1}}\mathrm{d}\zeta$ $(n=0,\pm1,\pm2,\cdots)$,这里 C 为圆环域内绕 z_0 的任何一条正向简单闭曲线.

*　**证明**　设 z 为圆环域内任一点,在圆环域内作以 z_0 为中心的正向圆周 Γ_1 与 Γ_2,Γ_2 的半径 R 大于 Γ_1 的半径 r,且使 z 在 Γ_1 与 Γ_2 之间,如图 4-2 所示,于是据多连通区域的柯西积分公式,有

$$f(z)=\frac{1}{2\pi i}\oint_{\Gamma_2}\frac{f(\zeta)}{\zeta-z}\mathrm{d}\zeta-\frac{1}{2\pi i}\oint_{\Gamma_1}\frac{f(\zeta)}{\zeta-z}\mathrm{d}\zeta. \quad (4.8)$$

对于上述两项分别讨论如下:

图 4-2

(1) 对于式(4.8)右端的第一个积分式 $\dfrac{1}{2\pi i}\oint_{\Gamma_2}\dfrac{f(\zeta)}{\zeta-z}\mathrm{d}\zeta$,积分变量 ζ 取在 Γ_2 上,点

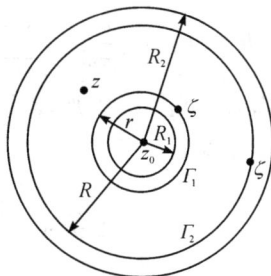

z 在 Γ_2 内部,所以 $\left|\dfrac{z-z_0}{\zeta-z_0}\right|<1$. 又由于 $|f(\zeta)|$ 在 Γ_2 上连续,因此存在一个常数 M,

使 $|f(\zeta)|\leqslant M$,跟泰勒公式的展开证明一样,可得 $\dfrac{1}{2\pi i}\oint_{\Gamma_2}\dfrac{f(\zeta)}{\zeta-z}\mathrm{d}\zeta=\sum\limits_{n=0}^{\infty}C_n(z-z_0)^n$,

其中 $\qquad\qquad C_n=\dfrac{1}{2\pi i}\oint_{\Gamma_2}\dfrac{f(\zeta)}{(\zeta-z_0)^{n+1}}\mathrm{d}\zeta \quad (n=0,1,2,\cdots).$

注意 此时 $\dfrac{1}{2\pi i}\oint_{\Gamma_2}\dfrac{f(\zeta)}{\zeta-z}\mathrm{d}\zeta$ 不能应用柯西导数公式,因为函数 $f(z)$ 在 Γ_2 内

不是处处解析函数.

(2) 对于式(4.8)右端的第二个积分式 $-\dfrac{1}{2\pi i}\oint_{\Gamma_1}\dfrac{f(\zeta)}{\zeta-z}\mathrm{d}\zeta$,由于 ζ 取在 Γ_1 上,

点 z 在 Γ_1 外部,所以 $\left|\dfrac{\zeta-z_0}{z-z_0}\right|<1$,因此有

$$\frac{1}{\zeta-z}=\frac{1}{\zeta-z_0-(z-z_0)}=-\frac{1}{z-z_0}\cdot\frac{1}{1-\dfrac{\zeta-z_0}{z-z_0}}$$

$$=-\sum_{n=1}^{\infty}\frac{(\zeta-z_0)^{n-1}}{(z-z_0)^n}=-\sum_{n=1}^{\infty}\frac{1}{(\zeta-z_0)^{-n+1}}(z-z_0)^{-n}.$$

所以 $-\dfrac{1}{2\pi i}\oint_{\Gamma_1}\dfrac{f(\zeta)}{\zeta-z}\mathrm{d}\zeta=\sum\limits_{n=1}^{N-1}\left[\dfrac{1}{2\pi i}\oint_{\Gamma_1}\dfrac{f(\zeta)}{(\zeta-z_0)^{-n+1}}\mathrm{d}\zeta\right](z-z_0)^{-n}+R_N(z)$,

其中 $\qquad\qquad R_N(z)=\dfrac{1}{2\pi i}\oint_{\Gamma_1}\left[\sum\limits_{n=N}^{\infty}\dfrac{(\zeta-z_0)^{n-1}f(\zeta)}{(z-z_0)^n}\right]\mathrm{d}\zeta.$

现在证明在 Γ_1 外部有 $\lim\limits_{N\to\infty}R_N(z)=0$.

令 $q=\left|\dfrac{\zeta-z_0}{z-z_0}\right|=\dfrac{r}{|z-z_0|}$ 与积分变量无关,且 $0<q<1$,又因为点 z 在

Γ_1 外部,由于 $|f(\zeta)|$ 在 Γ_1 上连续,因此存在 $M_1>0$,使 $|f(\zeta)|\leqslant M_1$,于是有

$$|R_n(z)|=\frac{1}{2\pi i}\oint_{\Gamma_1}\left[\sum_{n=N}^{\infty}\frac{|f(\zeta)|}{|\zeta-z_0|}\left|\frac{\zeta-z_0}{z-z_0}\right|^n\right]\mathrm{d}\zeta\leqslant\frac{1}{2\pi}\sum_{n=N}^{\infty}\frac{M_1}{r}q^n\cdot 2\pi r=\frac{M_1 q^N}{1-q},$$

因为 $\lim\limits_{N\to\infty}q^N=0$,所以 $\lim\limits_{N\to\infty}R_N(z)=0$.

从而有

$$-\frac{1}{2\pi i}\oint_{\Gamma_1}\frac{f(\zeta)}{\zeta-z}\mathrm{d}\zeta=\sum_{n=1}^{\infty}\left[\frac{1}{2\pi i}\oint_{\Gamma_1}\frac{f(\zeta)}{(\zeta-z_0)^{-n+1}}\mathrm{d}\zeta\right](z-z_0)^{-n}$$

$$=\sum_{n=1}^{\infty}C_{-n}(z-z_0)^{-n}.$$

综上所述,有

$$f(z)=\sum_{n=0}^{\infty}C_n(z-z_0)^n+\sum_{n=1}^{\infty}C_{-n}(z-z_0)^{-n}=\sum_{n=-\infty}^{\infty}C_n(z-z_0)^n,$$

其中
$$C_n = \frac{1}{2\pi i} \oint_{\Gamma_2} \frac{f(\zeta)}{(\zeta - z_0)^{n+1}} d\zeta \quad (n = 0, 1, 2, \cdots),$$

$$C_{-n} = \frac{1}{2\pi i} \oint_{\Gamma_1} \frac{f(\zeta)}{(\zeta - z_0)^{-n+1}} d\zeta \quad (n = 0, 1, 2, \cdots).$$

如果圆环域内取绕 z_0 的任何一条正向简单闭曲线 C,那么根据闭路变形原理,可用一个式子表示为

$$C_n = \frac{1}{2\pi i} \oint_C \frac{f(\zeta)}{(\zeta - z_0)^{n+1}} d\zeta \quad (n = 0, \pm 1, \pm 2, \cdots),$$

于是得证.

我们称 $f(z) = \sum_{n=-\infty}^{+\infty} C_n (z - z_0)^n$ 为函数 $f(z)$ 在圆环域 $R_1 < |z - z_0| < R_2$ 内的洛朗展开式,而称 $\sum_{n=-\infty}^{+\infty} C_n (z - z_0)^n$ 为函数 $f(z)$ 在圆环域 $R_1 < |z - z_0| < R_2$ 内的洛朗级数.

说明

① 在许多应用中,往往需把在某点 z_0 不解析,但在 z_0 的去心邻域内解析的函数 $f(z)$ 展开成幂级数,那么就利用洛朗级数展开,即

$$f(z) = \sum_{n=0}^{\infty} C_n (z - z_0)^n + \sum_{n=1}^{\infty} C_{-n} (z - z_0)^{-n},$$

其中 $\sum_{n=0}^{\infty} C_n (z - z_0)^n$ 称为洛朗级数的解析部分,$\sum_{n=1}^{\infty} C_{-n} (z - z_0)^{-n}$ 称为洛朗级数的主要部分;

② 幂级数在收敛圆域内所具有的性质,洛朗级数在收敛圆环域内同样具有,即洛朗级数在它的收敛圆环域内可以逐项求导和逐项积分;

③ 在圆环域内的解析函数展开为含有正、负幂项的幂级数是唯一的,这个幂级数就是函数 $f(z)$ 的洛朗级数,这个结论的证明类似于解析函数的泰勒展开式的证法.

注意　在函数 $f(z)$ 的洛朗展开式中,当 $n \geqslant 0$ 时,系数 C_n 不能用 $\frac{1}{n!} f^{(n)}(z_0)$ 来求,而是用 $C_n = \frac{1}{2\pi i} \oint_C \frac{f(\zeta)}{(\zeta - z_0)^{n+1}} d\zeta \quad (n = 0, \pm 1, \pm 2, \cdots)$ 计算,这是因为函数 $f(z)$ 在点 z_0 处不解析.

二、间接法展开洛朗级数

根据由正、负整次幂项组成的幂级数的唯一性,可通过代数运算、变量代换、函数求导、函数积分等方法,借助于解析函数的泰勒展开式将函数展开,这种方法称为间接展开法.

例如 $\dfrac{\mathrm{e}^z}{z^2} = \dfrac{1}{z^2}\left(1 + z + \dfrac{1}{2!}z^2 + \dfrac{1}{3!}z^3 + \dfrac{1}{4!}z^4 + \cdots + \dfrac{1}{n!}z^n + \cdots\right)$

$$= \dfrac{1}{z^2} + \dfrac{1}{z} + \dfrac{1}{2!} + \dfrac{1}{3!}z + \dfrac{1}{4!}z^2 + \cdots + \dfrac{1}{n!}z^{n-2} + \cdots \quad (0 < |z| < +\infty).$$

例 4. 15   将函数 $f(z) = z^3 \mathrm{e}^{\frac{1}{z}}$ 在区域 $0 < |z| < +\infty$ 内展开成洛朗级数.

解   因为函数 $f(z) = z^3 \mathrm{e}^{\frac{1}{z}}$ 在区域 $0 < |z| < +\infty$ 内处处解析,而且

$$\mathrm{e}^z = 1 + z + \dfrac{1}{2!}z^2 + \cdots + \dfrac{1}{n!}z^n + \cdots,$$

所以 $z^3 \mathrm{e}^{\frac{1}{z}} = z^3\left[1 + \dfrac{1}{z} + \dfrac{1}{2!}\left(\dfrac{1}{z}\right)^2 + \cdots + \dfrac{1}{n!}\left(\dfrac{1}{z}\right)^n + \cdots\right]$

$$= z^3 + z^2 + \dfrac{1}{2!}z + \dfrac{1}{3!} + \dfrac{1}{4!z} + \cdots \quad (0 < |z| < +\infty).$$

例 4. 16   将下列函数在区域 $0 < |z| < +\infty$ 内展开成洛朗级数.

(1) $\dfrac{\sin z}{z}$;   (2) $\sin\dfrac{1}{z}$;   (3) $\dfrac{\mathrm{e}^z - 1}{z^2}$.

解   (1) 因为函数 $f(z) = \dfrac{\sin z}{z}$ 在区域 $0 < |z| < +\infty$ 内处处解析,而且

$$\sin z = z - \dfrac{1}{3!}z^3 + \dfrac{1}{5!}z^5 + \cdots + (-1)^n \dfrac{z^{2n+1}}{(2n+1)!} + \cdots,$$

所以 $\dfrac{\sin z}{z} = 1 - \dfrac{1}{3!}z^2 + \dfrac{1}{5!}z^4 + \cdots + (-1)^n \dfrac{z^{2n}}{(2n+1)!} + \cdots \quad (0 < |z| < \infty).$

(2) 同理可得

$$\sin\dfrac{1}{z} = \dfrac{1}{z} - \dfrac{1}{3!z^3} + \dfrac{1}{5!z^5} + \cdots + (-1)^n \dfrac{1}{(2n+1)!z^{2n+1}} + \cdots \quad (0 < |z| < \infty).$$

(3) 因为函数 $f(z) = \dfrac{\mathrm{e}^z - 1}{z^2}$ 在区域 $0 < |z| < +\infty$ 内处处解析,而且

$$\mathrm{e}^z = 1 + z + \dfrac{1}{2!}z^2 + \dfrac{1}{3!}z^3 + \dfrac{1}{4!}z^4 + \cdots + \dfrac{1}{n!}z^n + \cdots,$$

所以 $f(z) = \dfrac{\mathrm{e}^z - 1}{z^2} = \dfrac{1}{z^2}\left(z + \dfrac{1}{2!}z^2 + \cdots + \dfrac{1}{n!}z^n + \cdots\right)$

$$= \dfrac{1}{z} + \dfrac{1}{2!} + \dfrac{1}{3!}z + \dfrac{1}{4!}z^2 + \cdots + \dfrac{1}{n!}z^{n-2} + \cdots \quad (0 < |z| < \infty).$$

从这几个函数展开式中我们看到了,有的展开式中全部是正幂次项,有的展开式中全部是负幂次项,有的展开式中既有正幂次项又有负幂次项,这是为什么呢?这个问题我们将在下一章讨论.

例 4. 17   函数 $f(z) = \dfrac{1}{(z-1)(z-2)}$ 在下列圆环域内处处解析,试把

函数 $f(z)$ 在这些区域内展开成洛朗级数.

(1) $0<|z|<1$；　(2) $1<|z|<2$；　(3) $2<|z|<+\infty$.

解　函数的奇点 $z=1,z=2$ 均在圆环的边界上,又因为

$$f(z)=\frac{1}{1-z}-\frac{1}{2-z},$$

这里借助于级数 $\dfrac{1}{1-z}=1+z+z^2+\cdots+z^n+\cdots=\displaystyle\sum_{n=0}^{\infty}z^n$　$(|z|<1)$ 来展开.

(1) 在区域 $0<|z|<1$ 内,由于 $|z|<1$,从而 $|\frac{z}{2}|<1$,所以

$$\frac{1}{1-z}=1+z+z^2+\cdots+z^n+\cdots,$$

$$\frac{1}{2-z}=\frac{1}{2}\frac{1}{1-\frac{z}{2}}=\frac{1}{2}\Big[1+\frac{z}{2}+\Big(\frac{z}{2}\Big)^2+\Big(\frac{z}{2}\Big)^3+\cdots+\Big(\frac{z}{2}\Big)^n+\cdots\Big],$$

于是　$f(z)=(1+z+z^2+\cdots+z^n+\cdots)$

$$-\frac{1}{2}\Big[1+\frac{z}{2}+\Big(\frac{z}{2}\Big)^2+\Big(\frac{z}{2}\Big)^3+\cdots+\Big(\frac{z}{2}\Big)^n+\cdots\Big]$$

$$=\frac{1}{2}+\frac{3}{4}z+\frac{7}{8}z^2+\cdots,$$

展开式中不含 z 的负幂项,原因在于函数 $f(z)$ 在 $z=0$ 处解析.

(2) 在区域 $1<|z|<2$ 内,由于 $|z|>1$,但是 $|\frac{1}{z}|<1$,因此,有

$$\frac{1}{1-z}=-\frac{1}{z}\frac{1}{1-\frac{1}{z}}=-\frac{1}{z}\Big(1+\frac{1}{z}+\frac{1}{z^2}+\cdots+\frac{1}{z^n}+\cdots\Big),$$

又由于 $|z|<2$,从而 $|\frac{z}{2}|<1$,则有

$$\frac{1}{2-z}=\frac{1}{2}\frac{1}{1-\frac{z}{2}}=\frac{1}{2}\Big[1+\frac{z}{2}+\Big(\frac{z}{2}\Big)^2+\Big(\frac{z}{2}\Big)^3+\cdots+\Big(\frac{z}{2}\Big)^n+\cdots\Big],$$

于是　$f(z)=-\frac{1}{z}\Big(1+\frac{1}{z}+\frac{1}{z^2}+\cdots+\frac{1}{z^n}+\cdots\Big)$

$$-\frac{1}{2}\Big[1+\frac{z}{2}+\Big(\frac{z}{2}\Big)^2+\Big(\frac{z}{2}\Big)^3+\cdots+\Big(\frac{z}{2}\Big)^n+\cdots\Big]$$

$$=\cdots-\frac{1}{z^n}-\frac{1}{z^{n-1}}-\cdots-\frac{1}{z}-\frac{1}{2}-\frac{z}{2^2}-\frac{z^2}{2^3}-\cdots.$$

(3) 在区域 $2<|z|<+\infty$ 内,由于 $|z|>2$,但是 $\Big|\frac{2}{z}\Big|<1$,$\Big|\frac{1}{z}\Big|<1$,因此

$$\frac{1}{2-z}=-\frac{1}{z}\frac{1}{1-\frac{2}{z}}=-\frac{1}{z}\Big(1+\frac{2}{z}+\frac{4}{z^2}+\cdots\Big),$$

于是　　　$f(z) = -\dfrac{1}{z}\left(1 + \dfrac{1}{z} + \dfrac{1}{z^2} + \cdots\right) + \dfrac{1}{z}\left(1 + \dfrac{2}{z} + \dfrac{4}{z^2} + \cdots\right)$

$$= \dfrac{1}{z^2} + \dfrac{3}{z^3} + \dfrac{7}{z^4} + \cdots.$$

例 4.18　将函数 $f(z) = \dfrac{\mathrm{e}^z}{1-z}$ 在环形域 $0 < |z-1| < \infty$ 内展开为洛朗级数.

解　因为　　$\dfrac{\mathrm{e}^z}{1-z} = \dfrac{1}{1-z}\mathrm{e}^{z-1+1} = -\mathrm{e}\,\dfrac{1}{z-1}\mathrm{e}^{z-1}$，所以

$$\dfrac{\mathrm{e}^z}{1-z} = -\dfrac{\mathrm{e}}{z-1}\left[1 + (z-1) + \dfrac{(z-1)^2}{2!} + \cdots + \dfrac{(z-1)^n}{n!} + \cdots\right]$$

$$= -\mathrm{e}\left[\dfrac{1}{z-1} + 1 - \dfrac{(z-1)}{2!} + \cdots + \dfrac{(z-1)^{n-1}}{n!} + \cdots\right].$$

注意　从以上例子可以看出，一个函数 $f(z)$ 在以 z_0 为中心的圆环域内的洛朗级数中，

(1) 若只含有 $z - z_0$ 的正幂项，则函数 $f(z)$ 在内圆周上解析；

(2) 若含有 $z - z_0$ 的负幂项，函数 $f(z)$ 在内、外圆周上必有奇点，或者外圆周半径为无穷大. 即函数 $f(z)$ 所有奇点全在圆周上（含无穷大），所以我们是根据奇点来划分圆环域.

例如，函数 $f(z) = \dfrac{1}{z(z+i)}$ 在复平面内有两个奇点 $z = 0$ 与 $z = -i$，分别在以 i 为中心的圆周 $|z-i| = 1$ 与 $|z-i| = 2$ 上，因此函数 $f(z)$ 在以 i 为中心的圆环域内的展开式有下列三种情况：

① 在 $|z-i| < 1$ 中的泰勒展开式；

② 在 $1 < |z-i| < 2$ 中的洛朗展开式；

③ 在 $2 < |z-i| < +\infty$ 中的洛朗展开式.

例 4.19　试求函数 $f(z) = \dfrac{1}{1+z^2}$ 在 $z = i$ 处的洛朗级数.

解　因为函数 $f(z) = \dfrac{1}{1+z^2}$ 在复平面上有两个奇点 $z = \pm i$，所以复平面被分成两个不相交的圆环域，因此函数 $f(z)$ 的解析区域为

(1) $0 < |z-i| < 2$；　(2) $2 < |z-i| < +\infty$.

又因为　　　$f(z) = \dfrac{1}{1+z^2} = \dfrac{1}{(z+i)(z-i)} = \dfrac{1}{z-i}\,\dfrac{1}{z+i}$，

于是在区域 $0 < |z-i| < 2$ 内，有

$$\dfrac{1}{1+z^2} = \dfrac{1}{z-i}\,\dfrac{1}{z+i} = \dfrac{1}{z-i}\,\dfrac{1}{2i}\,\dfrac{1}{1 - \left(-\dfrac{z-i}{2i}\right)}$$

$$= \frac{1}{z-i} \frac{1}{2i} \sum_{n=0}^{\infty} \left(-\frac{z-i}{2i}\right)^n = \sum_{n=0}^{\infty} \frac{i^{n-1}}{2^{n+1}} (z-i)^{n-1}.$$

（2）在区域 $2 < |z-i| < +\infty$ 内，有

$$\frac{1}{1+z^2} = \frac{1}{z-i} \frac{1}{z+i} = \frac{1}{z-i} \frac{1}{z-i} \frac{1}{1-\left(-\frac{2i}{z-i}\right)}$$

$$= \frac{1}{(z-i)^2} \sum_{n=0}^{\infty} \left(-\frac{2i}{z-i}\right)^n = \sum_{n=0}^{\infty} \frac{(-2i)^n}{(z-i)^{n+2}}.$$

注意 给定函数 $f(z)$ 与复平面内一点 z_0 以后，由于这个函数可以在以 z_0 为中心的（由奇点隔开）不同圆环域内解析，因此在各不同的圆环域中有不同的洛朗展开式，这种情况不能与洛朗展开式的唯一性混淆，洛朗展开式唯一性是指函数在某一给定的圆环域内的洛朗展开式唯一.

三、洛朗展开式的简单应用

在洛朗展开定理中，计算系数的公式

$$C_n = \frac{1}{2\pi i} \oint_C \frac{f(z)}{(z-z_0)^{n+1}} dz,$$

若令 $n=-1$，则有

$$C_{-1} = \frac{1}{2\pi i} \oint_C f(z) dz,$$

其中 C 为 $R_1 < |z-z_0| < R_2$ 内绕 z_0 的任何一条简单闭曲线.

这样可以把计算积分

$$\oint_C f(z) dz = 2\pi i C_{-1}$$

转化为求被积函数 $f(z)$ 洛朗展开式中 $(z-z_0)^{-1}$ 项前面的系数 C_{-1}.

例 4.20 利用函数的洛朗展开式求积分 $\oint_{|z|=2} \frac{z e^{\frac{1}{z}}}{1-z} dz$ 的值.

解 因为函数 $f(z)$ 在圆环域 $1 < |z| < +\infty$ 内处处解析，圆周 $|z|=2$ 在区域 $1 < |z| < +\infty$ 内，所以

$$f(z) = \frac{z e^{\frac{1}{z}}}{1-z} = \frac{e^{\frac{1}{z}}}{-\left(1-\frac{1}{z}\right)}$$

$$= -\left(1+\frac{1}{z}+\frac{1}{z^2}+\cdots\right) \cdot \left(1+\frac{1}{z}+\frac{1}{2!z^2}+\cdots\right)$$

$$= -\left(1+\frac{2}{z}+\frac{5}{2z^2}+\cdots\right).$$

于是洛朗系数 $C_{-1} = -2$.

从而积分 $\oint_{|z|=2} \frac{z e^{\frac{1}{z}}}{1-z} dz = 2\pi i C_{-1} = -4\pi i.$

思考题 4.4

1. 洛朗级数与泰勒级数的联系与区别是什么?

2. 洛朗级数在收敛圆环域内可以表示一个解析函数,那么一个在圆环域内解析函数能否展成洛朗级数?

3. 怎样将解析函数展成洛朗级数?

4. 我们从例题中看到同一个函数有几种展开式,这是否与洛朗展开式的唯一性矛盾?

习题 4.4

1. 将下列函数在指定的圆环域内展开成洛朗级数.

(1) $\dfrac{1}{(z-1)(z-2)}$, $\quad 0<|z-1|<1$, $\quad 1<|z-2|<+\infty$;

(2) $\dfrac{1}{z(1-z)^2}$, $\quad 0<|z|<1$, $\quad 0<|z-2|<1$.

2. 将下列函数在指定点的圆环域内展成洛朗级数,并指出其收敛域.

(1) $\dfrac{1}{z^2(z-i)}$,在以 i 为中心的圆环域内;

(2) $\dfrac{e^z}{z-2}$,在点 $z_0=2$.

3. 将函数 $f(z)=\dfrac{1}{z(z-1)}$ 在下列区域内展成收敛的级数.

(1) $0<|z|<1$; $\qquad\qquad$ (2) $|z|>1$;

(3) $0<|z-1|<1$; $\qquad\quad$ (4) $|z-1|>1$.

4. 设 C 为正向圆周 $|z|=3$,求积分 $\oint_C f(z)\mathrm{d}z$ 的值,其中函数 $f(z)$ 等于:

(1) $\dfrac{1}{z(z+2)}$; $\qquad\qquad$ (2) $\dfrac{z+2}{z(z+1)}$;

(3) $\dfrac{1}{z(z+1)^2}$; $\qquad\qquad$ (4) $\dfrac{1}{z(z+1)(z+4)}$.

*5. 试求积分 $\oint_C (\sum\limits_{n=-2}^{\infty} z^n)\mathrm{d}z$ 的值,其中 C 为单位圆 $|z|=1$ 内的任何一条不经过原点的简单闭曲线.

本章小结

本章讨论了复数项数列、复数项级数、幂级数与洛朗级数.把复数项级数(数列)的敛散问题转换为实部与虚部两个实级数(数列)的敛散问题,即用已知的结论来讨论,因此实数项级数的很多性质与方法可以推广到这里.本章的重点讨论了泰勒级数与洛朗级数.洛朗级数是泰勒级数的推广.

一、复数列极限

设数列 $\{z_n\}$,则 $\lim\limits_{n\to\infty}z_n = z_0$ 的充要条件是 $\lim\limits_{n\to\infty}x_n = x_0$,$\lim\limits_{n\to\infty}y_n = y_0$.

二、复数项级数

1. 复数项级数 $\sum\limits_{n=1}^{\infty}z_n$ 收敛的充分必要条件是实数项级数 $\sum\limits_{n=1}^{\infty}x_n$ 和 $\sum\limits_{n=1}^{\infty}y_n$ 都收敛.

2. 复数项级数收敛的必要条件是 $\lim\limits_{n\to\infty}z_n = 0$.

3. 如果级数 $\sum\limits_{n=1}^{\infty}|z_n|$ 收敛,则级数 $\sum\limits_{n=1}^{\infty}z_n$ 也收敛,称 $\sum\limits_{n=1}^{\infty}z_n$ 为绝对收敛的;非绝对收敛的收敛级数称为条件收敛.

注意　① 复数项级数 $\sum\limits_{n=1}^{\infty}z_n$ 绝对收敛的充分必要条件是实数项级数 $\sum\limits_{n=1}^{\infty}x_n$ 与 $\sum\limits_{n=1}^{\infty}y_n$ 均绝对收敛.

② $\sum\limits_{n=1}^{\infty}|z_n|$ 的敛散性可用正项级数审敛法来判定.

三、泰勒级数(将实数讨论的级数概念加以推出)

幂级数是最重要的复变项级数,与实幂级数一样,有收敛半径、收敛圆的概念与判别方法.在收敛圆内幂级数的和函数解析,可以逐项求导与积分,并且导函数在收敛圆内仍然是解析函数.

注意　函数在某点的邻域内解析的充分必要条件是函数在该点处可以展为幂级数.

函数展为幂级数的方法如下.

1. 直接展开法将函数展开成幂级数

通过计算泰勒级数的系数 $C_n = \dfrac{1}{n!}f^{(n)}(z_0)$ $(n = 0,1,2,\cdots)$ 而得到幂级数

$$f(z) = \sum_{n=0}^{\infty}C_n(z - z_0)^n.$$

2. 利用间接法将函数展开成幂级数

利用几个基本函数的展开式,通过四则运算、逐项求导、逐项积分的运算而得到.

主要的运算方法为：

(1) 利用已知展开式展开；

(2) 对于有理函数化为部分分式，再用展开式 $\dfrac{1}{1-z} = \sum\limits_{n=0}^{\infty} z^n$ （$|z| < 1$）；

(3) 利用四则运算、复合运算；

(4) 逐项求导、逐项积分法.

四、洛朗级数

洛朗级数是幂级数的进一步发展. 它是由一个含正幂次项的幂级数与一个含负幂次项的级数组合而成的. 由幂级数的性质推出洛朗级数的性质. 特别是洛朗级数在收敛圆环内收敛于一个解析函数. 反之，解析函数一定可以展成洛朗级数.

将函数在圆环域内展成洛朗级数，一般是用类似于泰勒级数的方法，因此泰勒级数间接展开的方法均可以用.

五、洛朗级数与泰勒级数的联系与区别

1. 洛朗级数中的系数为

$$C_n = \frac{1}{2\pi i} \oint_C \frac{f(\zeta)}{(\zeta - z_0)^{n+1}} d\zeta \quad (n = 0, \pm 1, \pm 2, \cdots),$$

不是 $C_n = \dfrac{1}{n!} f^{(n)}(z_0)$，因为函数 $f(z)$ 并不是在整个圆盘 $|z - z_0| < R_2$ 内的解析函数，而只是圆环域 $R_1 < |z - z_0| < R_2$ 内的解析函数，$z = z_0$ 不一定是函数 $f(z)$ 的解析点.

2. 泰勒级数是非负幂项级数，其系数可由 $C_n = \dfrac{1}{n!} f^{(n)}(z_0)$ 计算，所以它是洛朗级数的特例.

3. 泰勒级数是在以展开中心为圆心的收敛圆盘内表示的解析函数，展开中心是函数的解析点. 而洛朗级数是在以展开中心为圆心的收敛圆环内的解析函数，展开中心不一定是函数的解析点.

六、将函数展开为级数必须注意下列几点

1. 将函数展开成什么级数？是幂级数还是洛朗级数？

2. 将函数在什么区域展开？区域不同，展开式也不一样，特别是将函数展为洛朗级数，在不同的环域内有不同的展开式.

3. 将函数展开成洛朗级数怎样划分环形区域？

自测题 4

一、选择题

1. 设 $z_n = i^n + \dfrac{1}{n}$，则 $\lim\limits_{n \to \infty} z_n$　　　　　　　　　　　　（　　）

A. 等于 0　　　　B. 等于 1　　　　C. 等于 i　　　　D. 不存在

2. 下列级数中，绝对收敛的级数为　　　　　　　　　　　　　　　　　（　　）

A. $\displaystyle\sum_{n=1}^{\infty} \frac{(-1)^n i^n}{2^n}$　　　　　　　　　　B. $\displaystyle\sum_{n=1}^{\infty} \left[\frac{(-1)^n}{n} + \frac{i}{2^n} \right]$

C. $\displaystyle\sum_{n=2}^{\infty} \frac{i^n}{\ln n}$　　　　　　　　　　D. $\displaystyle\sum_{n=1}^{\infty} \frac{1}{n}\left(1 + \frac{i}{n}\right)$

3. 若幂级数 $\displaystyle\sum_{n=0}^{\infty} C_n z^n$ 在 $z = 1 + 2i$ 处收敛，那么该级数在 $z = 2$ 处的敛散性为　　　　　　　　　　　　　　　　　　　　　　　　　　　　（　　）

A. 条件收敛　　　B. 绝对收敛　　　C. 发散　　　　D. 不能确定

4. 设幂级数 $\displaystyle\sum_{n=0}^{\infty} C_n z^n$，$\displaystyle\sum_{n=0}^{\infty} n C_n z^{n-1}$ 和 $\displaystyle\sum_{n=0}^{\infty} \frac{C_n}{n+1} z^{n+1}$ 的收敛半径分别为 R_1，R_2，R_3，则 R_1，R_2，R_3 之间的关系是　　　　　　　　　　　（　　）

A. $R_1 < R_2 < R_3$　　　　　　　B. $R_1 > R_2 > R_3$

C. $R_1 = R_2 < R_3$　　　　　　　D. $R_1 = R_2 = R_3$

5. 幂级数 $\displaystyle\sum_{n=0}^{\infty} \frac{(-1)^n}{n+1} z^{n+1}$ 在 $|z| < 1$ 内的和函数为　　　　（　　）

A. $\ln \dfrac{1}{1+z}$　　　B. $\ln(1-z)$　　　C. $\ln(1+z)$　　　D. $\ln \dfrac{1}{1-z}$

6. 函数 $\dfrac{1}{z}$ 在 $z = -1$ 处的泰勒展开式为　　　　　　　　　　　（　　）

A. $-\displaystyle\sum_{n=0}^{\infty} (z+1)^n$　　$(|z+1| < 1)$

B. $\displaystyle\sum_{n=0}^{\infty} (-1)^n (z+1)^n$　　$(|z+1| < 1)$

C. $\displaystyle\sum_{n=0}^{\infty} (z+1)^n$　　$(|z+1| < 1)$

D. $\displaystyle\sum_{n=1}^{\infty} (-1)^n (z+1)^{n-1}$　　$(|z+1| < 1)$

二、填空题

1. 若幂级数 $\displaystyle\sum_{n=0}^{\infty} C_n (z+i)^n$ 在 $z = i$ 处发散，那么该级数在 $z = 2$ 处是 _____．

2. 幂级数 $\sum\limits_{n=0}^{\infty}(2i)^n z^{2n+1}$ 的收敛半径为 _____.

3. 设 $f(z)$ 在区域 D 内解析,z_0 为 D 内一点,d 为 z_0 到 D 的边界上各点的最短距离,那么当 $|z-z_0|<d$ 时,$f(z)=\sum\limits_{n=0}^{\infty}C_n(z-z_0)^n$ 成立,其中 $C_n=$ _____.

4. 设幂级数 $\sum\limits_{n=0}^{\infty}C_n z^n$ 的收敛半径为 R,那么 $\sum\limits_{n=0}^{\infty}(2^n-1)C_n z^n$ 的收敛半径为 _____.

5. 函数 $e^z+e^{\frac{1}{z}}$ 在 $0<|z|<+\infty$ 内洛朗展开式为 _____.

6. 函数 $\dfrac{1}{z(z-i)}$ 在 $1<|z-i|<+\infty$ 内的洛朗展开式为 _____.

三、求下列级数的收敛半径.

1. $\sum\limits_{n=1}^{\infty}\dfrac{(-1)^n}{n!}z^n$;   **2.** $\sum\limits_{n=1}^{\infty}\left(1+\dfrac{1}{n}\right)^{n^2}z^n$.

四、将下列函数展为 z 的幂级数,并指出收敛域.

1. $\dfrac{1}{(z-a)(z-b)}$ $(a\neq 0,b\neq 0)$;

2. $\dfrac{1}{(1+z^2)^2}$;

3. $\sin^2 z$.

五、求幂级数 $\sum\limits_{n=1}^{\infty}n^2 z^n$ 的和函数,并计算 $\sum\limits_{n=1}^{\infty}\dfrac{n^2}{2^n}$ 之值.

六、利用指数函数展开式证明对任意的 z,有 $|e^z-1|\leqslant e^{|z|}-1\leqslant|z|e^{|z|}$.

七、将下列函数在指定点处展开洛朗级数.

1. $\dfrac{1}{z^2-3z+2}$ 在 $z_0=1$; **2.** $\dfrac{1}{(z^2+1)^2}$ 在 $z=i$ 的去心邻域内展开.

第五章 　留数及其应用

本章中心问题是留数定理,前面讲的柯西定理、柯西积分公式都是留数定理的特殊情况,并且留数定理在理论探讨与实际应用中都具有重要意义,它是复变函数积分与复级数理论相结合的产物,为此先对解析函数的孤立奇点进行分类.

§5.1 　解析函数的孤立奇点

在一些实际问题中,常会遇到在某点 z_0 不解析,但是在该点的去心邻域 $0<|z-z_0|<\delta$ 内解析的函数,这种点在计算留数等问题中非常有用,这就促使我们来研究解析函数的这种奇点.

一、孤立奇点

定义 5.1 　若函数 $f(z)$ 在 z_0 不解析,但在 z_0 的某一去心邻域 $0<|z-z_0|<\delta$ 内处处解析,则点 z_0 称为函数 $f(z)$ 的**孤立奇点**.

例如,点 $z=0$ 是函数 $f(z)=\dfrac{1}{z}$ 的孤立奇点,也是函数 $f(z)=\mathrm{e}^{\frac{1}{z}}$ 的孤立奇点.再如,函数 $f(z)=\dfrac{1}{z(z^2+1)}$ 有三个孤立奇点,分别是 $z=0,z=i,z=-i$.

注意 　函数的奇点并不都是孤立奇点,如 $z=0$ 是函数 $f(z)=\dfrac{1}{\sin\frac{1}{z}}$ 的一个奇点,除此之外,$z_n=\dfrac{1}{n\pi}$ 　$(n=\pm 1,\pm 2,\cdots)$ 也是它的一个奇点,当 n 的绝对值逐渐增大时,$\dfrac{1}{n\pi}$ 可任意接近 $z=0$,即在 $z=0$ 不论怎样小的去心邻域内,总有函数 $f(z)$ 的奇点存在,所以 $z=0$ 不是函数 $f(z)=\dfrac{1}{\sin\frac{1}{z}}$ 的孤立奇点.

用 §4.4 讲过的方法将函数 $f(z)$ 在孤立奇点 z_0 的邻域 $0<|z-z_0|<\delta$ 内

展为洛朗级数

$$f(z) = \sum_{n=0}^{\infty} C_n (z-z_0)^n + \sum_{n=1}^{\infty} C_{-n} (z-z_0)^{-n},$$

$\sum\limits_{n=0}^{\infty} C_n (z-z_0)^n$ 为洛朗级数解析部分(在大圆内解析),$\sum\limits_{n=1}^{\infty} C_{-n} (z-z_0)^{-n}$ 为洛朗级数的主要部分(在小圆外解析).

Ⅰ:主要部分消失,只有解析部分 $\sum\limits_{n=0}^{\infty} C_n (z-z_0)^n$,则称 z_0 为函数 $f(z)$ 的可去奇点;

Ⅱ:主要部分仅含有限项(比如 m 项),则称 z_0 为函数 $f(z)$ 的 m 阶极点;

Ⅲ:主要部分含有无限多项,则称 z_0 为函数 $f(z)$ 的本性奇点.

例如,§ 4.4 中展开的函数

$$\frac{\sin z}{z} = 1 - \frac{1}{3!}z^2 + \frac{1}{5!}z^4 - \cdots + (-1)^n \frac{z^{2n}}{(2n+1)!} + \cdots \quad (0 < |z| < \infty),$$

点 $z = 0$ 是函数 $f(z) = \dfrac{\sin z}{z}$ 的可去奇点.

$$\frac{e^z - 1}{z^2} = \frac{1}{z} + \frac{1}{2!} + \frac{1}{3!}z + \frac{1}{4!}z^2 + \cdots + \frac{1}{n!}z^{n-2} + \cdots \quad (0 < |z| < \infty),$$

点 $z = 0$ 是函数 $f(z) = \dfrac{e^z - 1}{z^2}$ 的一阶极点.

$$\sin \frac{1}{z} = \frac{1}{z} - \frac{1}{3!z^3} + \frac{1}{5!z^5} + \cdots + (-1)^n \frac{1}{(2n+1)!z^{2n+1}} + \cdots \quad (0 < |z| < \infty),$$

点 $z = 0$ 是函数 $f(z) = \sin \dfrac{1}{z}$ 的本性奇点.

下面分别讨论函数在这些孤立奇点邻域内的性质.

二、可去奇点

1. 可去奇点定义

如果洛朗级数中不含 $z-z_0$ 的负幂项,则孤立奇点 z_0 称为函数 $f(z)$ 的可去奇点.

例如,点 $z = 0$ 是函数 $f(z) = \dfrac{\sin z}{z}$ 的可去奇点.

因为函数 $f(z)$ 在 $z = 0$ 的去心邻域内的洛朗级数

$$f(z) = \frac{\sin z}{z} = \frac{1}{z}\left(z - \frac{z^3}{3!} + \frac{z^5}{5!} - \cdots\right) = 1 - \frac{1}{3!}z^2 + \frac{1}{5!}z^4 - \cdots$$

中不含 z 的负幂项,而且 $\lim\limits_{z \to 0} f(z) = \lim\limits_{z \to 0} \dfrac{\sin z}{z} = 1 = C_0$.

若我们约定函数 $f(z) = \dfrac{\sin z}{z}$ 在 $z = 0$ 的值为1,那么函数 $f(z) = \dfrac{\sin z}{z}$ 在

$z = 0$ 就成为解析函数.

一般而言,若 z_0 为函数 $f(z)$ 的可去奇点,则函数 $f(z)$ 在 z_0 的去心邻域内的洛朗级数就是一个普通的幂级数

$$C_0 + C_1(z - z_0) + C_2(z - z_0)^2 + \cdots + C_n(z - z_0)^n + \cdots.$$

因此,这个幂级数的和函数 $F(z)$ 在 z_0 解析,且

当 $z \neq z_0$ 时,$F(z) = f(z)$;

当 $z = z_0$ 时,$F(z_0) = C_0$.

但是,由于

$$\lim_{z \to z_0} f(z) = \lim_{z \to z_0} F(z) = F(z_0) = C_0,$$

所以不论函数 $f(z)$ 在 z_0 是否有定义,如果令 $f(z_0) = C_0$,那么在圆域 $|z - z_0| < \delta$ 内就有

$$f(z) = C_0 + C_1(z - z_0) + \cdots + C_n(z - z_0)^n + \cdots,$$

从而函数 $f(z)$ 在 z_0 就成为解析的,因此 z_0 为函数 $f(z)$ 的可去奇点.

2. 判别孤立奇点 z_0 为可去奇点的方法

设 z_0 为函数 $f(z)$ 的孤立奇点,则下列条件等价:

(1) z_0 为函数 $f(z)$ 的可去奇点;

(2) 函数 $f(z)$ 在 z_0 点的洛朗展开式中不含 $z - z_0$ 的负幂项,即

$$f(z) = C_0 + C_1(z - z_0) + \cdots + C_n(z - z_0)^n + \cdots;$$

(3) $\lim_{z \to z_0} f(z) = C_0 \neq \infty$ 存在.

例如,点 $z = 0$ 是函数 $f(z) = \dfrac{1 - \cos z}{z^2}$,$g(z) = \dfrac{e^z - 1}{z}$ 的可去奇点.

三、极点

1. 极点的定义

如果在洛朗级数中只有有限多个 $z - z_0$ 的负幂项,且其中关于 $(z - z_0)^{-1}$ 的最高幂为 $(z - z_0)^{-m}$,即

$$f(z) = C_{-m}(z - z_0)^{-m} + \cdots + C_{-2}(z - z_0)^{-2}$$
$$+ C_{-1}(z - z_0)^{-1} + C_0 + C_1(z - z_0) + \cdots,$$

$C_{-m} \neq 0 \ (m > 0)$,则孤立奇点 z_0 称为函数 $f(z)$ 的 m 阶极点.

例如,函数 $f(z) = \dfrac{e^z - 1}{z^3} = \dfrac{1}{z^2} + \dfrac{1}{2!z} + \dfrac{1}{3!} + \dfrac{1}{4!}z + \cdots + \dfrac{1}{n!}z^{n-3} + \cdots$,

则孤立奇点 $z_0 = 0$ 称为函数 $f(z)$ 的二阶极点.

下面观察它具有什么特征,因为

$$f(z) = \frac{1}{z^2}\left(1 + \frac{1}{2!}z + \frac{1}{3!}z^2 + \frac{1}{4!}z^3 + \cdots + \frac{1}{n!}z^{n-1} + \cdots\right) = \frac{1}{z^2}g(z),$$

其中 $g(z) = 1 + \dfrac{1}{2!}z + \dfrac{1}{3!}z^2 + \dfrac{1}{4!}z^3 + \cdots + \dfrac{1}{n!}z^{n-1} + \cdots$ 是解析函数,且 $g(0) \neq 0$.

一般函数 m 阶极点的特征,因为

$$f(z) = \frac{1}{(z-z_0)^m}\left[C_{-m} + C_{-m+1}(z-z_0) + C_{-m+2}(z-z_0)^2 + \cdots \right.$$

$$\left. + C_{-1}(z-z_0)^{m-1} + \sum_{n=0}^{\infty}C_n(z-z_0)^{n+m}\right] = \frac{1}{(z-z_0)^m}g(z),$$

其中 $\quad g(z) = C_{-m} + C_{-m+1}(z-z_0) + C_{-m+2}(z-z_0)^2 + \cdots + C_{-1}(z-z_0)^{m-1}$

$$+ \sum_{n=0}^{\infty}C_n(z-z_0)^{n+m},$$

显然 $g(z)$ 满足:① 在圆域 $|z-z_0| < \delta$ 内是解析函数;② $g(z_0) \neq 0$.

反过来,若任何一个函数 $f(z)$ 能表示为 $f(z) = \dfrac{1}{(z-z_0)^m}g(z)$ 的形式,且 $g(z_0) \neq 0$,那么 z_0 是函数 $f(z)$ 的 m 阶极点.

如果 z_0 为函数 $f(z)$ 的极点,由 $f(z) = \dfrac{1}{(z-z_0)^m}g(z)$,有 $\lim\limits_{z \to z_0}|f(z)| = +\infty$,或写成 $\lim\limits_{z \to z_0}f(z) = \infty$.

2. 判断孤立奇点 z_0 为极点的方法

设 z_0 是函数 $f(z)$ 的孤立奇点,则下列条件等价:

(1) 点 z_0 是函数 $f(z)$ 的 m 阶极点;

(2) 函数 $f(z)$ 在点 z_0 的洛朗展开式为

$$f(z) = \frac{C_{-m}}{(z-z_0)^m} + \cdots + \frac{C_{-1}}{(z-z_0)} + \sum_{n=0}^{+\infty}C_n(z-z_0)^n \quad (C_{-m} \neq 0, m > 0);$$

(3) 函数 $f(z)$ 在点 z_0 的某去心邻域内能表示成

$$f(z) = \frac{1}{(z-z_0)^m}g(z) \text{ 或者} \lim_{z \to z_0}(z-z_0)^m f(z) = g(z_0) \neq 0,$$

其中 $g(z)$ 在 z_0 的邻域内解析,且 $g(z_0) \neq 0$;

(4) 极限 $\lim\limits_{z \to z_0}f(z) = \infty$. 注意这一条件只能判别极点,不能指明极点的阶数.

例 5.1 求有理分式函数 $f(z) = \dfrac{z-2}{(z^2+1)(z-1)^3}$ 的极点.

解 当 $z = 1, z = \pm i$ 时,函数 $f(z)$ 无定义,因为 $\lim\limits_{z \to 1}f(z) = \infty$,$\lim\limits_{z \to \pm i}f(z) = \infty$,所以 $z = 1, z = \pm i$ 均为函数 $f(z)$ 的极点.

又对于 $z = 1$,因为 $\lim\limits_{z \to 1}(z-1)^3 f(z) = \lim\limits_{z \to 1}\dfrac{z-2}{(z^2+1)} = -\dfrac{1}{2}$,所以点 $z = 1$ 是函数 $f(z)$ 的三阶极点.

对于 $z=i$，因为 $\lim\limits_{z\to i}(z-i)f(z)=\lim\limits_{z\to i}\dfrac{z-2}{(z+i)(z-1)^3}=\dfrac{i-2}{2i(i-1)^3}$，所以 $z=i$ 是函数 $f(z)$ 的一阶极点. 同理，$z=-i$ 也是函数 $f(z)$ 的一阶极点.

例 5.2 求下列函数的极点，并指出它是几阶极点.

(1) $\dfrac{\sin z}{z^3}$； (2) $\dfrac{\sin z-z}{z^5}$.

解 (1) 因为函数在 $z=0$ 邻域内的洛朗展开式为

$$\frac{\sin z}{z^3}=\frac{1}{z^3}\left(z-\frac{z^3}{3!}+\frac{z^5}{5!}-\cdots\right)=\frac{1}{z^2}-\frac{1}{3!}+\frac{1}{5!}z^2-\cdots,$$

所以 $z=0$ 是函数 $\dfrac{\sin z}{z^3}$ 的二阶极点.

(2) 因为函数在 $z=0$ 邻域内的洛朗展开式为

$$\frac{\sin z-z}{z^5}=\frac{1}{z^5}\left(-\frac{z^3}{3!}+\frac{z^5}{5!}-\frac{z^7}{7!}+\cdots\right)=-\frac{1}{3!z^2}+\frac{1}{5!}-\frac{1}{7!}z^2+\cdots,$$

所以 $z=0$ 是函数 $\dfrac{\sin z-z}{z^5}$ 的二阶极点.

四、本性奇点

1. 本性奇点的定义

如果在洛朗级数中含有无穷多项 $z-z_0$ 的负幂项，那么孤立奇点 z_0 称为函数 $f(z)$ 的本性奇点.

例如，函数 $f(z)=e^{\frac{1}{z}}$ 在 $z=0$ 邻域内的洛朗展开式为

$$e^{\frac{1}{z}}=1+z^{-1}+\frac{1}{2!}z^{-2}+\cdots+\frac{1}{n!}z^{-n}+\cdots,$$

因为展开式中含有无穷多个 z 的负幂项，所以 $z=0$ 为它的本性奇点.

如果 z_0 为函数 $f(z)$ 的本性奇点，则对于任意给定的复数 A，总可以找到一个趋向于 z_0 的子数列，当 z 沿这个子数列趋向于 z_0 时，函数 $f(z)$ 的值趋向于 A；即若 z_0 为函数 $f(z)$ 的本性奇点，则极限 $\lim\limits_{z\to z_0}f(z)$ 不存在（但不是无穷大）.

例如，函数 $f(z)=e^{\frac{1}{z}}$，点 $z=0$ 为它的本性奇点.

(1) 当 z 沿正实轴趋向于 0 时，函数 $\lim\limits_{z\to 0^+}f(z)=\lim\limits_{z\to 0^+}e^{\frac{1}{z}}=\infty$；

(2) 当 z 沿负实轴趋向于 0 时，函数 $\lim\limits_{z\to 0^-}f(z)=\lim\limits_{z\to 0^-}e^{\frac{1}{z}}=0$.

所以极限 $\lim\limits_{z\to 0}f(z)$ 不存在.

2. 判断孤立奇点为本性奇点的方法

设 z_0 为函数 $f(z)$ 的孤立奇点，则下列条件等价：

(1) z_0 为函数 $f(z)$ 的本性奇点；

(2) 函数 $f(z)$ 在点 z_0 洛朗展开式中含有无穷多个 $z-z_0$ 的负幂项;

(3) 极限 $\lim\limits_{z \to z_0} f(z)$ 不存在(不是无穷大).

说明　利用极限判断奇点的类型,当极限是 $\dfrac{0}{0}$ 型时,可以像"高等数学"中那样用 L'Hospital 法则求. 即如果函数 $f(z),g(z)$ 是以 z_0 为零点的两个不恒等于零的解析函数,则

$$\lim_{z \to z_0} \frac{f(z)}{g(z)} = \lim_{z \to z_0} \frac{f'(z)}{g'(z)}.$$

例 5.3　研究函数 $f(z) = \mathrm{e}^{\frac{1}{z-1}}$ 的孤立奇点类型.

解　因为函数 $f(z) = \mathrm{e}^{\frac{1}{z-1}}$ 在全平面除去点 $z=1$ 外的区域上为解析函数,所以 $z=1$ 是它唯一的孤立奇点,将函数在 $0 < |z-1| < +\infty$ 内展开为洛朗级数,得

$$\mathrm{e}^{\frac{1}{z-1}} = 1 + (z-1)^{-1} + \frac{1}{2!}(z-1)^{-2} + \cdots + \frac{1}{n!}(z-1)^{-n} + \cdots,$$

此级数含有无穷多项 $(z-1)$ 的负幂项,故 $z=1$ 是它的本性奇点.

还可以通过极限考虑

$$\lim_{z \to 1^+} f(z) = \lim_{z \to 1^+} \mathrm{e}^{\frac{1}{z-1}} = +\infty, \qquad \lim_{z \to 1^-} f(z) = \lim_{z \to 1^-} \mathrm{e}^{\frac{1}{z-1}} = 0,$$

判定 $z=1$ 是它的本性奇点.

五、函数的零点与极点的关系

1. 零点定义

若函数 $f(z) = (z-z_0)^m \varphi(z)$,其中 $\varphi(z)$ 在 z_0 解析,且 $\varphi(z_0) \neq 0$,m 为某一正整数,则称 z_0 为函数 $f(z)$ 的 m 阶零点.

例如,函数 $f(z) = z(z-1)^3$,可知 $z=0$,$z=1$ 分别为 $f(z)$ 的一阶零点与三阶零点.

关于零点有如下特征.

定理 5.1　如果函数 $f(z)$ 在点 z_0 解析,则 z_0 为函数 $f(z)$ 的 m 阶零点的充分必要条件是 $f^{(n)}(z_0) = 0$　$(n = 0,1,2,\cdots,(m-1))$,$f^{(m)}(z_0) \neq 0$.

证明　先证明必要性,设 z_0 是函数 $f(z)$ 的 m 阶零点,据定义有

$$f(z) = (z-z_0)^m \varphi(z),$$

其中 $\varphi(z)$ 在 z_0 点解析,且 $\varphi(z_0) \neq 0$,从而在 z_0 邻域内泰勒展开式为

$$\varphi(z) = C_0 + C_1(z-z_0) + C_2(z-z_0)^2 + \cdots,$$

其中 $\varphi(z_0) = C_0 \neq 0$,

故有　$f(z) = C_0(z-z_0)^m + C_1(z-z_0)^{m+1} + C_2(z-z_0)^{m+2} + \cdots.$

显然 $f^{(n)}(z_0) = 0$ $(n = 0, 1, 2, \cdots, (m-1))$,而 $f^{(m)}(z_0) = m! C_0 \neq 0$.

再证明充分性,已知函数 $f(z)$ 泰勒展开式为

$$f(z) = C_0(z-z_0)^m + C_1(z-z_0)^{m+1} + \cdots = (z-z_0)^m[C_0 + C_1(z-z_0) + \cdots],$$

且 $f^{(n)}(z_0) = 0$ $(n = 0, 1, 2, \cdots, (m-1))$,$f^{(m)}(z_0) \neq 0$,

令 $\varphi(z) = C_0 + C_1(z-z_0) + C_2(z-z_0)^2 + \cdots$,有

$$f(z) = (z-z_0)^m \varphi(z), \varphi(z_0) \neq 0,$$

则 z_0 为函数 $f(z)$ 的 m 阶零点.

例如,设函数 $f(z) = z^3 - 1$,点 $z = 1$ 为函数的几阶零点?

由于 $f(1) = 0, f'(1) = 3z^2 \mid_{z=1} = 3 \neq 0$,从而 $z = 1$ 是函数 $f(z)$ 的一阶零点.

2. 函数的零点与极点的关系

定理 5.2 如果 z_0 是函数 $f(z) \neq 0$ 的 m 阶极点,则 z_0 就是 $\dfrac{1}{f(z)}$ 的 m 阶零点,反过来也成立.

证明 如果 z_0 是函数 $f(z)$ 的 m 阶极点,则有

$$f(z) = \frac{1}{(z-z_0)^m} g(z),$$

其中 $g(z)$ 在 z_0 解析,且 $g(z_0) \neq 0$.

所以,当 $z \neq z_0$ 时,有

$$\frac{1}{f(z)} = (z-z_0)^m \frac{1}{g(z)} = (z-z_0)^m h(z),$$

其中 $h(z)$ 在 z_0 解析,且 $h(z_0) \neq 0$.

当 $z = z_0$ 时,由于 $\lim\limits_{z \to z_0} \dfrac{1}{f(z)} = 0$,因此只要令 $\dfrac{1}{f(z_0)} = 0$,由 $\dfrac{1}{f(z)} = (z-z_0)^m h(z)$

便知 z_0 是 $\dfrac{1}{f(z)}$ 的 m 阶零点.

反之,如果 z_0 是 $\dfrac{1}{f(z)}$ 的 m 阶零点,那么

$$\frac{1}{f(z)} = (z-z_0)^m \varphi(z),$$

其中 $\varphi(z)$ 在 z_0 解析,且 $\varphi(z_0) \neq 0$.

因此,当 $z \neq z_0$ 时,有 $f(z) = \dfrac{1}{(z-z_0)^m} \Psi(z)$,而 $\Psi(z) = \dfrac{1}{\varphi(z)}$ 在 z_0 解析,

且 $\Psi(z_0) \neq 0$,所以点 z_0 为函数 $f(z)$ 的 m 阶极点.

例 5.4 函数 $\dfrac{1}{\sin z}$ 有哪些奇点?如果是极点,指出它的阶数.

解 函数 $\dfrac{1}{\sin z}$ 的奇点是使 $\sin z = 0$ 的点,这些奇点是

$$z = k\pi \quad (k = 0, \pm 1, \pm 2, \cdots),$$

显然 $z = k\pi$ $(k = 0, \pm 1, \pm 2, \cdots)$ 是孤立奇点.

由于 $(\sin z)'|_{z=k\pi} = \cos z|_{z=k\pi} = (-1)^k \neq 0$,所以 $z = k\pi$ 是 $\sin z$ 的一阶零点,也就是 $\dfrac{1}{\sin z}$ 的一阶极点.

例 5.5 判别 $z = 0$ 是函数 $f(z) = \dfrac{e^z - 1}{z^2}$ 的几阶极点.

解 因为当 $z = 0$ 时,$e^z - 1 = 0$,所以将函数展为洛朗级数

$$\frac{e^z - 1}{z^2} = \frac{1}{z^2}\left(\sum_{n=0}^{\infty} \frac{z^n}{n!} - 1\right) = \frac{1}{z} + \frac{1}{2!} + \frac{z}{3!} + \cdots = \frac{1}{z}\varphi(z),$$

其中 $\varphi(z)$ 在 $z = 0$ 解析,且 $\varphi(0) \neq 0$,所以 $z = 0$ 为函数 $f(z) = \dfrac{e^z - 1}{z^2}$ 的一阶极点.

注意 从例 5.5 看出,在求函数的孤立奇点时,不能只看函数表面形式就做出结论.如例 5.5 初看 $z = 0$ 是它的二阶极点,但是当 $z = 0$ 时,分子 $e^z - 1 = 0$,其实 $z = 0$ 是函数的一阶极点;再如函数 $\dfrac{\sin z}{z^3}$ 在 $z = 0$ 处是二阶极点,而不是三阶极点.

小结 判别孤立奇点类型的方法如下.

(1) 找出孤立奇点:找函数无定义的点,即函数不解析的点(不一定是孤立奇点),再根据孤立奇点定义判别是否为孤立奇点.

(2) 判别类型:

方法 1:在这些孤立奇点 z_0 处求函数极限.

① 若极限存在,则 z_0 是函数可去奇点;

② 若极限为无穷大,则 z_0 是函数的极点(只能判别是极点,不能判别是几阶极点),如果 $\lim\limits_{z \to z_0}(z - z_0)^m f(z)$ 存在,且不为零,则 z_0 是函数 $f(z)$ 的 m 阶极点,而 $g(z) = \dfrac{1}{f(z)}$ 以 z_0 为 m 阶零点;

③ 若极限不存在,但不是无穷大,则 z_0 是函数的本性奇点.

方法 2:将函数在孤立奇点 z_0 的空心邻域内展为洛朗级数,即可以根据定义判别.

思考题 5.1

1. 函数在可去奇点附近有什么特征?

2. 函数在极点附近有什么特征?

3. 函数在本性奇点附近有什么特征?

4. 如何找函数的孤立奇点?如何判别孤立奇点的类型?

习题 5.1

1. 找出下列函数的奇点,并指出哪些是孤立奇点.

(1) $\dfrac{1}{z^2+1}$;   (2) $\dfrac{1}{\cos\dfrac{1}{z}}$;   (3) $\dfrac{1}{\mathrm{e}^z+1}$;   (4) $\dfrac{1}{\tan z}$.

2. 判定下列函数的孤立奇点类型.

(1) $f(z)=\dfrac{\sin z}{z^2},z=0$;   (2) $f(z)=\dfrac{\mathrm{e}^z}{z+1},z=-1$;

(3) $f(z)=\dfrac{1+z^2}{z},z=0$;   (4) $f(z)=\dfrac{\ln(1+z)}{z},z=0$;

(5) $f(z)=z(\mathrm{e}^{\frac{1}{z}}-1),z=0$.

3. 求下列函数的孤立奇点,并确定它们的类型(对于极点指出几阶).

(1) $\dfrac{1}{(z^2+i)^2}$;   (2) $\dfrac{z+2}{z(z-1)^3(z+1)^2}$;   (3) $\dfrac{1-\cos z}{z^2}$;

(4) $\cos\dfrac{1}{z+i}$;   (5) $\tan^2 z$;   (6) $\dfrac{\tan(z-1)}{z-1}$.

4. 求证:如果 z_0 是解析函数 $f(z)$ 的 m 阶零点,其中 $m>1$,则 z_0 是导函数 $f'(z)$ 的 $m-1$ 阶零点.

5. 若函数 $f(z),g(z)$ 分别以 $z=z_0$ 为 n 阶极点和 m 阶极点,问下列函数在 $z=z_0$ 有什么性质?

(1) $f(z)\cdot g(z)$;   (2) $\dfrac{f(z)}{g(z)}$.

§5.2 留数及其应用

留数是复变函数论中重要的概念之一,它与解析函数在孤立奇点处的洛朗展开式、柯西复合闭路定理等有着密切的联系.

一、留数的概念及留数的计算

1. 留数的概念

如果函数 $f(z)$ 在 z_0 的邻域内解析,那么由柯西积分定理 $\oint_C f(z)\mathrm{d}z=0$,其中 C 为 z_0 邻域内的任意一条简单闭曲线.

如果 z_0 为函数 $f(z)$ 的一个孤立奇点,那么沿着 z_0 的某一去心邻域 $0<|z-z_0|<R$ 内含 z_0 的任意一条正向简单闭曲线 C 的积分 $\oint_C f(z)\mathrm{d}z$ 一般不等

于零.于是将函数 $f(z)$ 在此邻域内展开成洛朗级数

$$f(z) = \sum_{n=2}^{\infty} C_{-n}(z-z_0)^{-n} + C_{-1} + \sum_{n=0}^{\infty} C_n(z-z_0)^n.$$

特别注意到 $(z-z_0)^{-1}$ 的系数

$$C_{-1} = \frac{1}{2\pi i}\oint_C f(z)\mathrm{d}z.$$

由此可见洛朗级数中 $(z-z_0)^{-1}$ 的系数正好表示函数 $\frac{1}{2\pi i}f(z)$ 在 C 上的积分.如果我们有简单的方法求出 C_{-1},就可以容易地求出函数 $f(z)$ 在 C 上的积分 $\oint_C f(z)\mathrm{d}z$ $= 2\pi i C_{-1}$.因此这个数 C_{-1} 具有特别的意义,我们称它为函数在点 z_0 的留数.

留数定义 设 z_0 为函数 $f(z)$ 的孤立奇点,在圆环域 $0 < |z-z_0| < R$ 内,函数 $f(z)$ 的洛朗展开式中 $(z-z_0)^{-1}$ 项的系数 C_{-1} 称为函数 $f(z)$ 在 z_0 点的**留数**.记作

$$\mathrm{Res}[f(z), z_0] = C_{-1} \quad \text{或} \quad \mathrm{Res}[f(z), z_0] = \frac{1}{2\pi i}\oint_C f(z)\mathrm{d}z.$$

说明 ① 留数 $\mathrm{Res}[f(z), z_0]$ 也可以记为 $\underset{z \to z_0}{\mathrm{Res}}f(z)$ 或 $\mathrm{Res}f(z_0)$;

② 由闭路变形原理可知,C_{-1} 的值与 C 的半径大小无关,只需 C 包含点 z_0 即可;

③ 函数 $f(z)$ 在 z_0 的留数就是 $f(z)$ 在以 z_0 为中心的圆环域的洛朗级数中负幂项 $C_{-1}(z-z_0)^{-1}$ 的系数.

例 5.6 求函数 $f(z) = ze^{\frac{1}{z}}$ 在孤立奇点 $z = 0$ 处的留数.

解 因为在环形域 $0 < |z| < +\infty$ 内,函数的洛朗展开式为

$$f(z) = ze^{\frac{1}{z}} = z + 1 + \frac{1}{2!z} + \frac{1}{3!z^2} + \cdots,$$

所以 $\mathrm{Res}[ze^{\frac{1}{z}}, 0] = \frac{1}{2!}$.

例 5.7 求函数 $f(z) = z^2\cos\frac{1}{z}$ 在孤立奇点 $z = 0$ 处的留数.

解 因为在环形域 $0 < |z| < +\infty$ 内,函数的洛朗展开式为

$$f(z) = z^2\cos\frac{1}{z} = z^2 - \frac{1}{2!} + \frac{1}{4!z^2} - \cdots + (-1)^n\frac{1}{(2n)!z^{2n-2}} + \cdots,$$

缺少 z^{-1} 项,即该项系数为零,所以

$$\mathrm{Res}\left[z^2\cos\frac{1}{z}, 0\right] = 0.$$

例 5.8 求函数 $f(z) = \frac{\sin z}{z}$ 在孤立奇点 $z = 0$ 处的留数.

解　因为 $z=0$ 是函数 $f(z)=\dfrac{\sin z}{z}$ 的可去奇点,所以

$$\text{Res}\left[\frac{\sin z}{z},0\right]=0.$$

说明　求函数在孤立奇点 z_0 处的留数只需求出它在以 z_0 为中心的圆环域内的洛朗级数中 $C_{-1}(z-z_0)^{-1}$ 项的系数 C_{-1} 即可,但如果先知道孤立奇点的类型,有时对求留数更为有利.

例如,若 z_0 为函数 $f(z)$ 的可去奇点,则 $\text{Res}[f(z),z_0]=0$;

若 z_0 为函数 $f(z)$ 的本性奇点,只能将 $f(z)$ 在 z_0 展开成洛朗级数来求,即

$$C_{-1}=\text{Res}[f(z),z_0];$$

若 z_0 为函数 $f(z)$ 的极点,有以下几种求留数的方法.

2. 函数在极点的留数计算法则

法则 Ⅰ　如果 z_0 为函数 $f(z)$ 的一阶极点,则

$$\text{Res}[f(z),z_0]=\lim_{z\to z_0}(z-z_0)f(z).$$

证明　由于 z_0 为函数 $f(z)$ 的一阶极点,所以

$$f(z)=C_{-1}(z-z_0)^{-1}+\sum_{n=0}^{\infty}C_n(z-z_0)^n\quad(0<|z-z_0|<\delta),$$

在上式两端乘以 $(z-z_0)$,有

$$(z-z_0)f(z)=C_{-1}+\sum_{n=0}^{+\infty}C_n(z-z_0)^{n+1},$$

两端取极限,得

$$\lim_{z\to z_0}(z-z_0)f(z)=C_{-1}.$$

例 5.9　求函数 $f(z)=\dfrac{-3z+4}{z(z-1)(z-2)}$ 在孤立奇点 $z=0,z=1$,$z=2$ 的留数.

解　因为 $z=0,z=1,z=2$ 均为分母 $z(z-1)(z-2)$ 的一阶零点,且分子在这些点均不为零,所以它们是函数的一阶极点,据法则 Ⅰ,有

$$\text{Res}[f(z),0]=\lim_{z\to0}z\,\frac{-3z+4}{z(z-1)(z-2)}=\lim_{z\to0}\frac{-3z+4}{(z-1)(z-2)}=2,$$

$$\text{Res}[f(z),1]=\lim_{z\to1}(z-1)\,\frac{-3z+4}{z(z-1)(z-2)}=\lim_{z\to1}\frac{-3z+4}{z(z-2)}=-1,$$

$$\text{Res}[f(z),2]=\lim_{z\to2}(z-2)\,\frac{-3z+4}{z(z-1)(z-2)}=\lim_{z\to2}\frac{-3z+4}{z(z-1)}=-1.$$

法则 Ⅱ　设函数 $f(z)=\dfrac{P(z)}{Q(z)}$,其中 $P(z)$ 及 $Q(z)$ 在 z_0 解析,且 $P(z_0)\neq0$,$Q(z_0)=0,Q'(z_0)\neq0$,则 z_0 为函数 $f(z)$ 的一阶极点,且留数

$$\mathrm{Res}[f(z),z_0] = \frac{P(z_0)}{Q'(z_0)}.$$

证明 因为 $Q(z_0) = 0$ 及 $Q'(z_0) \neq 0$,所以 z_0 为函数 $Q(z)$ 的一阶零点,从而 z_0 为 $\dfrac{1}{Q(z)}$ 的一阶极点,所以

$$\frac{1}{Q(z)} = \frac{1}{z-z_0}\varphi(z).$$

其中 $\varphi(z)$ 在 z_0 解析,且 $\varphi(z_0) \neq 0$,于是函数

$$f(z) = \frac{1}{z-z_0}\varphi(z)P(z) = \frac{1}{z-z_0}g(z),$$

其中 $\varphi(z)P(z) = g(z)$ 在 z_0 解析,且 $\varphi(z_0)P(z_0) = g(z_0) \neq 0$,故 z_0 为函数 $f(z)$ 一阶极点,根据法则 I,有

$$\mathrm{Res}[f(z),z_0] = \lim_{z \to z_0}(z-z_0)f(z) = \lim_{z \to z_0}\frac{P(z)}{\dfrac{Q(z)-Q(z_0)}{z-z_0}} = \frac{P(z_0)}{Q'(z_0)}.$$

例 5.10 求函数 $f(z) = \cot z$ 在 $z = 0$ 的留数.

解 由于 $\cot z = \dfrac{\cos z}{\sin z}$,所以 $z = 0$ 为函数 $f(z)$ 的一阶极点,从而

$$\mathrm{Res}[f(z),0] = \frac{\cos z}{(\sin z)'}\bigg|_{z=0} = 1.$$

法则 III 如果 z_0 为函数 $f(z)$ 的 m 阶极点,则

$$\mathrm{Res}[f(z),z_0] = \frac{1}{(m-1)!}\lim_{z \to z_0}\frac{\mathrm{d}^{m-1}}{\mathrm{d}z^{m-1}}[(z-z_0)^m f(z)].$$

证明 因为 z_0 为函数 $f(z)$ 的 m 阶极点,则在 z_0 的洛朗展开式为

$$f(z) = C_{-m}(z-z_0)^{-m} + \cdots + C_{-2}(z-z_0)^{-2} + C_{-1}(z-z_0)^{-1} + \sum_{n=0}^{\infty}C_n(z-z_0)^n,$$

上式两边乘 $(z-z_0)^m$ 得

$$(z-z_0)^m f(z) = C_{-m} + C_{-m+1}(z-z_0) + \cdots + C_{-1}(z-z_0)^{m-1} + \sum_{n=0}^{\infty}C_n(z-z_0)^{m+n},$$

上式两边求 $m-1$ 阶导数,得

$$\frac{\mathrm{d}^{m-1}}{\mathrm{d}z^{m-1}}[(z-z_0)^m f(z)] = (m-1)!C_{-1} + \{\text{含有}(z-z_0) \text{正幂的项}\},$$

令 $z \to z_0$ 两端取极限,得

$$\lim_{z \to z_0}\frac{\mathrm{d}^{m-1}}{\mathrm{d}z^{m-1}}[(z-z_0)^m f(z)] = (m-1)!C_{-1},$$

即

$$C_{-1} = \frac{1}{(m-1)!}\lim_{z \to z_0}\frac{\mathrm{d}^{m-1}}{\mathrm{d}z^{m-1}}[(z-z_0)^m f(z)].$$

当 $m = 1$ 时就是法则 I.

例 5.11　求函数 $f(z) = \dfrac{e^{-z}}{z^2}$ 在 $z = 0$ 处的留数.

解　因为 $z = 0$ 是函数 $f(z) = \dfrac{e^{-z}}{z^2}$ 的二阶极点,所以

$$\text{Res}[f(z),0] = \frac{1}{(2-1)!} \lim_{z \to 0} \frac{d}{dz}\left[(z-0)^2 \frac{e^{-z}}{z^2}\right] = \lim_{z \to 0}(-e^{-z}) = -1.$$

注意　① 用以上介绍的求极点处留数的若干公式解题,有时虽然简便,但也未必尽然,如欲求函数

$$f(z) = \frac{z - \sin z}{z^6} = \frac{P(z)}{Q(z)}$$

在 $z = 0$ 处的留数,为了要用前面的法则,先要判定出极点 $z = 0$ 的阶数,由于

$$P(0) = (z - \sin z)\big|_{z=0} = 0, \quad P'(0) = (1 - \cos z)\big|_{z=0} = 0,$$
$$P''(0) = \sin z\big|_{z=0} = 0, \quad P'''(0) = \cos z\big|_{z=0} \neq 0,$$

因此 $z = 0$ 为 $P(z) = z - \sin z$ 的三阶零点,从而是函数 $f(z)$ 的三阶极点,应用规则 Ⅲ,得

$$\text{Res}\left[\frac{z - \sin z}{z^6}, 0\right] = \frac{1}{(3-1)!} \lim_{z \to 0} \frac{d^2}{dz^2}\left(z^3 \cdot \frac{z - \sin z}{z^6}\right) = \frac{1}{2!} \lim_{z \to 0} \frac{d^2}{dz^2}\left(\frac{z - \sin z}{z^3}\right).$$

再往下计算比较麻烦,若用洛朗展开式求 C_{-1} 就比较简便,即

$$\frac{z - \sin z}{z^6} = \frac{1}{z^6}\left[z - \left(z - \frac{1}{3!}z^3 + \frac{1}{5!}z^5 - \cdots\right)\right] = -\frac{1}{3!\,z^3} - \frac{1}{5!\,z} - \cdots,$$

所以　　　　　　　　$$\text{Res}\left[\frac{z - \sin z}{z^6}, 0\right] = C_{-1} = -\frac{1}{5!}.$$

可见解题的关键在于具体问题灵活选择方法.

② 如果函数 $f(z)$ 在极点 z_0 的阶数不是 m,它的实际级数要比 m 低,这时表达式

$$f(z) = C_{-m}(z - z_0)^{-m} + C_{-m+1}(z - z_0)^{-m+1} + \cdots + C_{-1}(z - z_0)^{-1} + C_0 + \cdots$$

的系数 $C_{-m}, C_{-m+1}, \cdots$ 中可能有一个或几个等于零,则仍有

$$\text{Res}[f(z), z_0] = \frac{1}{(m-1)!} \lim_{z \to z_0} \frac{d^{m-1}}{dz^{m-1}}[(z - z_0)^m f(z)].$$

例如,函数 $f(z) = \dfrac{z - \sin z}{z^6}$,点 $z = 0$ 为其三阶极点,若按照六阶极点计算在 $z = 0$ 处的留数,有

$$\text{Res}\left[\frac{z - \sin z}{z^6}, 0\right] = \frac{1}{(6-1)!} \lim_{z \to 0} \frac{d^5}{dz^5}\left(z^6 \frac{z - \sin z}{z^6}\right)$$
$$= \frac{1}{5!} \lim_{z \to 0} \frac{d^5}{dz^5}(z - \sin z) = \frac{1}{5!} \lim_{z \to 0}(-\cos z) = -\frac{1}{5!},$$

结果是相同的.

二、留数定理

在闭曲线内,如果函数的孤立奇点不是一个,而是多个,并且函数除了这几个孤立奇点外处处解析,是否可以通过计算这些孤立奇点上的留数来完成函数在闭曲线上的积分呢?下面的留数定理给出了肯定的回答.

定理 5.3 (留数定理)设函数 $f(z)$ 在区域 D 内除有限个孤立奇点 $z_1, z_2, \cdots, z_n$ 外处处解析,C 是 D 内包围诸奇点的一条正向简单闭曲线,如图 5-1 所示,则

$$\oint_C f(z)\mathrm{d}z = 2\pi i \sum_{k=1}^{n} \mathrm{Res}[f(z), z_k].$$

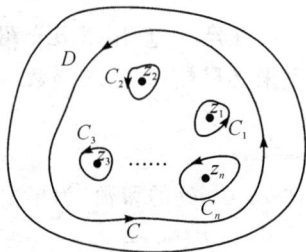

图 5-1

证明 把在 C 内的孤立奇点 z_k $(k=1,2,\cdots,n)$ 用互相不包含的正向简单闭曲线 C_k 围绕起来,那么根据复合闭路定理,有

$$\oint_C f(z)\mathrm{d}z = \oint_{C_1} f(z)\mathrm{d}z + \oint_{C_2} f(z)\mathrm{d}z + \cdots + \oint_{C_n} f(z)\mathrm{d}z,$$

以 $2\pi i$ 除以上式两边,得

$$\frac{1}{2\pi i}\oint_C f(z)\mathrm{d}z = \mathrm{Res}[f(z), z_1] + \mathrm{Res}[f(z), z_2] + \cdots + \mathrm{Res}[f(z), z_n],$$

即

$$\oint_C f(z)\mathrm{d}z = 2\pi i \sum_{k=1}^{n} \mathrm{Res}[f(z), z_k].$$

注意 留数定理的作用是求沿封闭曲线 C 的积分转化为求被积函数在 C 中的各孤立奇点处的留数,即把整体问题转化为局部问题讨论.

一般分为下列三步计算:

(1) 求出函数 $f(z)$ 在区域 D 内的孤立奇点 z_k $(k=1,2,\cdots,n)$;

(2) 分别计算函数 $f(z)$ 在区域 D 内各孤立奇点 z_k $(k=1,2,\cdots,n)$ 的留数;

(3) 利用留数定理 $\oint_C f(z)\mathrm{d}z = 2\pi i \sum_{k=1}^{n} \mathrm{Res}[f(z), z_k]$ 计算.

例 5.12 计算积分 $\oint_C \dfrac{z\mathrm{e}^z}{z^2-1}\mathrm{d}z$,其中 C 为正向圆周 $|z|=2$.

解 因为函数 $f(z) = \dfrac{z\mathrm{e}^z}{z^2-1}$ 有两个一阶极点 $z=\pm 1$,全部在圆 $|z|=2$ 内,

所以 $\quad \oint_C \dfrac{z\mathrm{e}^z}{z^2-1}\mathrm{d}z = 2\pi i \mathrm{Res}[f(z), 1] + 2\pi i \mathrm{Res}[f(z), -1]$,

据法则 I,得

$$\mathrm{Res}[f(z), 1] = \lim_{z\to 1}(z-1)\frac{z\mathrm{e}^z}{(z^2-1)} = \lim_{z\to 1}\frac{z\mathrm{e}^z}{z+1} = \frac{\mathrm{e}}{2},$$

$$\mathrm{Res}[f(z), -1] = \lim_{z\to -1}(z+1)\frac{z\mathrm{e}^z}{(z^2-1)} = \lim_{z\to -1}\frac{z\mathrm{e}^z}{z-1} = \frac{\mathrm{e}^{-1}}{2},$$

于是
$$\oint_C \frac{z\mathrm{e}^z}{z^2-1}\mathrm{d}z = 2\pi i\left(\frac{\mathrm{e}}{2}+\frac{\mathrm{e}^{-1}}{2}\right) = 2\pi i \mathrm{ch}1.$$

例 5.13 计算积分$\oint_C \frac{z}{z^4-1}\mathrm{d}z$,其中 C 为正向圆周 $|z|=2$.

解 函数 $f(z) = \frac{z}{z^4-1}$ 在圆周 $|z|=2$ 内有四个一阶极点 $\pm 1, \pm i$,所以

$$\oint_C \frac{z}{z^4-1}\mathrm{d}z = 2\pi i \mathrm{Res}[f(z),1] + 2\pi i \mathrm{Res}[f(z),-1]$$
$$+ 2\pi i \mathrm{Res}[f(z),-i] + 2\pi i \mathrm{Res}[f(z),i],$$

据法则 Ⅱ,得
$$\frac{P(z)}{Q'(z)} = \frac{z}{4z^3} = \frac{1}{4z^2},$$

于是
$$\oint_C \frac{z}{z^4-1}\mathrm{d}z = 2\pi i\left(\frac{1}{4}+\frac{1}{4}-\frac{1}{4}-\frac{1}{4}\right) = 0.$$

说明 此题用法则 Ⅰ 计算较繁.

例 5.14 计算积分$\oint_C \frac{\mathrm{e}^z}{z(z-1)^2}\mathrm{d}z$,其中 C 为正向圆周 $|z|=2$.

解 因为 $z=0$ 为函数 $f(z)$ 的一阶极点,$z=1$ 为二阶极点,它们全在圆周 $|z|=2$ 内,而

$$\mathrm{Res}[f(z),0] = \lim_{z\to 0} z\frac{\mathrm{e}^z}{z(z-1)^2} = \lim_{z\to 0}\frac{\mathrm{e}^z}{(z-1)^2} = 1,$$

$$\mathrm{Res}[f(z),1] = \frac{1}{(2-1)!}\lim_{z\to 1}\frac{\mathrm{d}}{\mathrm{d}z}\left[(z-1)^2\frac{\mathrm{e}^z}{z(z-1)^2}\right]$$
$$= \lim_{z\to 1}\frac{\mathrm{d}}{\mathrm{d}z}\frac{\mathrm{e}^z}{z} = \lim_{z\to 1}\frac{\mathrm{e}^z(z-1)}{z^2} = 0,$$

所以
$$\oint_C \frac{\mathrm{e}^z}{z(z-1)^2}\mathrm{d}z = 2\pi i\{\mathrm{Res}[f(z),0]+\mathrm{Res}[f(z),1]\} = 2\pi i(1+0) = 2\pi i.$$

例 5.15 计算积分$\oint_C \frac{\sin z}{\cos z}\mathrm{d}z$,其中 C 为正向圆周 $|z|=5$.

解 在 $|z|\leqslant 5$ 内函数 $\frac{\sin z}{\cos z}$ 有四个孤立奇点 $\pm\frac{\pi}{2}, \pm\frac{3\pi}{2}$,这些孤立奇点均为函数的一阶极点,据法则 Ⅱ,得

$$\mathrm{Res}\left[\frac{\sin z}{\cos z}, \pm\frac{\pi}{2}\right] = \frac{\sin z}{(\cos z)'}\bigg|_{z=\pm\frac{\pi}{2}} = \frac{\sin z}{-\sin z}\bigg|_{z=\pm\frac{\pi}{2}} = -1,$$

$$\mathrm{Res}\left[\frac{\sin z}{\cos z}, \pm\frac{3\pi}{2}\right] = \frac{\sin z}{(\cos z)'}\bigg|_{z=\pm\frac{3\pi}{2}} = \frac{\sin z}{-\sin z}\bigg|_{z=\pm\frac{3\pi}{2}} = -1,$$

于是由留数定理,得
$$\oint_C \frac{\sin z}{\cos z}\mathrm{d}z = 2\pi i \mathrm{Res}\left[f(z),\frac{\pi}{2}\right](-4) = -8\pi i.$$

思考题 5.2

1. 孤立奇点的分类对于计算留数有什么作用？

2. 如何计算函数在极点的留数？如何计算函数在本性奇点的留数？

3. 怎样利用留数来计算闭曲线的复变函数的积分？

习题 5.2

1. 确定下列各函数的孤立奇点，并求出各孤立奇点的留数.

(1) $f(z) = \dfrac{z}{(z-1)(z-2)^2}$;

(2) $f(z) = \dfrac{\mathrm{e}^z}{z^2 + a^2}$;

(3) $f(z) = \dfrac{1}{z^3 - z^5}$;

(4) $f(z) = \dfrac{1 - \mathrm{e}^{2z}}{z^4}$;

(5) $f(z) = \dfrac{z}{\cos z}$;

(6) $f(z) = \mathrm{e}^{\frac{1}{1-z}}$;

(7) $f(z) = z^2 \sin \dfrac{1}{z}$;

(8) $f(z) = \dfrac{1}{z \sin z}$.

2. 计算积分 $\oint_c \dfrac{\mathrm{d}z}{z^4 + 1}$，其中 C 是正向圆周 $x^2 + y^2 = 2x$.

3. 计算积分 $\oint_c \dfrac{\mathrm{d}z}{(z-1)^2(z^2+1)}$，其中 C 是正向圆周 $x^2 + y^2 = 2x + 2y$.

4. 利用留数计算下列积分.

(1) $\oint_c \dfrac{5z-2}{z(z-1)^2} \mathrm{d}z, C: |z| = \dfrac{3}{2}$;

(2) $\oint_c \dfrac{\sin z}{z} \mathrm{d}z, C: |z| = 1$;

(3) $\oint_c \dfrac{\mathrm{e}^{2z}}{(z-1)^2} \mathrm{d}z, C: |z| = 2$;

(4) $\oint_c \tan \pi z \mathrm{d}z, C: |z| = 3$.

*ᵃ**5.** 利用留数计算积分 $\oint_c \dfrac{\mathrm{d}z}{(z-a)^n(z-b)^n}$ （n 为正整数，$|a| \neq 1, |b| \neq 1,$ $|a| < |b|$），其中 C 是正向圆周 $|z| = 1$，且具有如下情况：

(1) $1 < |a| < |b|$;　　(2) $|a| < 1 < |b|$;　　(3) $|a| < |b| < 1$.

§5.3　留数在定积分计算中的应用

留数定理为某些类型的定积分计算提供了有效的方法.应用留数定理计算实变函数的定积分的方法称为围道积分法.围道积分法就是把求实变函数的积分化为复变函数沿着围线的积分,再利用留数定理,使沿着围线的积分计算归结为留数计算.要使用留数计算,需要两个条件,首先被积函数与某个解析函数有关;其次,定积分可化为某个沿闭路的积分.其实质就是用复积分来计算实积分,这一方法对有些不易求得的定积分和广义积分常常比较有用. 现在就几个特殊类型举例说明.

一、形如 $\int_0^{2\pi} R(\cos\theta,\sin\theta)\mathrm{d}\theta$ 的积分

被积函数 $R(\cos\theta,\sin\theta)$ 为 $\cos\theta$ 与 $\sin\theta$ 的有理函数,且在 $[0,2\pi]$ 上连续.

要将这种积分化为复积分,首先要选择适当的复函数和复变量. 当 $\theta\in[0,2\pi]$ 时,对应的变量 $z=\mathrm{e}^{i\theta}$ 在复平面的单位圆 $|z|=1$ 上正好沿着正向绕行一周. 因此我们可以作变量代换,令 $z=\mathrm{e}^{i\theta}$,则 $\mathrm{d}z=i\mathrm{e}^{i\theta}\mathrm{d}\theta$,即有

$$\mathrm{d}\theta=\frac{\mathrm{d}z}{iz},$$

$$\cos\theta=\frac{\mathrm{e}^{i\theta}+\mathrm{e}^{-i\theta}}{2}=\frac{z^2+1}{2z},$$

$$\sin\theta=\frac{\mathrm{e}^{i\theta}-\mathrm{e}^{-i\theta}}{2i}=\frac{z^2-1}{2iz},$$

于是 $f(z)=R\left(\dfrac{z^2+1}{2z},\dfrac{z^2-1}{2iz}\right)\dfrac{1}{iz}$ 为 z 的有理函数,且在单位圆 $|z|=1$ 上分母不为零,即在单位圆 $|z|=1$ 上无奇点,满足留数定理的条件,故有

$$\int_0^{2\pi} R(\cos\theta,\sin\theta)\mathrm{d}\theta=\oint_{|z|=1} R\left(\frac{z^2+1}{2z},\frac{z^2-1}{2iz}\right)\frac{\mathrm{d}z}{iz}=\oint_{|z|=1} f(z)\mathrm{d}z,$$

其中 $f(z)=R\left(\dfrac{z^2+1}{2z},\dfrac{z^2-1}{2iz}\right)\dfrac{1}{iz}$.

所求积分的值为

$$\int_0^{2\pi} R(\cos\theta,\sin\theta)\mathrm{d}\theta=\oint_{|z|=1} f(z)\mathrm{d}z=2\pi i\sum_{k=1}^n \operatorname{Res}[f(z),z_k],$$

其中 $z_k\ (k=1,2,\cdots,n)$ 为单位圆 $|z|=1$ 内函数 $f(z)$ 的孤立奇点.

解题步骤

(1) 令 $z=\mathrm{e}^{i\theta}$,将被积表达式换为

$$R(\cos\theta,\sin\theta)\mathrm{d}\theta=R\left(\frac{z^2+1}{2z},\frac{z^2-1}{2iz}\right)\frac{\mathrm{d}z}{iz};$$

(2) 求出复变函数 $R\left(\dfrac{z^2+1}{2z},\dfrac{z^2-1}{2iz}\right)\cdot\dfrac{1}{iz}$ 在单位圆 $|z|=1$ 内的孤立奇点;

(3) 求出复变函数 $R\left(\dfrac{z^2+1}{2z},\dfrac{z^2-1}{2iz}\right)\cdot\dfrac{1}{iz}$ 在单位圆 $|z|=1$ 内各孤立奇点处的留数;

(4) 根据留数定理,即可得实积分值.

例 5.16　计算 $I=\displaystyle\int_0^{2\pi}\frac{\sin\theta}{5+4\cos\theta}\mathrm{d}\theta$ 的值.

解　因为在 $0\leqslant\theta\leqslant2\pi$ 内,被积函数的分母 $5+4\cos\theta\neq0$,因而积分

$$I = \int_0^{2\pi} \frac{\sin\theta}{5 + 4\cos\theta} d\theta \text{ 有意义.}$$

由于 $\cos\theta = \frac{1}{2}(e^{i\theta} + e^{-i\theta}) = \frac{1}{2}(z + z^{-1})$, $\sin\theta = \frac{1}{2i}(e^{i\theta} - e^{-i\theta}) = \frac{1}{2i}(z - z^{-1})$,

所以原积分化为复积分

$$I = \oint_{|z|=1} \frac{\frac{1}{2i}\left(z - \frac{1}{z}\right)}{5 + 4\left[\frac{1}{2}\left(z + \frac{1}{z}\right)\right]} \cdot \frac{dz}{iz}$$

$$= -\frac{1}{2}\oint_{|z|=1} \frac{(z^2 - 1)}{z(2z^2 + 5z + 2)} dz = -\frac{1}{2}\oint_{|z|=1} \frac{(z^2 - 1)}{2z\left(z + \frac{1}{2}\right)(z + 2)} dz.$$

被积函数 $f(z) = \dfrac{(z^2 - 1)}{2z\left(z + \frac{1}{2}\right)(z + 2)}$ 有三个极点 $z = 0, z = -\frac{1}{2}, z = -2$, 只有

$z = 0, z = -\frac{1}{2}$ 在单位圆周 $|z| = 1$ 内, 且为一阶极点, 在圆周 $|z| = 1$ 上函数

$f(z)$ 没有奇点, 计算函数在这些奇点的留数.

$$\text{Res}[f(z), 0] = \lim_{z \to 0}[zf(z)]$$

$$= \lim_{z \to 0} \frac{(z^2 - 1)}{2\left(z + \frac{1}{2}\right)(z + 2)} = -\frac{1}{2},$$

$$\text{Res}\left[f(z), -\frac{1}{2}\right] = \lim_{z \to -\frac{1}{2}}\left[\left(z + \frac{1}{2}\right)\frac{(z^2 - 1)}{2z\left(z + \frac{1}{2}\right)(z + 2)}\right]$$

$$= \lim_{z \to -\frac{1}{2}}\left[\frac{(z^2 - 1)}{2z(z + 2)}\right] = \frac{1}{2}.$$

于是 $\qquad\qquad I = \left(-\frac{1}{2}\right) \times 2\pi i\left(\frac{1}{2} - \frac{1}{2}\right) = 0.$

二、形如 $\int_{-\infty}^{+\infty} R(x)dx$ 的积分

有理函数 $R(z) = \dfrac{P(z)}{Q(z)} = \dfrac{z^n + a_1 z^{n-1} + \cdots + a_n}{z^m + b_1 z^{m-1} + \cdots + b_m}$ $\quad (m - n \geqslant 2)$ 满足条件:

① $Q(z)$ 比 $P(z)$ 至少高两次;

② $Q(z)$ 在实轴上无零点;

③ $R(z)$ 在上半平面 $\text{Im}z > 0$ 内的极点为 z_k $\quad (k = 1, 2, \cdots, n)$, 则有

$$\int_{-\infty}^{+\infty} R(x)dx = 2\pi i \sum_{k=1}^n \text{Res}[R(z), z_k].$$

我们解决这类积分问题的基本思想如下.

（1）先取被积函数 $R(z)$ 在有限区间 $[-r,r]$ 上的定积分，再引入辅助曲线，即上半圆周 $C_r: z = re^{i\theta}$　（$0 \leqslant \theta \leqslant \pi$）同 $[-r,r]$ 一起构成围线，取 r 适当地大，使得 $R(z) = \dfrac{P(z)}{Q(z)}$ 所有在上半平面内的极点 z_k 都包含在积分围线内，由留数定理有

$$\int_{-r}^{r} R(x)\mathrm{d}x + \int_{C_r} R(z)\mathrm{d}z = 2\pi i \sum_{k=1}^{n} \mathrm{Res}[R(z), z_k], \qquad (5.1)$$

其中 $\sum\limits_{k=1}^{n} \mathrm{Res}[R(z), z_k]$ 是 $R(z)$ 在围线内部有限个奇点处留数之和.

（2）在 C_r 上，令 $z = re^{i\theta}$　（$0 \leqslant \theta \leqslant \pi$），则有

$$\int_{C_R} \frac{P(z)}{Q(z)}\mathrm{d}z = \int_{0}^{\pi} \frac{P(re^{i\theta})}{Q(re^{i\theta})} i re^{i\theta} \mathrm{d}\theta,$$

因为 $Q(z)$ 的次数比 $P(z)$ 的次数至少高两次，于是当 $|z| = R \to \infty$ 时，

$$\frac{zP(z)}{Q(z)} = \frac{re^{i\theta}P(re^{i\theta})}{Q(re^{i\theta})} \to 0,$$

所以

$$\lim_{|z| \to \infty} \int_{C_r} \frac{P(z)}{Q(z)}\mathrm{d}z = 0,$$

从而式（5.1）为　$\displaystyle\int_{-\infty}^{+\infty} \frac{P(x)}{Q(x)}\mathrm{d}x = 2\pi i \sum_{k=1}^{n} \mathrm{Res}[R(z), z_k].$

注意　若 $R(x)$ 为偶函数，则有

$$\int_{0}^{+\infty} R(x)\mathrm{d}x = \frac{1}{2} \int_{-\infty}^{+\infty} R(x)\mathrm{d}x = \pi i \sum_{k=1}^{n} \mathrm{Res}[R(z), z_k].$$

例 5.17　计算积分 $I = \displaystyle\int_{-\infty}^{+\infty} \frac{x^2 \mathrm{d}x}{(x^2+a^2)(x^2+b^2)}$　（$a > 0, b > 0$）的值.

解　因为这里 $m = 4, n = 2, m - n = 2$，并且在实轴上函数 $R(z)$ 没有孤立奇点，所以积分存在，又函数 $\dfrac{z^2}{(z^2+a^2)(z^2+b^2)}$ 的一阶极点为 $\pm ai, \pm bi$，其中 ai 与 bi 在上半平面内，于是有

$$\mathrm{Res}[R(z), ai] = \lim_{z \to ai}(z - ai) \frac{z^2}{(z^2+a^2)(z^2+b^2)}$$

$$= \frac{-a^2}{2ai(b^2-a^2)} = \frac{a}{2i(a^2-b^2)}.$$

同理 $\mathrm{Res}[R(z), bi] = \dfrac{b}{2i(b^2-a^2)}.$

故　$I = \displaystyle\int_{-\infty}^{+\infty} \frac{x^2 \mathrm{d}x}{(x^2+a^2)(x^2+b^2)} = 2\pi i\left[\frac{a}{2i(a^2-b^2)} + \frac{b}{2i(b^2-a^2)}\right] = \frac{\pi}{a+b}.$

三、形如 $\displaystyle\int_{-\infty}^{+\infty} R(x)e^{aix}\mathrm{d}x$　（$a > 0$）的积分

当 $R(x)$ 是 x 的有理函数，而分母的次数至少比分子的次数高一次，并且

$R(z)$ 在实轴上没有孤立奇点时,积分存在,且

$$\int_{-\infty}^{+\infty} R(x)\mathrm{e}^{iax}\,\mathrm{d}x = \int_{-\infty}^{+\infty} \frac{P(x)}{Q(x)}\mathrm{e}^{iax}\,\mathrm{d}x = 2\pi i \sum_{k=1}^{n} \mathrm{Res}[R(z)\mathrm{e}^{iaz}, z_k], \quad (5.2)$$

其中 z_k $(k = 1, 2, \cdots, n)$ 为函数 $f(z) = R(z)\mathrm{e}^{iaz}$ 在上半平面的所有孤立奇点.

利用欧拉公式 $\mathrm{e}^{iax} = \cos ax + i\sin ax$,有

$$\int_{-\infty}^{+\infty} R(x)\mathrm{e}^{iax}\,\mathrm{d}x = \int_{-\infty}^{+\infty} R(x)\cos ax\,\mathrm{d}x + i\int_{-\infty}^{+\infty} R(x)\sin ax\,\mathrm{d}x. \quad (5.3)$$

比较式(5.2)与式(5.3)右边的实部和虚部,

$$\int_{-\infty}^{+\infty} R(x)\cos ax\,\mathrm{d}x = \mathrm{Re}\{2\pi i \sum_{k=1}^{n} \mathrm{Res}[R(z)\mathrm{e}^{iaz}, z_k]\},$$

$$\int_{-\infty}^{+\infty} R(x)\sin ax\,\mathrm{d}x = \mathrm{Im}\{2\pi i \sum_{k=1}^{n} \mathrm{Res}[R(z)\mathrm{e}^{iaz}, z_k]\}.$$

例 5.18 计算积分 $\int_{-\infty}^{+\infty} \dfrac{\cos x}{x^2 + a^2}\,\mathrm{d}x$ $(a > 0)$ 的值.

解 因为这里 $m = 2, n = 0, m - n = 2 > 1$,函数 $R(z)$ 在实轴上没有孤立奇点,所以积分存在,所求积分是 $\int_{-\infty}^{+\infty} \dfrac{\mathrm{e}^{ix}}{x^2 + a^2}\,\mathrm{d}x$ 的实部.

由于积分 $\int_{-\infty}^{+\infty} \dfrac{\mathrm{e}^{ix}}{x^2 + a^2}\,\mathrm{d}x = 2\pi i \sum_{k=1}^{n} \mathrm{Res}\left[\dfrac{\mathrm{e}^{iz}}{z^2 + a^2}, z_k\right]$,函数 $\dfrac{\mathrm{e}^{iz}}{z^2 + a^2}$ 在上半平面内只有一个一阶极点 $z = ai$,求出该孤立奇点的留数,

$$\mathrm{Res}\left[\frac{\mathrm{e}^{iz}}{z^2 + a^2}, ai\right] = 2\pi i \frac{\mathrm{e}^{-a}}{2ai} = \frac{\pi \mathrm{e}^{-a}}{a},$$

于是

$$\int_{-\infty}^{+\infty} \frac{\cos x}{x^2 + a^2}\,\mathrm{d}x = \mathrm{Re}\left\{\mathrm{Res}\left[\frac{\mathrm{e}^{iz}}{z^2 + a^2}, ai\right]\right\} = \frac{\pi \mathrm{e}^{-a}}{a}.$$

同时可知 $\int_{-\infty}^{+\infty} \dfrac{\sin x}{x^2 + a^2}\,\mathrm{d}x = 0$.

例 5.19 计算积分 $I = \int_{-\infty}^{+\infty} \dfrac{x\sin x}{x^2 + a^2}\,\mathrm{d}x$ $(a > 0)$ 的值.

解 因为这里 $m = 2, n = 1, m - n = 1$,函数 $R(z) = \dfrac{z}{z^2 + a^2}$ 在实轴上没有孤立奇点,所以积分是存在的,又因为函数 $R(z)$ 在上半平面内只有一个一阶极点 $z = ai$,故有

$$\int_{-\infty}^{+\infty} \frac{x}{x^2 + a^2}\mathrm{e}^{ix}\,\mathrm{d}x = 2\pi i\mathrm{Res}\left[\frac{z}{z^2 + a^2}\mathrm{e}^{ix}, ai\right] = 2\pi i \frac{\mathrm{e}^{-a}}{2} = \pi i\mathrm{e}^{-a}.$$

于是

$$\int_{-\infty}^{+\infty} \frac{x\sin x}{x^2 + a^2}\,\mathrm{d}x = \mathrm{Im}[\pi i\mathrm{e}^{-a}] = \pi \mathrm{e}^{-a}.$$

同时可以得到

$$\int_{0}^{+\infty} \frac{x\sin x}{x^2 + a^2}\,\mathrm{d}x = \frac{1}{2}\pi \mathrm{e}^{-a}, \quad \int_{-\infty}^{+\infty} \frac{x\cos x}{x^2 + a^2}\,\mathrm{d}x = 0.$$

*四、函数在实轴上有奇点的积分

在形如 $\int_{-\infty}^{+\infty} R(x)\mathrm{d}x, \int_{-\infty}^{+\infty} R(x)\mathrm{e}^{aix}\mathrm{d}x$ 类型的积分中,都要求被积函数 $R(z)$ 在实轴上无孤立奇点,若不满足这个条件,我们可适当选取路径来积分,使积分路线绕开孤立奇点. 因此有公式

$$\int_{-\infty}^{+\infty} f(x)\mathrm{d}x = 2\pi i \sum_{k=1}^{n} \mathrm{Res}[f(z),z_k] + \frac{1}{2}\sum_{k=1}^{n}\mathrm{Res}[f(z),x_k], \quad (5.4)$$

其中 $z_k \quad (k=1,2,\cdots,n)$ 是上半平面的孤立奇点, $x_k \quad (k=1,2,\cdots,n)$ 是实轴上的孤立奇点.

例 5.20　计算积分 $\int_0^{+\infty} \frac{\sin x}{x}\mathrm{d}x$ 的值.

解　因为函数 $f(x) = \frac{\sin x}{x}$ 是偶函数,所以

$$\int_0^{+\infty} \frac{\sin x}{x}\mathrm{d}x = \frac{1}{2}\int_{-\infty}^{+\infty} \frac{\sin x}{x}\mathrm{d}x = \frac{1}{2}\mathrm{Im}\left(\int_{-\infty}^{+\infty} \frac{\mathrm{e}^{ix}}{x}\mathrm{d}x\right).$$

函数 $\frac{\mathrm{e}^{iz}}{z}$ 只在实轴上有一个一阶极点 $z=0$,据式(5.4),得

$$\int_{-\infty}^{+\infty} \frac{\mathrm{e}^{ix}}{x}\mathrm{d}x = 2\pi i\left\{0 + \frac{1}{2}\mathrm{Res}\left[\frac{\mathrm{e}^{iz}}{z},0\right]\right\} = \pi i \lim_{z\to 0} z\,\frac{\mathrm{e}^{iz}}{z} = \pi i.$$

比较虚部,得

$$\int_{-\infty}^{+\infty} \frac{\sin x}{x} = \pi,$$

于是

$$\int_0^{+\infty} \frac{\sin x}{x} = \frac{\pi}{2}.$$

思考题 5.3

1. 应用留数定理计算上述前三种广义实函数积分的条件是什么?

2. 应用留数定理计算广义实函数的积分是否是下列几种类型?如何计算?

(1) $\int_0^{2\pi} R(\cos\theta,\sin\theta)\mathrm{d}\theta$,其中 $R(x,y)$ 为 x,y 的有理函数,且假设积分存在;

(2) $\int_{-\infty}^{+\infty} R(x)\mathrm{d}x$;

(3) $\int_{-\infty}^{+\infty} R(x)\cos\alpha x\,\mathrm{d}x, \int_{-\infty}^{+\infty} R(x)\sin\alpha x\,\mathrm{d}x$,其中 $R(x)$ 是 x 的有理函数,且假设积分存在.

习题 5.3

1. 计算下列各定积分.

(1) $\int_0^{2\pi} \dfrac{\mathrm{d}x}{(2+\sqrt{3}\cos x)^2}$;   (2) $\int_0^{\frac{\pi}{2}} \dfrac{2\mathrm{d}x}{2-\cos 2x}$.

2. 计算下列各定积分.

(1) $\int_{-\infty}^{+\infty} \dfrac{\mathrm{d}x}{(1+x^2)^2}$;   (2) $\int_0^{+\infty} \dfrac{\cos mx}{1+x^2}\mathrm{d}x \quad (m>0)$;

(3) $\int_{-\infty}^{+\infty} \dfrac{\sin x}{x^2+4x+5}\mathrm{d}x \quad (m>0)$;   (4) $\int_{-\infty}^{+\infty} \dfrac{x\sin ax}{x^2+b^2}\mathrm{d}x \quad (a>0,b>0)$.

3. 设 $a>b>0$,求证: $\int_0^{2\pi} \dfrac{\sin^2 x}{a+b\cos x}\mathrm{d}x = \dfrac{2\pi}{b^2}(a-\sqrt{a^2-b^2})$.

§5.4　解析函数在无穷远点的性质与留数

前面讨论函数 $f(z)$ 解析性及孤立奇点时,均假设 z 为复平面上有限点,那么函数在无穷远点的性态又如何呢?下面讨论在扩充复平面上函数的性态.

一、无穷远点的孤立奇点

孤立奇点　如果函数 $f(z)$ 在 $z=\infty$ 的去心邻域 $R<|z|<\infty$ 内解析,则称点 ∞ 为函数 $f(z)$ 的孤立奇点.

规定 I　作变量代换 $t=\dfrac{1}{z}$,这个变换把扩充 z 平面上的无穷远点 $z=\infty$ 映射成扩充 t 平面上的点 $t=0$.

同时 $t=\dfrac{1}{z}$ 把扩充 z 平面上 ∞ 的去心邻域 $R<|z|<\infty$ 映射成 t 平面上以原点为心的去心邻域 $0<|t|<\dfrac{1}{R}$.

因为函数 $f(z)=f\left(\dfrac{1}{t}\right)\overset{记}{=}\varphi(t)$,这样把在去心邻域 $R<|z|<\infty$ 内研究的函数 $f(z)$ 转化为在去心邻域 $0<|t|<\dfrac{1}{R}$ 内研究的函数 $\varphi(t)$.

规定 II　如果 $t=0$ 是函数 $\varphi(t)$ 的可去奇点、m 阶极点或本性奇点,那么就称点 $z=\infty$ 是函数 $f(z)$ 的可去奇点、m 阶极点或本性奇点.

二、判断孤立奇点类型

由于函数 $f(z)$ 在 $R<|z|<\infty$ 内解析,所以在此环域内可以展开成洛朗级数,即

$$f(z)=\sum_{n=1}^{\infty}C_{-n}z^{-n}+C_0+\sum_{n=1}^{\infty}C_n z^n. \tag{5.5}$$

其中 $C_n = \dfrac{1}{2\pi i}\displaystyle\oint_C \dfrac{f(\zeta)}{\zeta^{n+1}}\mathrm{d}\zeta$ $(n = 0, \pm 1, \pm 2, \cdots)$，$C$ 为圆环域 $R < |z| < \infty$ 内绕原点的任何一条正向简单闭曲线.

因此，函数 $\varphi(t)$ 在圆环域 $0 < |t| < \dfrac{1}{R}$ 内的洛朗级数由式(5.5)，得到

$$\varphi(t) = \sum_{n=1}^{\infty} C_{-n} t^n + C_0 + \sum_{n=1}^{\infty} C_n t^{-n}. \tag{5.6}$$

我们知道，如果在级数式(5.6)中，

(1) 不含 t 的负幂项，则 $t = 0$ 是函数 $\varphi(t)$ 的可去奇点；

(2) 含有 t 的有限多的负幂项，且 t^{-m} 为最高负幂项，则 $t = 0$ 是函数 $\varphi(t)$ 的 m 阶极点；

(3) 含有 t 无穷多的负幂项，则 $t = 0$ 是函数 $\varphi(t)$ 的本性奇点.

因此根据前面的规定，如果在级数式(5.5)中，

(1) 不含 z 正幂项，则 $z = \infty$ 是函数 $f(z)$ 的可去奇点；

(2) 含有 z 有限多的正幂项，且 z^m 为最高正幂项，则 $z = \infty$ 是函数 $f(z)$ 的 m 阶极点；

(3) 含有 z 无穷多的正幂项，则 $z = \infty$ 是函数 $f(z)$ 的本性奇点.

这样，对无穷远点来说，它的特性与其洛朗级数之间的关系就跟有限远点一样，不过只是把正幂项与负幂项的作用互相对调了.

判别孤立奇点类型的方法

(1) 函数 $f(z)$ 的孤立奇点 ∞ 为可去奇点的充要条件是下列两条中的任何一条成立：

① 函数 $f(z)$ 在 ∞ 点的去心邻域 $R < |z| < \infty$ 内洛朗展开式为

$$f(z) = C_0 + \frac{C_{-1}}{z} + \frac{C_{-2}}{z^2} + \cdots + \frac{C_{-n}}{z^n} + \cdots;$$

② 极限 $\lim\limits_{z \to \infty} f(z) = C_0 (\neq \infty)$ 存在.

(2) 函数 $f(z)$ 的孤立奇点 ∞ 为 m 阶极点的充要条件是下列三条中的任何一条成立：

① 函数 $f(z)$ 在 ∞ 点的去心邻域 $R < |z| < \infty$ 内洛朗展开式为

$$f(z) = C_m z^m + \cdots + C_2 z^2 + C_1 z + C_0 + \sum_{n=1}^{+\infty} \frac{C_{-n}}{z^n} \quad (C_m \neq 0);$$

② 极限 $\lim\limits_{z \to \infty} f(z) = \infty$；

③ $g(z) = \dfrac{1}{f(z)}$ 以 $z = \infty$ 为 m 阶零点.

(3) 函数 $f(z)$ 的孤立奇点 ∞ 为本性奇点的充要条件是下列两条中的任何一条成立：

① 函数 $f(z)$ 在 ∞ 点的洛朗展开式中含有无穷多 z 的正幂项;

② 极限 $\lim\limits_{z\to\infty} f(z)$ 不存在,但不是 ∞.

说明 当 $z=\infty$ 是函数 $f(z)$ 的可去奇点时,我们可以认为函数 $f(z)$ 在 ∞ 是解析的,只要取 $f(\infty)=\lim\limits_{z\to\infty} f(z)$ 即可.

例如:① 函数 $f(z)=\dfrac{z}{z+1}$ 在圆环域 $1<|z|<+\infty$ 内可展成

$$f(z)=\frac{1}{1+\frac{1}{z}}=1-\frac{1}{z}+\frac{1}{z^2}-\frac{1}{z^3}+\cdots+(-1)^n\frac{1}{z^n}+\cdots,$$

函数的洛朗展式不含 z 的正幂项,所以 ∞ 是函数 $f(z)$ 的可去奇点,如果取 $f(\infty)=1$,那么函数 $f(z)$ 在 ∞ 是解析的.

② 函数 $f(z)=z+\dfrac{1}{z}$ 含有 z 的正幂项,且 z 为最高正幂项,所以 ∞ 为它的一阶极点.

③ 函数 $\sin z$ 的展开式为

$$\sin z=z-\frac{1}{3!}z^3+\frac{1}{5!}z^5-\cdots+(-1)^n\frac{1}{(2n+1)!}z^{2n+1}+\cdots,$$

它含有无穷多 z 的正幂项,所以 $z=\infty$ 是它的本性奇点.

例 5.21 讨论函数 $f(z)=\dfrac{z}{1+z^2}$ 是否以 $z=\infty$ 为孤立奇点?若是,属于哪一类?

解 因为函数 $f(z)=\dfrac{z}{1+z^2}$ 在全平面除去 $z=i$ 及 $z=-i$ 的区域内处处解析,所以函数在无穷远点的邻域 $1<|z|<+\infty$ 内是解析的,因此 $z=\infty$ 为它的孤立奇点.又因为 $\lim\limits_{z\to\infty}\dfrac{z}{1+z^2}=0$,所以 $z=\infty$ 为函数的可去奇点.

例 5.22 函数 $f(z)=1+2z+3z^2+4z^3$ 是否以 $z=\infty$ 为孤立奇点?若是,属于哪一类?

解 函数 $f(z)=1+2z+3z^2+4z^3$ 在全平面内处处解析,这个函数在无穷远点的邻域 $|z|<+\infty$ 内的洛朗展开式就是 $f(z)=1+2z+3z^2+4z^3$,所以 $z=\infty$ 为函数的孤立奇点且为三阶极点.

例 5.23 函数 $f(z)=e^z$ 是否以 $z=\infty$ 为孤立奇点?若是,属于哪一类?

解 函数 $f(z)=e^z$ 在全平面内处处解析,所以 $z=\infty$ 为它的孤立奇点.又当 $z\to\infty$ 时,$f(z)=e^z$ 极限不存在(不是无穷大),于是 $z=\infty$ 为函数的本性奇点.

说明 我们也可以从函数 $f(z)=e^z$ 的泰勒展开式来看,由于

$$f(z) = \mathrm{e}^z = 1 + z + \frac{z^2}{2!} + \cdots + \frac{z^n}{n!} + \cdots \quad (|z| < +\infty),$$

这个展开式正好是函数 $f(z) = \mathrm{e}^z$ 在无穷远点邻域的洛朗展开式,因为它只含有无穷多个正幂项,故 $z = \infty$ 为函数的本性奇点.

例 5.24 函数 $f(z) = \dfrac{1}{\sin z}$ 是否以 $z = \infty$ 为孤立奇点?

解 因为函数 $f(z) = \dfrac{1}{\sin z}$ 在全复平面上除 $\sin z$ 的零点以外处处解析. 但是 $\sin z$ 的零点是

$$z_k = k\pi \quad (k = 0, \pm 1, \pm 2, \cdots),$$

这些点均是函数 $f(z) = \dfrac{1}{\sin z}$ 的极点,且在扩充复平面上,序列 $\{z_k\}$ 以 $z = \infty$ 为聚点,因此 $z = \infty$ 不是函数 $f(z) = \dfrac{1}{\sin z}$ 孤立奇点.

聚点:设 E 是数轴上无限点集,ξ 是数轴上一个定点(可以属于 E,也可以不属于 E),若对于任意的 $\varepsilon > 0$,点 ξ 的邻域 $U(\xi, \varepsilon)$ 内总有 E 的无限多点,则称 ξ 是 E 的聚点.

三、函数在无穷远点的留数

1. 无穷远点留数定义

设函数 $f(z)$ 在圆环域 $R < |z| < +\infty$ 内解析,C 为这圆环域内绕原点的任何一条正向简单闭曲线,则称积分

$$\frac{1}{2\pi i} \oint_{C^-} f(z) \mathrm{d}z$$

为函数 $f(z)$ 在**无穷远点的留数**,记作

$$\mathrm{Res}[f(z), \infty] = \frac{1}{2\pi i} \oint_{C^-} f(z) \mathrm{d}z.$$

说明 ① 积分 $\oint_{C^-} f(z) \mathrm{d}z$ 的值与 C 无关,且积分路线的方向是负的,即取顺时针方向;

② 由于 $f(z) = \sum_{n=1}^{\infty} C_{-n} z^{-n} + C_0 + \sum_{n=1}^{\infty} C_n z^n$,所以当 $n = -1$ 时,有

$$C_{-1} = \frac{1}{2\pi i} \oint_C f(z) \mathrm{d}z.$$

由无穷远点留数的定义,得

$$\mathrm{Res}[f(z), \infty] = -C_{-1}.$$

这表明函数 $f(z)$ 在无穷远点的留数等于它在 ∞ 点的去心邻域 $R < |z| < +\infty$ 内洛朗展开式中 z^{-1} 的系数变号.

2. 计算无穷远点留数的定理

定理 5.4 如果函数 $f(z)$ 在扩充复平面内只有有限个孤立奇点(包括 ∞ 点),则函数 $f(z)$ 在所有各奇点(包括 ∞ 点)的留数的总和一定为零. 即

$$\sum_{k=1}^{n} \text{Res}[f(z), z_k] + \text{Res}[f(z), \infty] = 0.$$

证明 设函数 $f(z)$ 的有限个孤立奇点为 z_k $(k=1,2,\cdots,n)$,除 ∞ 外,又设 C 为一条绕原点的并将 z_k $(k=1,2,\cdots,n)$ 包含在它内部的正向简单闭曲线,那么根据留数定理与在无穷远点的留数定义有

$$\sum_{k=1}^{n} \text{Res}[f(z), z_k] + \text{Res}[f(z), \infty] = \frac{1}{2\pi i} \oint_C f(z)\mathrm{d}z + \frac{1}{2\pi i} \oint_{C^-} f(z)\mathrm{d}z = 0.$$

关于在无穷远点的留数计算有以下法则.

法则 Ⅳ $\text{Res}[f(z), \infty] = -\text{Res}\left[f\left(\dfrac{1}{z}\right) \cdot \dfrac{1}{z^2}, 0\right].$

* **证明** 据在无穷远点的留数定义中,取正向的简单闭曲线 C 为半径足够大的正向圆周 $|z| = \rho$. 令 $z = \dfrac{1}{\zeta}$,并设 $z = \rho e^{i\theta}$, $\zeta = re^{i\varphi}$,那么 $\rho = \dfrac{1}{r}$, $\theta = -\varphi$,于是

$$
\begin{aligned}
\text{Res}[f(z), \infty] &= \frac{1}{2\pi i} \oint_{C^-} f(z)\mathrm{d}z \\
&= \frac{1}{2\pi i} \int_0^{-2\pi} f(\rho e^{i\theta}) \rho i\, e^{i\theta} \mathrm{d}\theta \\
&= -\frac{1}{2\pi i} \int_0^{2\pi} f\left(\frac{1}{re^{i\varphi}}\right) \frac{i}{re^{i\varphi}} \mathrm{d}\varphi \\
&= -\frac{1}{2\pi i} \int_0^{2\pi} f\left(\frac{1}{re^{i\varphi}}\right) \frac{1}{(re^{i\varphi})^2} \mathrm{d}(re^{i\varphi}) \\
&= -\frac{1}{2\pi i} \oint_{|\zeta| = \frac{1}{\rho}} f\left(\frac{1}{\zeta}\right) \frac{1}{\zeta^2} \mathrm{d}\zeta \quad \left(|\zeta| = \frac{1}{\rho} \text{ 为正向}\right).
\end{aligned}
$$

由于函数 $f(z)$ 在 $\rho < |z| < +\infty$ 内解析,从而 $f\left(\dfrac{1}{\zeta}\right)$ 在 $0 < |\zeta| < \dfrac{1}{\rho}$ 内解析,因此 $f\left(\dfrac{1}{\zeta}\right) \dfrac{1}{\zeta^2}$ 在 $|\zeta| < \dfrac{1}{\rho}$ 内除 $\zeta = 0$ 外没有其他奇点,由留数定理,得

$$\frac{1}{2\pi i} \oint_{|\sigma| = \frac{1}{\rho}} f\left(\frac{1}{\zeta}\right) \frac{1}{\zeta^2} \mathrm{d}\zeta = \text{Res}\left[f\left(\frac{1}{\zeta}\right) \cdot \frac{1}{\zeta^2}, 0\right].$$

于是

$$\text{Res}[f(z), \infty] = -\text{Res}\left[f\left(\frac{1}{z}\right) \cdot \frac{1}{z^2}, 0\right].$$

说明 ① 定理 5.4 及法则 Ⅳ 为我们提供了计算沿封闭曲线积分的又一种方法,特别当有限孤立奇点的个数比较多和极点的阶数比较高时,用定理 5.4 及法则 Ⅳ 比前面公式计算更简便.

② 若 ∞ 为函数 $f(z)$ 的可去奇点,则 $\mathrm{Res}[f(z),\infty]$ 不一定为零,如 $f(z)=$ $\dfrac{1}{z}$,则 ∞ 是它的一个可去奇点,但 $\mathrm{Res}[f(z),\infty]=-1$ 是与有限远孤立奇点中可去奇点的不同处.

例 5.25　计算下列函数在无穷远点的留数 $\mathrm{Res}[f(z),\infty]$.

(1) $f(z)=\dfrac{1}{z(z+1)(z-4)}$;　(2) $f(z)=\dfrac{\mathrm{e}^z}{z^2-1}$.

解　(1) 因为 $\lim\limits_{z\to\infty}\dfrac{1}{z(z+1)(z-4)}=0$,故 ∞ 为其可去奇点,所以利用法则 Ⅳ,得

$$\mathrm{Res}[f(z),\infty]=-\mathrm{Res}\Big[f\Big(\dfrac{1}{z}\Big)\dfrac{1}{z^2},0\Big]=-\mathrm{Res}\Big[\dfrac{z}{(z+1)(1-4z)},0\Big]=0.$$

(2) 因为函数 $f(z)=\dfrac{\mathrm{e}^z}{z^2-1}$ 有两个有限孤立奇点 $z=\pm 1$,且均为一阶极点,所以在这两点的留数为

$$\mathrm{Res}[f(z),1]=\lim\limits_{z\to 1}(z-1)\dfrac{\mathrm{e}^z}{z^2-1}=\dfrac{\mathrm{e}}{2},$$

$$\mathrm{Res}[f(z),-1]=\lim\limits_{z\to -1}(z+1)\dfrac{\mathrm{e}^z}{z^2-1}=-\dfrac{\mathrm{e}^{-1}}{2},$$

利用定理 5.4 有　　$\mathrm{Res}[f(z),\infty]=-\mathrm{Res}[f(z),1]-\mathrm{Res}[f(z),-1]$

$$=-\Big(\dfrac{\mathrm{e}}{2}-\dfrac{\mathrm{e}^{-1}}{2}\Big)=-\dfrac{\mathrm{e}-\mathrm{e}^{-1}}{2}=-\mathrm{sh}1.$$

例 5.26　计算积分 $\oint_C\dfrac{z}{z^4-1}\mathrm{d}z$,其中 C 为正向圆周 $|z|=2$.

解　因为函数 $f(z)=\dfrac{z}{z^4-1}$ 在 $|z|=2$ 外部除 $z=\infty$ 点无其他孤立奇点,根据定理 5.4 及法则 Ⅳ,有

$$\oint_C\dfrac{z}{z^4-1}\mathrm{d}z=-2\pi i\mathrm{Res}[f(z),\infty]$$

$$=2\pi i\mathrm{Res}\Big[f\Big(\dfrac{1}{z}\Big)\cdot\dfrac{1}{z^2},0\Big]$$

$$=2\pi i\mathrm{Res}\Big[\dfrac{z}{1-z^4},0\Big]=0.$$

例 5.27　计算积分 $\oint_C\dfrac{\mathrm{d}z}{(z+i)^{10}(z-1)(z-3)}$,其中 C 为正向圆周 $|z|=2$.

解　因为函数 $f(z)=\dfrac{1}{(z+i)^{10}(z-1)(z-3)}$ 的孤立奇点为 $z=-i$, $z=1,z=3,z=\infty$,则各点处的留数之和为零,即

$$\text{Res}[f(z),-i]+\text{Res}[f(z),1]+\text{Res}[f(z),3]+\text{Res}[f(z),\infty]=0,$$

由于 $z=-i,z=1$ 在 $|z|=2$ 的内部,且 $z=-i$ 为十阶极点,而 $z=3,z=\infty$ 在 $|z|=2$ 的外部,所以

$$\oint_c \frac{\mathrm{d}z}{(z+i)^{10}(z-1)(z-3)}$$
$$=2\pi i\{\text{Res}[f(z),-i]+\text{Res}[f(z),-1]\}$$
$$=-2\pi i\{\text{Res}[f(z),3]+\text{Res}[f(z),\infty]\}$$
$$=-2\pi i\left\{\lim_{z\to 3}(z-3)\frac{1}{(z+i)^{10}(z-1)(z-3)}-\text{Res}\left[f\left(\frac{1}{z}\right)\frac{1}{z^2},0\right]\right\}$$
$$=-2\pi i\left\{\frac{1}{(3+i)^{10}\cdot 2}+\text{Res}\left[\frac{z^{10}}{(1+iz)^{10}(1-z)(1-3z)},0\right]\right\}$$
$$=-2\pi i\left[\frac{1}{(3+i)^{10}\cdot 2}+0\right]=-\frac{\pi i}{(3+i)^{10}}.$$

思考题 5.4

1. 有限孤立奇点的分类与无穷孤立奇点的分类有什么不同?

2. 无穷远点处的留数有几种计算方法?

习题 5.4

1. 判别下列函数的孤立奇点 $z=\infty$ 的类型.

(1) $f(z)=\dfrac{\sin z}{z^2}$;   (2) $f(z)=\dfrac{\mathrm{e}^z}{z+1}$;

(3) $f(z)=\dfrac{1+z^2}{z}$;   (4) $f(z)=z(\mathrm{e}^{\frac{1}{z}}-1)$;

(5) $f(z)=2+z+z^3$;   (6) $f(z)=z^2-4+\mathrm{e}^{\frac{1}{z}}$;

(7) $f(z)=\mathrm{e}^z$;   (8) $f(z)=\mathrm{e}^{\frac{1}{1-z}}$;

(9) $f(z)=\mathrm{e}^z+z^2+z-2$.

2. 求出下列函数在孤立奇点 ∞ 的留数.

(1) $f(z)=\dfrac{z}{(z-1)(z-2)^2}$;   (2) $f(z)=\dfrac{\mathrm{e}^z}{z^2+a^2}$;

(3) $f(z)=\dfrac{1}{z^3-z^5}$;   (4) $f(z)=\dfrac{1-\mathrm{e}^{2z}}{z^4}$;

(5) $f(z)=\mathrm{e}^{\frac{1}{1-z}}$;   (6) $f(z)=\dfrac{1}{z(z+1)^4(z-4)}$.

3. 判定 $z=\infty$ 是下列函数的什么孤立奇点?并求出函数在 $z=\infty$ 的留数.

(1) $f(z)=\mathrm{e}^{\frac{1}{z^2}}$;   (2) $\cos z-\sin z$;   (3) $\dfrac{2z}{3+z^2}$.

4. 计算下列各积分.

(1) $\oint_C \dfrac{z^3}{1+z} \mathrm{e}^{\frac{1}{z}} \mathrm{d}z$, 其中 C 为正向圆周 $|z| = 2$;

(2) $\oint_C \dfrac{z^{15}}{(z^2+1)^2(z^4+2)^3} \mathrm{d}z$, 其中 C 为正向圆周 $|z| = 3$;

(3) $\oint_C \dfrac{\mathrm{d}z}{(z-1)^2(z^2+1)}$, 其中 C 为正向圆周 $x^2 + y^2 = 2x + 2y$.

本章小结

本章给出了复变函数孤立奇点的定义,并对它们进行了分类.在此基础上介绍了留数的概念以及计算留数的方法,并且应用留数理论计算复函数、实函数的积分.

1. 孤立奇点分为可去奇点、极点、本性奇点三类,它是根据洛朗级数是否含有负幂次项,以及含有多少进行分类的.如何对孤立奇点进行分类对计算留数起到重要的作用.孤立奇点除了将函数展为洛朗级数进行分类外,也可以利用求函数的极限分类,另外如果孤立奇点是极点,还可以通过零点的概念加以判定阶数.

2. 留数定义是函数在孤立奇点的洛朗展式负一次幂项的系数.在第三章介绍的柯西定理与柯西积分公式是留数定理的特例.留数定理把解析函数沿着闭曲线的积分计算的整体问题转化为求函数在该闭曲线内部各孤立奇点处的留数的局部问题,如果是极点,还将积分问题转化为微分问题,即如果 z_0 是函数 $f(z)$ 的 m 阶极点,则有

$$\frac{1}{2\pi i}\oint_C f(z)\mathrm{d}z = \operatorname{Res}[f(z), z_0] = \frac{1}{(m-1)!}\lim_{z \to z_0}\frac{\mathrm{d}^{m-1}}{\mathrm{d}z^{m-1}}[(z-z_0)^m f(z)],$$

其中 C 是包含 z_0 的正向简单闭曲线.

3. 留数理论除了可以计算某些沿闭曲线的复积分外,还可以计算某些定积分和广义积分,尤其是在高等数学中计算比较复杂或者不能计算出的积分,应用留数理论就能够解决.

用留数理论计算定积分,这里我们主要介绍了三个类型.

(1) $\displaystyle\int_0^{2\pi} R(\cos\theta, \sin\theta)\mathrm{d}\theta$;

(2) $\displaystyle\int_{-\infty}^{+\infty} \frac{P(x)}{Q(x)}\mathrm{d}x$;

(3) $\displaystyle\int_{-\infty}^{+\infty} \frac{P(x)}{Q(x)}\cos ax\,\mathrm{d}x \quad (a > 0)$, $\displaystyle\int_{-\infty}^{+\infty} \frac{P(x)}{Q(x)}\sin ax\,\mathrm{d}x \quad (a > 0)$.

4. 函数 $f(z)$ 在无穷远点 $z = \infty$ 的性态可以通过函数 $f\left(\dfrac{1}{t}\right)$ 在 $t = 0$ 处的性态来研究.

自测题 5

一、选择题

1. 设 $z = 0$ 为函数 $\dfrac{1 - e^{z^2}}{z^4 \sin z}$ 的 m 级极点,那么 m 等于 　　　(　)

A. 5 　　　　　　B. 4 　　　　　　C. 3 　　　　　　D. 2

2. $z = 1$ 是函数 $(z - 1)\sin\dfrac{1}{z - 1}$ 的 　　　　　　　　(　)

A. 可去奇点 　　　　　　　　B. 一级极点

C. 一级零点 　　　　　　　　D. 本性奇点

3. $z = \infty$ 是函数 $\dfrac{3 + 2z + z^3}{z^2}$ 的 　　　　　　　　(　)

A. 可去奇点 　　　B. 一级极点 　　　C. 二级极点 　　　D. 本性奇点

4. 在下列函数中,留数 $\mathrm{Res}[f(z), 0] = 0$ 的是 　　　　(　)

A. $f(z) = \dfrac{e^z - 1}{z^2}$ 　　　　　　　　B. $f(z) = \dfrac{\sin z}{z} - \dfrac{1}{z}$

C. $f(z) = \dfrac{\sin z + \cos z}{z}$ 　　　　　　D. $f(z) = \dfrac{1}{e^z - 1} - \dfrac{1}{z}$

5. 留数 $\mathrm{Res}\left[z^3 \cos\dfrac{2i}{z}, \infty\right] =$ 　　　　　　　　(　)

A. $-\dfrac{2}{3}$ 　　　　B. $\dfrac{2}{3}$ 　　　　C. $\dfrac{2}{3}i$ 　　　　D. $-\dfrac{2}{3}i$

6. 积分 $\displaystyle\oint_{|z|=1} z^2 \sin\dfrac{1}{z}\,dz =$ 　　　　　　　　(　)

A. 0 　　　　B. $-\dfrac{1}{6}$ 　　　　C. $-\dfrac{\pi i}{3}$ 　　　　D. $-\pi i$

二、填空题

1. 设 $z = 0$ 为函数 $z^3 - \sin z^3$ 的 m 级零点,那么 $m = $ _____.

2. 设 $f(z) = \dfrac{1 - \cos z}{z^5}$,则 $\mathrm{Res}[f(z), 0] = $ _____.

3. 设 $f(z) = \dfrac{2z}{1 + z^2}$,则 $\mathrm{Res}[f(z), \infty] = $ _____.

4. 积分 $\displaystyle\oint_{|z|=1} z^3 e^{\frac{1}{z}}\,dz = $ _____.

5. 积分 $\displaystyle\int_{|z|=1} \dfrac{1}{\sin z}\,dz = $ _____.

6. 积分 $\displaystyle\int_{-\infty}^{+\infty} \dfrac{x e^{ix}}{1 + x^2}\,dx = $ _____.

三、试确定下列各函数的有限孤立奇点，并指出其类型；如果是极点，则指出是几阶极点.

1. $f(z) = \dfrac{z-1}{z(z^2+1)^2}$；

2. $f(z) = \dfrac{1}{(z^2+i)^2}$；

3. $f(z) = \dfrac{\sin(z-5)}{(z-5)^2}$；

4. $f(z) = \sin\dfrac{1}{z-1}$；

5. $f(z) = \dfrac{1-\cos z}{z^2}$；

6. $f(z) = \dfrac{1}{z^3(e^{z^3}-1)}$.

四、函数 $f(z) = \dfrac{(e^z-1)^3(z-3)^4}{(\sin\pi z)^4}$ **在扩充复平面内有些什么类型的孤立奇点？如果有极点，指出其阶数.**

五、试确定下列各函数的极点，指出它们的阶，并求在极点的留数.

1. $f(z) = \dfrac{3z+2}{z^2(z+2)}$；

2. $f(z) = (\dfrac{z+1}{z-1})^2$；

3. $f(z) = \dfrac{1}{z^2\sin z}$；

4. $s(z) = \cot z$.

六、利用留数计算下列各积分.

1. $\displaystyle\int_c \dfrac{5z-2}{z(z-1)}dz$，其中正向圆周 C：$|z|=2$；

2. $\displaystyle\int_c \dfrac{\mathrm{ch}z}{z^3}dz$，其中 C 为以 $\pm 2 \pm 2i$ 为顶点的正方形正向；

3. $\displaystyle\int_c \dfrac{2+3\sin\pi z}{z(z-1)^2}dz$，其中 C 为以 $\pm 3 \pm 3i$ 为顶点的正方形正向；

4. $\displaystyle\int_c \dfrac{\cos z}{z^3(z-1)}dz$，其中 C 为复平面上任何一条不经过 $z=0, z=1$ 的分段光滑正向简单闭曲线.

七、计算下列定积分.

1. $\displaystyle\int_0^{2\pi} \dfrac{1}{5+3\cos x}dx$；

2. $\displaystyle\int_{-\infty}^{+\infty} \dfrac{x\cos x}{x^2-2x+10}dx$；

3. $\displaystyle\int_{-\infty}^{+\infty} \dfrac{x^2-x+2}{x^4+10x^2+9}dx$；

4. $\displaystyle\int_{-\infty}^{+\infty} \dfrac{\cos(x-1)}{x^2+1}dx$.

***八、设** a **为** $f(z)$ **的孤立奇点，m 为正整数，试证：a 为 $f(z)$ 的 m 阶极点的充要条件是** $\lim\limits_{z\to a}(z-a)^m f(z) = b$，**其中 $b \neq 0$ 为有限数.**

***九、设** a **为** $f(z)$ **的孤立奇点，试证：**

若 $f(z)$ 是奇函数，则 $\mathrm{Res}[f(z), a] = \mathrm{Res}[f(z), -a]$；

若 $f(z)$ 是偶函数，则 $\mathrm{Res}[f(z), a] = -\mathrm{Res}[f(z), -a]$.

*第六章　共形映射

在第一章中,我们已经知道了函数 $w=f(z)$ 在几何上是将 z 平面上的点集映到 w 平面上点集的映射(变换).但是,这种映射(变换)还不是我们所研究的主要方面.我们所研究的是这些点集所在的边界的变换,能否将其变换为简单的边界.如复杂的区域边界变换为圆域边界或变换为半平面的边界.这样,可以使得工程技术上许多问题得到简化.本章在介绍解析函数构成映射特征的基础上,引出共形映射的概念,重点讨论由分式线性函数构成的映射的性质,最后介绍几个初等函数所构成的共形映射.

§6.1　共形映射的概念

一、解析函数导数的几何意义

1. 预备知识:讨论 z 平面上曲线 C

我们知道,z 平面上的一条有向光滑曲线 C 可以表示为

$$z=z(t)　　(\alpha \leqslant t \leqslant \beta),$$

t 增大时,点 z 移动的方向为其正方向.

类似于一元函数导数定义,过曲线上两点 $P_0(z(t_0))$,$P(z(t_0+\Delta t))$,有向量

$$z'(t_0)=\lim_{\Delta t \to 0}\frac{z(t_0+\Delta t)-z(t_0)}{\Delta t}.$$

当 $z'(t_0) \neq 0$,$\alpha \leqslant t_0 \leqslant \beta$ 时,向量 $z'(t_0)$ 与曲线 C 相切于点 $z_0=z(t_0)$,且方向与曲线 C 的正向一致.如果我们规定这个向量的方向作为曲线 C 上点 z_0 处的切线的正向,那么有

(1) $\mathrm{Arg}z'(t_0)$ 就是在曲线 C 上点 z_0 处的切线的正向与 x 轴正向之间的夹角;

(2) 相交于一点的两条曲线 C_1 与 C_2 正向之间的夹角就是 C_1 与 C_2 在交点处的两条切线正向之间的夹角.

2. 解析函数导数的几何意义

设函数 $w=f(z)$ 在区域 D 内解析，z_0 为 D 内任一点，且 $f'(z_0)\neq0$，w 平面上对应于 z_0 的点是 $w_0=f(z_0)$.

设 C 为 z 平面上经过点 z_0 的任一条有向光滑曲线，其参数方程为 $z=z(t)$ $(\alpha\leqslant t\leqslant\beta)$，且 $z_0=z(t_0)$ $[z'(t_0)\neq0,\alpha<t_0<\beta]$，则映射 $w=f(z)$ 将 z 平面上的曲线 C 映射到 w 平面上通过点 $w_0=f(z_0)$ 的一条有向光滑曲线 C'，其参数方程为 $w(t)=f(z(t))$ $(\alpha\leqslant t\leqslant\beta)$.

由于 $z'(t_0)\neq0$，$f'(z_0)\neq0$，根据复合函数求导公式得

$$w'(t_0)=f'(z_0)\cdot z'(t_0)\neq0.$$

（1）导数辐角的几何意义

为了清楚地看到原象与象角度间的关系，我们将其表示为复数的指数式.

设 $f'(z_0)=|f'(z_0)|e^{i\theta}$，$z'(t_0)=|z'(t_0)|e^{i\alpha}$，则

$$w'(t_0)=f'(z_0)\cdot z'(t_0)=|f'(z_0)|\cdot|z'(t_0)|e^{i(\theta+\alpha)}.$$

这表明，曲线 C' 在点 w_0 处也有确定的切线，且切线正向与 u 轴正向之间的夹角为

$$\text{Arg}w'(t_0)=\text{Arg}f'(z_0)+\text{Arg}z'(t_0)=\theta+\alpha. \tag{6.1}$$

由此可见，象曲线 C' 在点 $w_0=f(z_0)$ 处的切线方向，可由原象曲线 C 在点 z_0 处的切线方向旋转一个角度 $\text{Arg}f'(z_0)$ 得到. 称 $\text{Arg}f'(z_0)$ 为此映射在点 z_0 处的旋转角，如图 $6-1$ 所示.

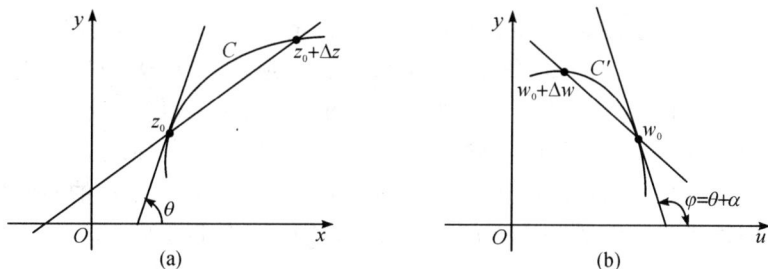

图 $6-1$

从上面的讨论可以看到，旋转角的大小与方向跟曲线的形状与方向无关，所以解析函数构成的映射具有**旋转角的不变性**.

我们很自然地想到，对于任意两条相交曲线，在解析函数构成的映射，即解析变换下能不能保证它们在交点处的夹角不变呢？

设 C_1，C_2 是 z 平面上两条相交的曲线，它们在交点 z_0 处的切线与实轴（x 轴）的夹角设为 α_1，α_2，曲线 C_1'，C_2' 是曲线 C_1，C_2 在映射 $w=f(z)$ 下的象. 它们在交点 $w_0=f(z_0)$ 处切线与实轴（u 轴）的夹角设为 β_1，β_2，如图 $6-2$ 所示，于是，由前面的讨论知，如果 $f'(z_0)\neq0$，则有

$$\beta_1 = \alpha_1 + \operatorname{Arg} f'(z_0), \quad \beta_2 = \alpha_2 + \operatorname{Arg} f'(z_0).$$

因此
$$\beta_2 - \beta_1 = \alpha_2 - \alpha_1. \tag{6.2}$$

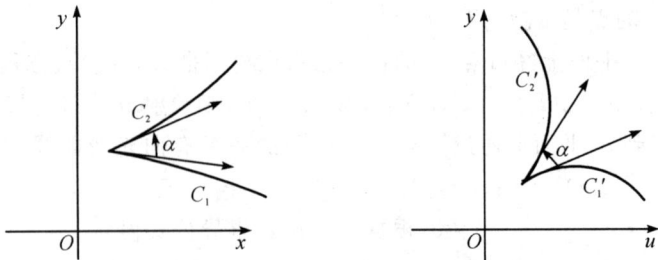

图 6-2

式(6.2)表明,用解析函数 $w = f(z)$ 的映射,当 $f'(z_0) \neq 0$ 时,曲线间的夹角的大小及方向保持不变,这一性质称为**解析映射的保角性**.

(2) 导数模的几何意义

解析映射的另一个特征是其导数模的几何解释.

由导数定义
$$f'(z_0) = \lim_{z \to z_0} \frac{f(z) - f(z_0)}{z - z_0},$$

得
$$|f'(z_0)| = \lim_{z \to z_0} \frac{|f(z) - f(z_0)|}{|z - z_0|}.$$

当 $|z - z_0|$ 很小时,$|f'(z_0)|$ 可以近似地表示 $|f(z) - f(z_0)|$ 与 $|z - z_0|$ 的比值,其中 $|z - z_0|$ 及 $|f(z) - f(z_0)|$ 分别表示 z 平面上向量 $(z - z_0)$ 及 w 平面上向量 $(f(z) - f(z_0))$ 的长度,这里的向量 $(z - z_0)$ 及向量 $(f(z) - f(z_0))$ 的起点分别取在 z_0 及 $f(z_0)$. 于是,当 $|z - z_0|$ 很小时,$|f'(z_0)|$ 近似地表示 $|f(z) - f(z_0)|$ 对 $|z - z_0|$ 的伸缩倍数,而且这一倍数与向量 $(z - z_0)$ 的方向无关,我们将 $|f'(z_0)|$ 称为映射 $w = f(z)$ 在点 $z = z_0$ 处的**伸缩率**. 由于伸缩率 $|f'(z_0)|$ 与曲线 C 和象曲线 C' 的选择无关,这一性质被称为解析函数 $w = f(z)$ 的映射的**伸缩率的不变性**.

特别注意 条件 $f'(z_0) \neq 0$ 是必要的,否则保角性将不成立.

例 6.1 求函数 $w = z^3$ 在 $z_1 = i$ 与 $z_2 = 0$ 处的导数值,并说明其几何意义.

解 函数 $w = f(z) = z^3$ 在整个复平面上是解析的,其导函数为 $f'(z) = 3z^2$.

(1) 对于点 $z_1 = i$,因为 $|f'(i)| = 3$,所以映射 $w = z^3$ 在 $z_1 = i$ 处伸缩率为 3,又因为 $f'(i) = -3 = 3e^{i\pi}$,所以旋转角为 π.

(2) 对于点 $z_0 = 0$,因为 $f'(0) = 0$,因此映射 $w = z^3$ 在 $z_2 = 0$ 处不具有保角性.

综上所述,我们有定理 6.1.

定理 6.1 设函数 $w = f(z)$ 在区域 D 内解析,z_0 为 D 内的一点,且 $f'(z_0) \neq 0$,则映射 $w = f(z)$ 在点 z_0 处具有以下两个性质.

(1) 保角性：即通过 z_0 的两条曲线间的夹角与经过映射后所得两曲线间的夹角在大小和方向上保持不变；

(2) 伸缩率的不变性：即通过 z_0 的任何一条曲线的伸缩率均为 $|f'(z_0)|$，而与其形状和方向无关.

二、共形映射的概念

定义 6.1 设 $w=f(z)$ 在 z_0 的邻域内是一一映射的,在 z_0 具有保角性和伸缩率的不变性,则称映射 $w=f(z)$ 在 z_0 是共形映射.如果映射 $w=f(z)$ 在 D 内的每一点都是共形映射,则称 $w=f(z)$ 是 D 内的**共形映射**.

据定理 6.1,可得定理 6.2.

定理 6.2 如果函数 $w=f(z)$ 在 z_0 解析,且 $f'(z_0)\neq 0$,则映射 $w=f(z)$ 在 z_0 是共形映射,而 $\mathrm{Arg}\,f'(z_0)$ 表示这个映射在 z_0 的旋转角,$|f'(z_0)|$ 表示伸缩率.

如果解析函数 $w=f(z)$ 在 D 内处处有 $f'(z)\neq 0$,则映射 $w=f(z)$ 是 D 内的共形映射.

例 6.2 考察函数 $w=\bar{z}$ 所构成的映射.

解 对于复平面上的任意一点 z_0,有 $\lim\limits_{z\to z_0}\dfrac{|w-w_0|}{|z-z_0|}=$ $\lim\limits_{z\to z_0}\dfrac{|\bar{z}-\overline{z_0}|}{|z-z_0|}=1$(即极限存在),因此映射 $w=\bar{z}$ 具有伸缩率不变性；又由于 $w=\bar{z}$ 是关于实轴对称的映射.因此,它使得曲线交角的大小不变,但方向相反,如图 6-3 所示,那么我们称这个映射为**第二类共形映射**,从而相对地称前述的共形映射为**第一类共形映射**,函数 $w=\bar{z}$ 是**第二类共形映射**.

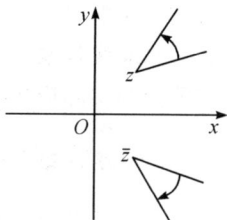

图 6-3

例 6.3 考察函数 $w=\mathrm{e}^z$ 构成的映射.

解 由于 $w=\mathrm{e}^z$ 在复平面上解析,且 $(\mathrm{e}^z)'\neq 0$,因此它在任何区域内均构成保角映射.但它不一定构成共形映射.如在区域 $0<\mathrm{Im}\,z<4\pi$ 内,取 $z_1=\dfrac{\pi}{2}i$,$z_2=\left(2\pi+\dfrac{\pi}{2}\right)i$,则映射到同一个函数值 $\mathrm{e}^{z_1}=\mathrm{e}^{z_2}=i$,即不是一一映射,因此不构成共形映射.而在区域 $0<\mathrm{Im}\,z<2\pi$ 内,映射 $w=\mathrm{e}^z$ 是共形映射.

特别注意 共形映射的特点是双方单值且在区域内每一点具有保角性和伸缩率不变性.

思考题 6.1

1. 一个函数所构成的映射在什么条件下具有伸缩率与旋转角的不变性？

2. 设函数 $w = f(z)$ 在 z_0 解析,且 $f'(z_0) \neq 0$. 为什么说:曲线 C 经过映射 $w = f(z)$ 后在 z_0 的旋转角和伸缩率与曲线 C 的形状和方向无关?

3. 说明 $w = iz, w = -iz$ 各代表怎样的映射?

习题 6.1

1. 试求映射 $w = z^2$ 在 z_0 处的伸缩率与旋转角.

(1) $z_0 = i$;   (2) $z_0 = 1 + i$.

2. 试求经过映射 $w = (z+1)^2$,伸缩率为常数的曲线与旋转角为常数的曲线.

3. 在映射 $w = iz$ 下,下列图形映射成什么图形?

(1) 以 $z = i, z = -1, z = 1$ 为顶点的三角形;

(2) 圆域 $|z - 1| \leqslant 1$.

§6.2 分式线性映射

由分式线性函数

$$w = \frac{az + b}{cz + d} \quad (a, b, c, d \text{ 为复数},\text{且 } ad - bc \neq 0) \tag{6.3}$$

构成的映射,称为**分式线性映射**. 其逆映射也为分式线性映射. 所以分式线性映射又称**双线性映射**. 特别地,当 $c = 0$ 时,则称为**(整式)线性映射**. 分式线性映射在理论和实际应用中都是非常重要的一类映射.

一、分式线性函数的分解

要弄清楚分式线性函数的映射特征,我们只需对下面四种简单函数进行讨论.

(1) $w = z + b, b$ 为复数;

(2) $w = e^{i\theta_0} z, \theta_0$ 为实数;

(3) $w = rz, r > 0$;

(4) $w = \dfrac{1}{z}$.

这是因为任何分式线性函数总可以分解为以上四种形式的映射,即对式(6.3),我们有:

当 $c = 0$ 时,

$$w = \frac{az + b}{d} = \frac{a}{d}\left(z + \frac{b}{a}\right);$$

当 $c \neq 0$ 时,

$$w = \frac{az + b}{cz + d} = \frac{a}{c} + \frac{bc - ad}{c(cz + d)}.$$

例 6.4 将分式线性映射 $w=\dfrac{2z}{z+i}$ 分解为四种形式的映射.

解
$$w=\frac{2z}{z+i}=2+\frac{-2i}{z+i}=2+2\mathrm{e}^{-\frac{\pi}{2}i}\left(\frac{1}{z+i}\right),$$

其由内向外分解过程为

$$w_1=z+i,\ w_2=\frac{1}{w_1},\ w_3=2w_2,\ w_4=\mathrm{e}^{-\frac{\pi}{2}i}w_3,\ w=2+w_4.$$

因此,知道了这四种函数映射的几何性质,就可以知道一般分式线性函数所确定的映射的特征,另外,由式(6.3)还可以看出,前三种函数构成(整式)线性映射.因此,分式线性映射也可以分解为(整式)线性映射与 $w=\dfrac{1}{z}$ 所构成的映射的复合.这样在后面的讨论中,有时会根据需要,只对(整式)线性映射与 $w=\dfrac{1}{z}$ 进行讨论,而不必分为四种形式.

1. 平移、旋转与相似映射

为了讨论方便,z 与 w 放在同一复平面上.

(1) 平移映射 $w=z+b$.

令 $z=x+iy$,$b=b_1+ib_2$,$w=u+iv$,则有 $u=x+b_1$,$v=y+b_2$.

映射 $w=z+b$ 将曲线 C 沿 b 的方向平移到曲线 C',如图 6-4 所示.

(2) 旋转映射 $w=\mathrm{e}^{i\theta_0}z$.

令 $z=r\mathrm{e}^{i\theta}$,则 $w=r\mathrm{e}^{i(\theta+\theta_0)}$,映射 $w=\mathrm{e}^{i\theta_0}z$ 将曲线 C 绕原点旋转到曲线 C',如图 6-5 所示.

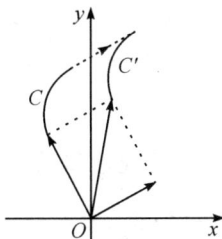

图 6-4

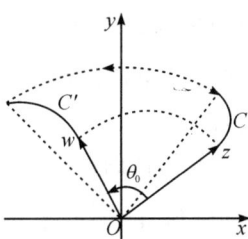

图 6-5

当 $\theta_0>0$ 时,逆时针旋转;当 $\theta_0<0$ 时,顺时针旋转.

(3) 相似映射 $w=rz$ ($r>0$).

令 $z=\rho\mathrm{e}^{i\theta}$,则有 $w=r\rho\mathrm{e}^{i\theta}$,它将曲线 C 放大(或缩小)到曲线 C'.相似映射的特点是对复平面上任意一点 z,保持辐角不变,而将模放大($r>1$)或者缩小($r<1$),如图 6-6 所示.

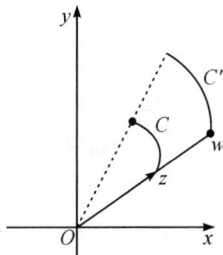

图 6-6

2. 反演映射

映射 $w = \dfrac{1}{z}$ 称为**反演映射**. 令 $z = re^{i\theta}$, 则 $w = \dfrac{1}{z} = \dfrac{1}{r}e^{i(-\theta)}$, 其模为 $|w| = \dfrac{1}{|z|}$, 辐角为 $\arg w = -\arg z$. 由 $|w| = \dfrac{1}{|z|}$ 可知, 当 $|z| < 1$ 时, $|w| > 1$; 当 $|z| > 1$ 时, $|w| < 1$.

因此反演映射 $w = \dfrac{1}{z}$ 的特点是将单位圆内部(或外部)的任一点映射到单位圆外部(或内部), 且辐角反号. 从图 6-7 中即可以清楚地看出, 映射 $w = \dfrac{1}{z}$ 实际上可以分两步

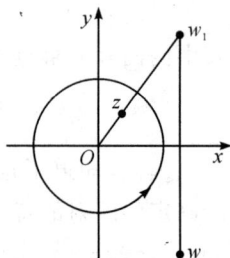

图 6-7

进行. 先将 z 映射为 w_1, 满足 $|w_1| = \dfrac{1}{|z|}$; 再将 w_1 映射为 w, 满足 $|w| = |w_1|$, 且 $\arg w = -\arg w_1$. 从几何角度看, w 与 w_1 关于实轴对称, 那么 z 与 w_1 的几何关系是什么呢?

定义 6.2 设某圆的半径为 R, 从圆心出发的射线上的两点 A, B, 满足 $\overline{OA} \cdot \overline{OB} = R^2$, 则称 A 与 B 关于**圆周对称**, 如图 6-8 所示. 自然地, 规定圆心与无穷远点关于该圆周对称.

根据定义 6.2 可知, z 与 w_1 关于单位圆周对称. 因此, 映射 $w = \dfrac{1}{z}$ 可由单位圆对称映射与实轴对称映射复合而成. 事实上, 如果我们将 $w = \dfrac{1}{z}$ 写成 $\xi = \dfrac{1}{\bar z}$ 与 $w = \bar\xi$ 的复合, 则前者正好是单位圆的对称映射, 而后者正好是实轴的对称映射.

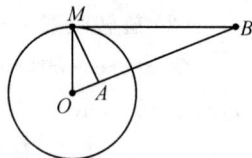

图 6-8

为了方便地进行后面的讨论, 对反演映射做如下的规定和说明.

(1) 规定反演映射 $w = \dfrac{1}{z}$, 将 $z = 0$ 映射成 $w = \infty$; 将 $z = \infty$ 映射成 $w = 0$.

(2) 令 $\xi = \dfrac{1}{z}$, $\varphi(\xi) = \varphi\left(\dfrac{1}{z}\right) \overset{记}{=} f(z)$, 规定函数 $f(z)$ 在点 $z = \infty$ 及其邻域的性态可由函数 $\varphi(\xi)$ 在点 $\xi = 0$ 及其邻域的性态确定.

按照此规定, 当我们讨论函数 $f(z)$ 在点 $z = \infty$ 附近的性态时, 可以先通过反演映射将 $f(z)$ 化为 $\varphi(\xi)$, 再讨论 $\varphi(\xi)$ 在原点附近的性态.

例如, 若函数 $\varphi(\xi)$ 在点 $\xi = 0$ 处解析, 且 $\lim\limits_{\xi \to 0} \varphi(\xi) = \varphi(0) = A$, 则可以认为 $f(z)$ 在 $z = \infty$ 点解析, 且 $\lim\limits_{z \to \infty} f(z) = f(\infty) = A$.

二、分式线性映射的保形性

分式线性映射 $w=\dfrac{az+b}{cz+d}$，当 $ad-bc\neq0$ 时，导数

$$\frac{\mathrm{d}w}{\mathrm{d}z}=\frac{a(cz+d)-c(az+b)}{(cz+d)^2}=\frac{ad-bc}{(cz+d)^2}\neq0;$$

当 $ad-bc=0$ 时，$\dfrac{\mathrm{d}w}{\mathrm{d}z}=0$，则 w 恒为常数.

用 $(cz+d)$ 乘以式(6.3)两端，得到对称形式

$$cwz+dw-az-b=0,$$

对于每个固定的 w，它关于 z 是线性的；而对于每个固定的 z，它关于 w 也是线性的. 因此由式(6.3)所确定的函数，也称为双线性函数（即分式线性函数）；由它给出的映射，称为双线性映射.

由式(6.3)可知，对所有 $z\neq-\dfrac{d}{c}$ 都对应一个确定的 w 值；反之，对于每个 w，可以解出 z，得其反函数

$$z=\frac{-dw+b}{cw-a}\tag{6.4}$$

也是分式线性函数，对所有 $w\neq\dfrac{a}{c}$ 都对应一个确定的 z 值.

考虑扩充的 z 平面与扩充的 w 平面，即包含无穷远点 $z=\infty$ 和 $w=\infty$.

当 $c=0$ 时，则映射

$$w=\frac{a}{d}z+\frac{b}{d}.$$

对每个有限值 z，都对应一个确定的有限值 w. 当 $z\to\infty$ 时，$w\to\infty$，所以 $z=\infty$ 被映射成 $w=\infty$.

当 $c\neq0$ 时，由公式(6.3)可知，若 $z\to-\dfrac{d}{c}$ 时，$w\to\infty$，所以 $z=-\dfrac{d}{c}$ 被映射成 $w=\infty$；又若 $z\to\infty$ 时，则 $w\to\dfrac{a}{c}$，即 $z=\infty$ 被映射成 $w=\dfrac{a}{c}$.

综合以上讨论，分式线性映射 $w=\dfrac{az+b}{cz+d}$ 是使扩充 z 平面变为扩充 w 平面的一一对应的保角映射.

定理 6.3 分式线性函数在扩充复平面上是共形映射.

三、分式线性映射的保圆性

在复平面上，我们将直线看作是半径为无穷大的圆周，在此意义下，分式线性映射能把圆映射成圆.

从前面的分析中,我们已经了解到,一个分式线性函数所确定的映射可以分解为平移、旋转、相似及反演映射.前三种映射显然把圆映射成圆.因此只需讨论反演映射 $w=\dfrac{1}{z}$ 也把圆映射成圆.

设 $z=x+iy,w=u+iv$,则由

$$w=\frac{1}{z}=\frac{1}{x+iy}=\frac{x}{x^2+y^2}-i\frac{y}{x^2+y^2},$$

得

$$u=\frac{x}{x^2+y^2},\quad v=\frac{-y}{x^2+y^2},$$

或

$$x=\frac{u}{u^2+v^2},\quad y=-\frac{v}{u^2+v^2}.$$

对于 z 平面上一个任意给定的圆,其方程为

$$A(x^2+y^2)+Bx+Cy+D=0 \quad (当 A=0 时,为直线), \tag{6.5}$$

该映射将圆的方程变为

$$D(u^2+v^2)+Bu-Cv+A=0 \quad (当 D=0 时,为直线). \tag{6.6}$$

因此,若 $A\neq0,D\neq0$ 时,则圆周映射成圆周;

若 $A=0,D\neq0$ 时,则直线映射成圆周;

若 $A=0,D=0$ 时,则直线映射成直线;

若 $A\neq0,D=0$ 时,则圆周映射成直线.

我们已经规定直线可以看成半径为无穷大的圆周,于是可简述为映射 $w=\dfrac{1}{z}$ 将圆周映射成圆周,即映射 $w=\dfrac{1}{z}$ 也具有保圆性.于是我们可得如下定理.

定理 6.4 在扩充复平面上,分式线性映射把圆变成圆.

例 6.5 求实轴在映射 $w=\dfrac{2i}{z+i}$ 下的象曲线.

解法一 在实轴上取三点分别为 $z_1=\infty,z_2=0,z_3=1$,则对应的三个象点分别为 $w_1=0,w_2=2,w_3=1+i$.因为分式线性映射能把圆变成圆,由此得到象曲线为 $|w-1|=1$.进一步还可得到,上半平面被映射到圆的内部,而下半平面被映射到圆的外部.

解法二 采用分解方式并结合几何特性求解.

因为 $w=\dfrac{2i}{z+i}=2e^{\frac{\pi}{2}i}\left(\dfrac{1}{z+i}\right)$,将所给映射从内向外分解为下列映射

$$w_1=z+i,\quad w_2=\frac{1}{w_1},\quad w_3=2w_2,\quad w=e^{\frac{\pi}{2}i}w_3.$$

图 6-9 给出了变化过程.其中 $w_2=\dfrac{1}{w_1}$ 可以分为 $\xi=\dfrac{1}{w_1}$ 与 $w_2=\bar{\xi}$ 两步进行,且它们也具有保圆性.

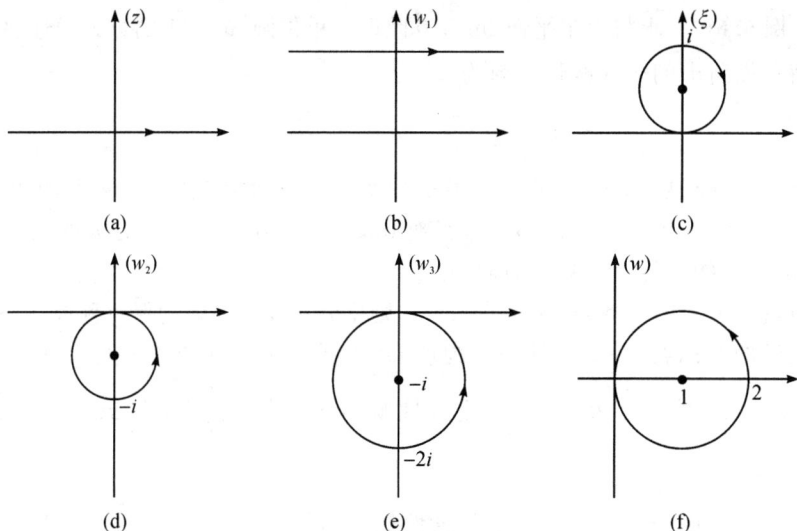

图 6 - 9

四、分式线性映射的保对称点性

分式线性映射,除了保形性与保圆性外,还有保持对称点不变的性质,简称**保对称性**.

先介绍对称点的概念.

定义 6.3 设 L 是 z 平面上一条直线,如果点 $z＝z_1$ 和 $z＝z_2$ 的连线以 L 为垂直平分线,则称 z_1 与 z_2 是关于直线 L 的一对对称点.

由此定义,得 z 和 $\bar{z}$ 关于实轴为对称点.

定义 6.4 设圆周 C:$|z－z_0|＝R$,如果点 $z＝z_1$ 和 $z＝z_2$ 在圆心 z_0 发出的同一射线上,且满足

$$|z_1－z_0|\cdot|z_2－z_0|＝R^2,$$

则称 z_1 与 z_2 是关于圆周 C 的一对对称点,如图 6 - 10 所示.

规定圆心 z_0 和 ∞ 是一对对称点.

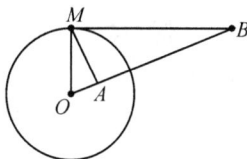

图 6 - 10

定理 6.5 (保对称点定理)设 z_1,z_2 关于圆 C 为对称点,则在分式线性映射下,它们的象点 w_1 与 w_2 也是关于 C 的象曲线 C' 的对称点.(此定理的证明从略)

五、分式线性映射的应用

分式线性映射在处理边界为圆弧或直线的区域问题中,具有非常重要的作用,下面举几个例题.

例 6.6 求将上半平面 $\mathrm{Im}z>0$ 映射成单位圆 $|w|<1$ 的分式线性映射.

解 设所求的分式线性映射为

$$w=\frac{az+b}{cz+d} \quad (ad-bc\neq0),$$

这个分式线性映射将 z 平面的上半平面 $\mathrm{Im}z>0$ 映射成 w 平面上的单位圆 $|w|<1$,必须将 $\mathrm{Im}z>0$ 的边界,即实轴 $\mathrm{Im}z=0$(看作半径为无穷大的圆周),映射为 $|w|<1$ 的边界,即单位圆周 $|w|=1$.

设点 $z=z_0$,$\mathrm{Im}z_0>0$ 映射为点 $w=0$,则据分式线性映射的保对称性,点 $z=z_0$ 关于实轴的对称点 $z=\overline{z_0}$ 应该映射为点 $w=0$ 关于单位圆的对称点 $w=\infty$.

当 $z=z_0$ 时,$w=0$,代入分式线性映射 $w=\dfrac{az+b}{cz+d}$ 中,有 $az_0+b=0$,即 $b=-az_0$.

当 $z=\overline{z_0}$ 时,$w=\infty$,由分式线性映射 $w=\dfrac{az+b}{cz+d}$,有 $c\,\overline{z_0}+d=0$,即 $d=-c\,\overline{z_0}$.

所以分式线性映射成为

$$w=\frac{a}{c}\cdot\frac{z-z_0}{z-\overline{z_0}}.$$

又因为 $z=0$ 必定要与单位圆周 $|w|=1$ 上的某一点 w 相对应,所以

$$1=|w|=\left|\frac{a}{c}\cdot\left(\frac{-z_0}{-\overline{z_0}}\right)\right|=\left|\frac{a}{c}\right|\cdot\frac{|z_0|}{|\overline{z_0}|}=\left|\frac{a}{c}\right|,$$

因此可设 $\dfrac{a}{c}=\mathrm{e}^{i\theta}$,$\theta$ 为任何实数,于是所求的分式线性映射为

$$w=\mathrm{e}^{i\theta}\frac{z-z_0}{z-\overline{z_0}},\mathrm{Im}z_0>0.$$

例 6.7 求将上半平面 $\mathrm{Im}z>0$ 映射成单位圆 $|w|<1$,且满足条件 $f(2i)=0$,$\arg f'(2i)=0$ 的分式线性映射 $w=f(z)$.

解 因为将上半平面 $\mathrm{Im}z>0$ 映射成单位圆 $|w|<1$ 的分式线性映射为

$$w=\mathrm{e}^{i\theta}\frac{z-z_0}{z-\overline{z_0}},\mathrm{Im}z_0>0.$$

由条件 $f(2i)=0$ 知,所求的分式线性映射要将上半平面中的点 $z=2i$ 映射成单位圆的圆心 $w=0$,所以分式线性映射为

$$w=\mathrm{e}^{i\theta}\frac{z-2i}{z+2i},$$

又因为

$$f'(z)=\mathrm{e}^{i\theta}\frac{4i}{(z+2i)^2},$$

所以有

$$f'(2i)=\mathrm{e}^{i\theta}\left(-\frac{i}{4}\right),$$

具条件 $\arg f'(2i)=0$，有

$$\arg f'(2i)=\arg e^{i\theta}+\arg\left(-\frac{i}{4}\right)=\theta+\left(-\frac{\pi}{2}\right)=0,$$

即得　$\theta=\dfrac{\pi}{2}$.

于是所求得分式线性映射为　　$w=i\left(\dfrac{z-2i}{z+2i}\right).$

例 6.8　求将单位圆 $|z|<1$ 映射成单位圆 $|w|<1$ 的分式线性映射.

解　设这个分式线性映射将 z 平面上的单位圆 $|z|<1$ 内一点 $z=z_0$，$z_0\neq0$，$|z_0|<1$ 映射成 w 平面上的单位圆 $|w|<1$ 的圆心 $w=0$，则 $z=z_0$ 关于圆周 $|z|=1$ 的对称点 $z=\dfrac{1}{\overline{z_0}}$ 将映射为 $w=0$ 关于圆周 $|w|=1$ 的对称点 $w=\infty$，因此所求的映射可以表示为

$$w=\frac{a}{c}\cdot\frac{z-z_0}{z-\dfrac{1}{\overline{z_0}}}=\frac{a\,\overline{z_0}}{c}\cdot\frac{z-z_0}{\overline{z_0}z-1}=k\cdot\frac{z-z_0}{\overline{z_0}z-1},$$

其中 $k=\dfrac{a\,\overline{z_0}}{c}$.

又因为点 $z=1$ 必定要与单位圆周 $|w|=1$ 上的某一点 w 相对应，所以

$$1=|w|=\left|k\cdot\frac{1-z_0}{\overline{z_0}-1}\right|=|k|,$$

因此可设 $k=e^{i\theta}$，θ 为任何实数，于是所求的分式线性映射为

$$w=e^{i\theta}\frac{z-z_0}{\overline{z_0}z-1},|z_0|<1.$$

上面两例是两个重要的分式线性映射，它们将指定的区域映射成指定的区域，但是这个映射不是唯一的，因为 z_0 与 θ 是待定的常数.

我们现在的问题是：在什么情况下有唯一的分式线性映射将指定的区域映射成指定的区域？下面我们将讨论这个问题.

六、唯一决定分式线性映射的条件

分式线性映射 $w=\dfrac{az+b}{cz+d}$ 中有四个系数 a,b,c,d，但是可以将分式中的常数化为三个，例如，当 $a\neq0$ 时，

$$w=\frac{az+b}{cz+d}=\frac{\left(z+\dfrac{b}{a}\right)}{\left(\dfrac{c}{a}z+\dfrac{d}{a}\right)}.$$

令 $A=\dfrac{b}{a}$，$B=\dfrac{c}{a}$，$C=\dfrac{d}{a}$，则分式线性映射化为

$$w = \frac{z+A}{Bz+C}.$$

即分式线性映射只有三个独立常数,因此只需要有三个条件,就可以唯一决定一个分式线性映射.下面讨论具体做法.

在 z 平面上任取三个不同的点 z_1, z_2, z_3,同样在 w 平面上也任给三个不同的点 w_1, w_2, w_3,将它们分别代入分式线性映射 $w = \frac{az+b}{cz+d}$ 中,得到

$$w_k = \frac{az_k+b}{cz_k+d} \quad (k=1,2,3).$$

再与 $w = \frac{az+b}{cz+d}$ 相减,得

$$w - w_k = \frac{(z-z_k)(ad-bc)}{(cz+d)(cz_k+d)} \quad (k=1,2),$$

$$w_3 - w_k = \frac{(z_3-z_k)(ad-bc)}{(cz_3+d)(cz_k+d)} \quad (k=1,2),$$

由此得
$$\frac{w-w_1}{w-w_2} : \frac{w_3-w_1}{w_3-w_2} = \frac{z-z_1}{z-z_2} : \frac{z_3-z_1}{z_3-z_2}. \tag{6.7}$$

将式(6.7)整理便可得到形如 $w = \frac{az+b}{cz+d}$ 的分式线性函数,它满足条件且不含未知系数.于是便得定理 6.6.

定理 6.6 在 z 平面上任给三个不同的点 z_1, z_2, z_3,同样在 w 平面上也任给三个不同的点 w_1, w_2, w_3,则存在唯一的分式线性映射,把 z_1, z_2, z_3 分别一次地映射为 w_1, w_2, w_3.

我们将公式(6.7)称为**对应点公式**.在实际应用时,常常会利用一些特殊点(如 $z=0, z=\infty$ 等)使公式得到简化.

推论 6.1 如果 z_k 或 w_k 中有一个为 ∞,则只需将对应点公式中含有 ∞ 的项换为 1.

推论 6.2 设 $w=f(z)$ 是一个分式线性映射,且有 $f(z_1)=w_1$ 以及 $f(z_2)=w_2$,则分式线性映射可以表示为

$$\frac{w-w_1}{w-w_2} = k\frac{z-z_1}{z-z_2} \quad (k \text{ 为复常数}).$$

特别地,当 $w_1=0, w_2=\infty$ 时,有

$$w = k\frac{z-z_1}{z-z_2} \quad (k \text{ 为复常数}). \tag{6.8}$$

公式(6.8)在构造区域间的共形映射时非常有用.其特点是把过 z_1 与 z_2 两点的弧映射成过原点的直线,而这正是我们再构造共形映射时常用的手法,其中 k 可由其他条件确定.

例 6.9 求将上半平面 $\text{Im} z > 0$ 映射成单位圆 $|w| < 1$ 的分式线性映射.

解 在例 6.6 中已经介绍了一种方法,下面我们用对应点公式求分式线性映射.

这两个区域的边界分别为实轴与单位圆周,正好是从"圆"变到圆 C',根据唯一决定分式线性映射的条件,可在实轴上取三点 $0,1,\infty$,使其分别映射为圆周 C' 上的三点 $-1,-i,1$.

由对应点公式,有

$$\frac{w+1}{w+i} : \frac{1+1}{1+i} = \frac{z-0}{z-1} : \frac{\infty-0}{\infty-1},$$

根据规定,有

$$\frac{w+1}{w+i} : \frac{1+1}{1+i} = \frac{z-0}{z-1} : \frac{1}{1},$$

整理后得所求的分式线性映射为

$$w = \frac{z-i}{z+i}.$$

如果仅要求把上半平面映射为单位圆,而不作其他限制的话,上面的式子已经足够了.但必须清楚的是,这一问题本身可以有无穷多个解,它们与三点的选取有关.例 6.6 解法得到的是通解.

思考:这与分式线性映射的唯一性是否矛盾?

根据对应点公式,在两个已知圆 C 与 C' 上分别取定三个不同点以后,必能找到一个分式线性映射将 C 映射成 C',但是这个映射会将 C 的内部映射成什么呢? 这就是下面要解决的问题.

(方法 1)在 C 上取定三个点 z_1,z_2,z_3,它们在 C' 上的象分别为 w_1,w_2,w_3. 如果 C 依 $z_1 \to z_2 \to z_3$ 的绕向与 C' 依 $w_1 \to w_2 \to w_3$ 的绕向相同时,则 C 的内部就映射成 C' 的内部;相反时,则 C 的内部就映射成 C' 的外部,如图 6-11 所示.

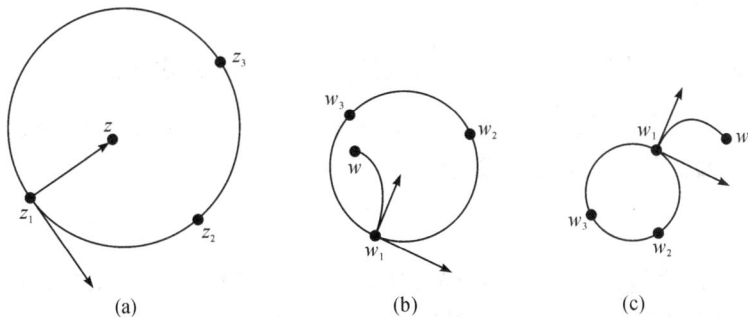

$$(a) \qquad\qquad (b) \qquad\qquad (c)$$

图 6-11

(方法 2)在分式线性映射下,如果在 C 内任取一点 z_0,而点 z_0 的象 w_0 在

C' 的内部，则 C 的内部就映射成 C' 的内部；如果点 z_0 的象 w_0 在 C' 的外部，则 C 的内部就映射成 C' 的外部.

特殊情况，当 C 为圆周，C' 为直线的情况下，分式线性映射将 C 的内部映射成 C' 的某一侧的半平面，究竟是哪一侧，由绕向确定.

例 6.10 求将 z 平面的实轴上的三点 $-1,0,1$ 分别映射成 w 平面上的圆周 $C':|w|=1$ 上的三点 $1,i,-1$ 的分式线性映射，并指出它是将上半平面 $\mathrm{Im}z>0$ 映射成单位圆 $|w|<1$ 的映射.

解 根据公式(6.7)，有

$$\frac{w-1}{w-i}:\frac{-1-1}{-1-i}=\frac{z+1}{z-0}:\frac{1+1}{1-0},$$

化简便得到所求的分式线性映射为

$$w=\frac{z-i}{iz-1}.$$

由于实轴依 $z_1=-1\to z_2=0\to z_3=1$ 的绕向与 C' 依 $w_1=1\to w_2=i\to w_3=-1$ 的绕向相对应，因此 z 平面的上半平面被映射到 w 平面上的单位圆 C' 的内部.

例 6.11 求将上半圆域 $|z|<1,\mathrm{Im}z>0$ 映射为第一象限的分式线性映射.

解 （方法 1）先构造一分式线性映射，将 z 平面上的点 -1 与 1 分别映射到 w 平面上点 0 与 ∞，作这样的分式线性映射，可取

$$w=k\frac{z+1}{z-1},$$

再将 $z=i$ 映射成 $w_1=i$，则

$$i=k\frac{i+1}{i-1},$$

于是 $k=\dfrac{i(i-1)}{i+1}=-1$.

所以分式线性映射 $w=-\dfrac{z+1}{z-1}$ 分别将 z 平面上排定次序的三点 $-1\to 1\to i$ 映射到 w 平面上的三点 $0\to\infty\to i$，于是 z 平面上的上半圆 $|z|<1,\mathrm{Im}z>0$ 被映射到 w 平面上第一象限的分式线性映射为

$$w=\frac{1+z}{1-z}.$$

（方法 2）先构造一分式线性函数使 -1 变为 0，使 1 变为 ∞，从而将边界 C_1 与 C_2 映射为从原点出发的两条射线，其函数可为

$$w_1=\frac{z+1}{z-1}.$$

根据点的转向可以容易知道它将 D 映射为第三象限,如图 $6-12$ 所示,再通过旋转映射即得所求的分式线性映射为

$$w = w_1 \mathrm{e}^{i\pi} = \frac{1+z}{1-z}.$$

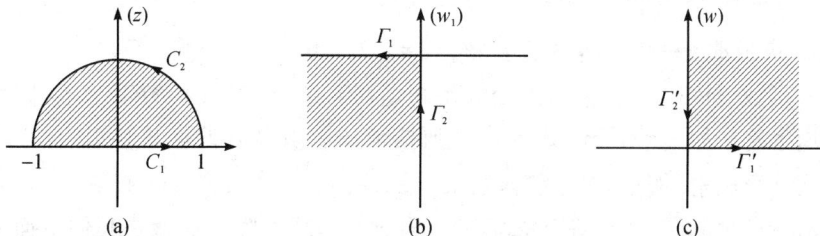

图 $6-12$

思考题 6.2

1. 分式线性映射具有哪些性质?

2. 什么情况下存在唯一的分式线性变换将指定的区域映射为指定的区域?

3. 分式线性映射 $w = \dfrac{az+b}{cz+d}$ 将上半平面 $\mathrm{Im}z > 0$ 映射成上半平面 $\mathrm{Im}w > 0$,那么系数 a, b, c, d 满足什么条件?

4. 怎样判断一个圆周在经过分式线性映射后变成一个圆周或一条直线?

习题 6.2

1. 在下列各小题中,给出三组对应点 $z_1 \leftrightarrow w_1, z_2 \leftrightarrow w_2, z_3 \leftrightarrow w_3$ 的具体数值,写出相应的分式线性映射,并指出该映射将通过 z_1, z_2, z_3 的圆周的内部或直线的左边(按 z_1, z_2, z_3 方向观察)映射成什么区域?

(1) $1 \leftrightarrow 1, i \leftrightarrow 0, -i \leftrightarrow -1$;　　　　(2) $1 \leftrightarrow \infty, i \leftrightarrow -1, -1 \leftrightarrow 0$;

(3) $\infty \leftrightarrow 0, i \leftrightarrow i, 0 \leftrightarrow \infty$;　　　　(4) $\infty \leftrightarrow 0, 0 \leftrightarrow 1, 1 \leftrightarrow \infty$.

2. 求将上半平面 $\mathrm{Im}z > 0$ 映射成单位圆 $|w| < 1$,且满足条件 $f(i) = 0$,$\arg f'(i) = 0$ 的分式线性映射.

3. 求将单位圆 $|z| < 1$ 映射成单位圆 $|w| < 1$,且满足条件 $f\left(\dfrac{1}{2}\right) = 0$, $f(-1) = 1$ 的分式线性映射.

4. 求一个将右半平面 $\mathrm{Re}z > 0$ 映射成单位圆 $|w| < 1$ 的分式线性映射.

5. 求一个将点 $z = 1, i, -i$ 分别映射成点 $w = 1, 0, -1$ 的分式线性映射,这个映射将单位圆域 $|z| < 1$ 映射成什么区域?

§6.3　几个初等函数构成的共形映射

一、幂函数与根式函数

1. 幂函数 $w = z^n$　（n 为正整数，且 $n \geqslant 2$）

幂函数 $w = z^n$ 在复平面内处处解析，且当 $z \neq 0$ 时，其导数不为零，因此在复平面上除去原点外，幂函数 $w = z^n$ 所构成的映射是处处保角映射，但它不一定构成共形映射. 例如，对于幂函数 $w = z^4$，取 $z_1 = e^{\frac{\pi}{2}i}$，$z_2 = e^{\pi i}$，则 $z_1^4 = z_2^4$，不是一一对应的. 那么幂函数在什么情况下构成共形映射呢？这就是我们下面要讨论的问题.

设 $z = re^{i\theta}$，$w = \rho e^{i\varphi}$，则 $w = r^n e^{in\theta} = \rho e^{i\varphi}$，即可得到

$$\rho = r^n, \quad \varphi = n\theta.$$

由此可见，在 $w = z^n$ 映射下，z 平面上的圆周 $|z| = r$ 映射成 w 平面上的圆周 $|w| = r^n$，特别是：

①单位圆 $|z| = 1$ 映射成单位圆 $|w| = 1$；

②射线 $\theta = \theta_0$ 映射成射线 $\varphi = n\theta_0$；

③正实轴 $\theta = 0$ 映射成正实轴 $\varphi = 0$；

④角形域 $0 < \theta < \theta_0 < \dfrac{2\pi}{n}$ 映射成角形域 $0 < \varphi < n\theta_0$.

由此可得到，映射 $w = z^n$ 将 z 平面上的角形域 $0 < \theta < \dfrac{2\pi}{n}$ 映射成 w 平面上除去正实轴以外的全平面 $0 < \varphi < 2\pi$，它的两边 $\theta = 0$ 及 $\theta = \dfrac{2\pi}{n}$ 都映射成 w 平面上的正半实轴. 为了使映射不仅在角形域 $0 < \theta < \dfrac{2\pi}{n}$ 内是一一对应的，而且在其边界上也是一一对应的，我们在 w 平面上沿着正实轴剪开一条缝，并且规定：$\theta = 0$ 映射成 w 平面正实轴的上沿 $\varphi = 0$，而 $\theta = \dfrac{2\pi}{n}$ 映射成 w 平面正实轴的下沿 $\varphi = 2\pi$，在这样两个区域中映射 $w = z^n$ 或 $z = \sqrt[n]{w}$ 是一一对应的，如图 6-13 所示.

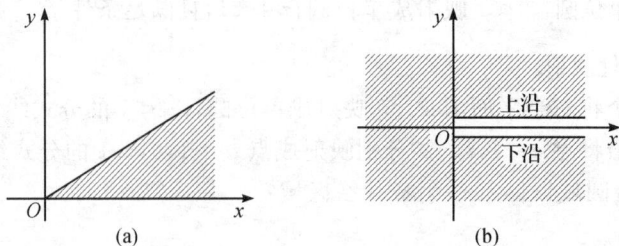

图 6-13

2. 根式函数 $w=\sqrt[n]{z}$

作为 $w=z^n$ 的逆映射 $z=\sqrt[n]{w}$，将 w 平面角形域：$0<\arg w<n\theta\left(0<\theta<\dfrac{2\pi}{n}\right)$ 映射成 z 平面上的角形域：$0<\arg z<\theta$.

综合上述，要作角形域与角形域之间的映射时，

(1) 如果将角形域的角度"拉开" n 倍，则用幂函数 $w=z^n$；

(2) 如果将角形域的角度"压缩" n 倍，则用根式函数 $w=\sqrt[n]{z}$.

需要注意的是，如果是扇形域（即模有限），则模要相应地扩大或缩小，这一点往往容易忽略.

例 6.12　求将角形域 $0<\arg z<\dfrac{1}{4}\pi$ 映射为单位圆域 $|w|<1$ 的一个共形映射.

解　如图 6-14 所示，先由幂函数 $w_1=z^4$ 将角形域 D：$0<\arg z<\dfrac{1}{4}\pi$ 映射为上半平面 $\mathrm{Im}\,w_1>0$，再由分式线性映射 $w_2=\mathrm{e}^{i\theta}\dfrac{w_1-z_0}{w_1+z_0}$ 将其映射为单位圆域 $|w|<1$.

为了确定分式线性映射 $w_2=\mathrm{e}^{i\theta}\dfrac{w_1-z_0}{w_1+z_0}$ 中的数 θ,z_0，取 $\theta=0,z_0=i$，则分式线性映射为

$$w_2=\frac{w_1-i}{w_1+i},$$

复合起来便得到所求共形映射为

$$w=\frac{z^4-i}{z^4+i}.$$

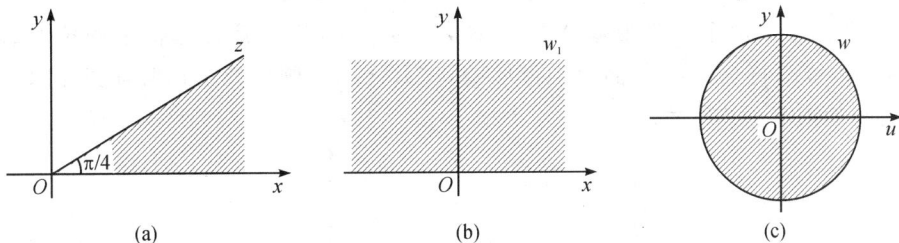

图 6-14

例 6.13　设区域 D：$|z|<1,\mathrm{Im}\,z>0,\mathrm{Re}\,z>0$，求一共形映射，将 D 映射为上半平面.

解　如图 6-15 所示，先由幂函数 $w_1=z^2$ 将 D 映射为上半单位圆域

$|w_1|<1, \mathrm{Im}w_1>0$；再由分式线性映射 $w_2=\dfrac{1+w_1}{1-w_1}$ 将其映射为第一象限 $\mathrm{Im}w_2>0$，

$\mathrm{Re}w_2>0$；最后由映射 $w=w_2^2$ 将其映射为上半平面 $\mathrm{Im}w>0$.

因此所求共形映射为 $$w=\left(\frac{1+z^2}{1-z^2}\right)^2.$$

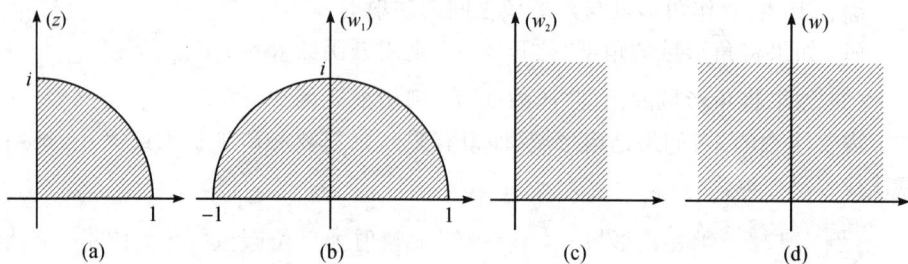

图 6 - 15

二、指数函数

函数 $w=\mathrm{e}^z$ 在复平面上处处解析，且导数不为零，因此它在复平面上构成的映射是保角映射．但是要注意，指数函数是周期函数，不是双方单值的，因而不一定构成共形映射．那么指数函数在什么情况下构成共形映射呢？这就是我们下面要讨论的问题．

设 $z=x+iy, w=\rho\mathrm{e}^{i\varphi}$，则 $w=\mathrm{e}^{x+iy}=\mathrm{e}^x\mathrm{e}^{iy}=\rho\mathrm{e}^{i\varphi}$，即有 $\rho=\mathrm{e}^x, \varphi=y$，由此可见，在映射 $w=\mathrm{e}^z$ 下，

①z 平面上的直线 $x=$ 常数，映射成 w 平面上的圆周 $\rho=$ 常数；

②z 平面上的直线 $y=$ 常数，映射成 w 平面上的射线 $\varphi=$ 常数；

③z 平面上的实轴 $y=0$，映射成 w 平面上的正半实轴 $\varphi=0$；

④z 平面上的直线 $y=\alpha$，映射成 w 平面上的射线 $\varphi=\alpha$.

于是 z 平面上的带形域 $0<\mathrm{Im}z<\alpha$ （$\alpha<2\pi$）映射成 w 平面上的角形域 $0<\arg z<\alpha$；特别是，z 平面上的带形域 $0<\mathrm{Im}z<2\pi$ 映射成沿正实轴剪开的 w 平面，如图 6 - 16 所示．

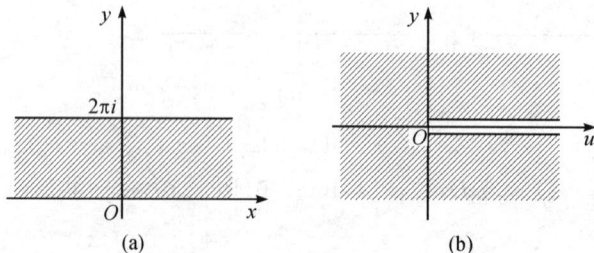

图 6 - 16

由以上讨论得到,函数 $w=e^z$ 是将带形域 $0<\mathrm{Im}z<\alpha$　$(\alpha\leqslant 2\pi)$ 共形映射为角形域 $0<\arg w<\alpha$ 的映射.因此可以简单地说,指数函数的特点是将带形域变成角形域.相应地,对数函数 $w=\ln z$ 作为指数函数的逆映射,则是将角形域 $0<\arg z<\alpha$　$(\alpha\leqslant 2\pi)$ 变为带形域 $0<\mathrm{Im}w<\alpha$.

综合上述,要作角形域与带形域之间的映射时,

① 如果将带形域映射为角形域,则用指数函数 $w=e^z$;

② 如果将角形域映射为带形域,则用对数函数 $w=\ln z$.

例 6.14　求将带形域 $0<\mathrm{Im}z<\pi$ 映射成单位圆 $|w|<1$ 的一个映射.

解　映射 $w_1=e^z$ 将已知的带形域 $0<\mathrm{Im}z<\pi$ 映射成 w_1 平面上的上半平面域 $\mathrm{Im}w_1>0$,又映射 $w=\dfrac{w_1-i}{w_1+i}$,将 w_1 平面上的上半平面域 $\mathrm{Im}w_1>0$ 映射成 w 平面上的单位圆域 $|w|<1$,于是所求的映射为

$$w=\frac{e^z-i}{e^z+i}.$$

例 6.15　求将带形域 $a<\mathrm{Re}z<b$ 映射成上半平面 $\mathrm{Im}w>0$ 的一个共形映射.

解　先将带形域 $a<\mathrm{Re}z<b$ 经过分式线性映射,映射成带形域 $0<\mathrm{Im}w_1<\pi$,再利用指数映射,将带形域 $0<\mathrm{Im}w_1<\pi$ 映射成上半平面 $\mathrm{Im}w>0$,如图 $6-17$ 所示.

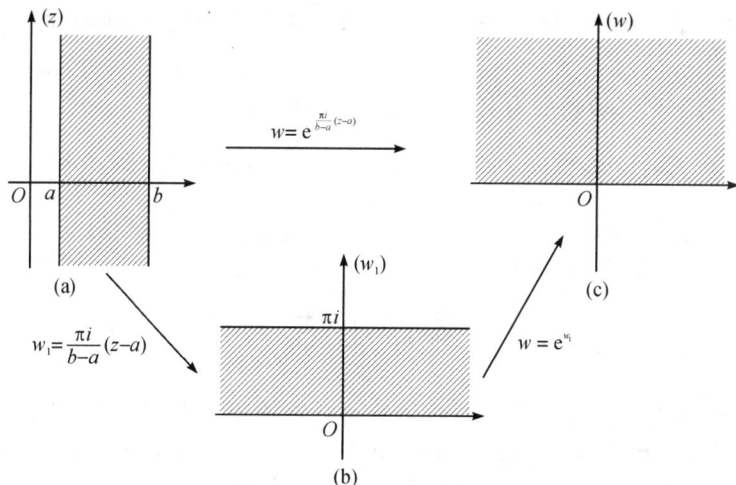

图 $6-17$

于是所求的映射为

$$w=e^{\frac{\pi i}{b-a}(z-a)}.$$

思考题 6.3

1. 如果将角形域的角度"拉开"n倍,或者"压缩"n倍,需要用什么函数构成的映射?

2. 如果将带形域映射为角形域,或者将角形域映射为带形域,需要用什么函数构成的映射?

3. 如果将圆域映射成圆域(包含半平面),需要用什么函数构成的映射?

4. 如果将圆域映射成角形域,或者角形域映射成圆域,需要用什么函数构成的映射?

习题 6.3

1. 求将角形域 $0 < \arg z < \dfrac{1}{2}\pi$ 映射为上半平面的一个共形映射.

2. 求将角形域 $0 < \arg z < \dfrac{4}{5}\pi$ 映射为单位圆域 $|w| < 1$ 的一个共形映射.

3. 求将带形域 $\dfrac{\pi}{2} < \mathrm{Re}\, z < \pi$ 映射成上半平面 $\mathrm{Im}\, w > 0$ 的一个共形映射.

4. 求映射 $w = \mathrm{e}^z$ 将 z 平面上的带形域 $0 < \mathrm{Im}\, z < \pi, \mathrm{Re}\, z < 0$ 映射成 w 平面上的区域.

5. 求将带形域 $0 < \mathrm{Im}\, z < \pi, \mathrm{Re}\, z > 0$ 映射成上半平面 $\mathrm{Im}\, w > 0$ 的一个共形映射.

6. 求将下列区域映射为上半平面的共形映射.

(1) $|z| < 2, \mathrm{Im}\, z > 1$;   (2) $0 < \arg z < \dfrac{\pi}{4}, |z| < 2$;

(3) $a < \mathrm{Re}\, z < b$;   (4) $0 < \arg z < \dfrac{3}{2}\pi, |z| > 2$.

本章小结

本章通过对导函数的模及幅角的几何分析给出了伸缩率以及旋转角的概念,从而引出了共形映射的概念,并且借助于这个概念研究了解析函数构成的映射的特征,讨论了比较简单而且重要的共形映射——分式线性映射.最后简单介绍了两对初等函数:幂函数与根式函数、指数函数与对数函数构成的映射.

一、共形映射的概念

解析函数 $w = f(z)$ 在点 z_0 处导数 $f'(z_0) \neq 0$,则函数 $w = f(z)$ 构成的映射

在点 z_0 处旋转角 $\operatorname{Arg} f'(z_0)$、伸缩率 $|f'(z_0)|$ 具有不变性. 因此函数 $w = f(z)$ 构成的映射在点 z_0 处是共形映射. 共形映射所研究的基本问题是构造解析函数使一个区域共形地映射到另一个区域, 为了解决这样的问题, 我们重点讨论了分式线性函数构成的映射.

二、分式线性映射

分式线性映射可以分解为旋转、伸缩、平移和反演映射. 反演映射又可以分解为关于单位圆和关于实轴对称的映射. 分式线性映射具有保形性、保圆性以及保对称性, 并且复平面上三对对应点可以确定一个分式线性映射.

分式线性映射对于处理边界为圆弧或直线的区域的保形映射, 具有很大的作用, 这是因为它可以将直线与圆之间相互转换.

三、两对初等函数的共形映射

幂函数与根式函数构成的共形映射是在角形域与角形域之间进行转换; 指数函数与对数函数构成的映射是在角形域与带形域之间进行转换. 因此, 它们在使用上具有非常固定的模式.

综合使用幂函数与根式函数、指数函数与对数函数、分式线性函数的复合, 就可以将一些指定的单连通区域共形映射成另一个单连通区域.

自测题 6

一、选择题

1. 映射 $w=\dfrac{3z-i}{z+i}$ 在 $z_0=2i$ 处的旋转角为 （ ）

A. 0   B. $\dfrac{\pi}{2}$ C. π D. $-\dfrac{\pi}{2}$

2. 映射 $w=e^{iz^2}$ 在点 $z_0=i$ 处的伸缩率为 （ ）

A. 1   B. 2   C. e^{-1} D. e

3. 下列命题中，正确的是 （ ）

A. $w=z^n$ 在复平面上处处保角（此处 n 为自然数）

B. 映射 $w=z^3+4z$ 在 $z=0$ 处的伸缩率为零

C. 若 $w=f_1(z)$ 与 $w=f_2(z)$ 是同时把单位圆 $|z|<1$ 映射到上半平面 $\mathrm{Im}w>0$ 的分式线性映射，那么 $f_1(z)=f_2(z)$

D. 函数 $w=\bar{z}$ 构成的映射属于第二类保角映射

4. 函数 $w=\dfrac{z^3-i}{z^3+i}$ 将角形域 $0<\arg z<\dfrac{\pi}{3}$ 映射为 （ ）

A. $|w|<1$ B. $|w|>1$ C. $\mathrm{Im}w>0$ D. $\mathrm{Im}w<0$

5. 设 a,b,c,d 为实数，且 $ad-bc<0$，那么分式线性映射 $w=\dfrac{az+b}{cz+d}$ 把上半平面映射为 w 平面的 （ ）

A. 单位圆内部   B. 单位圆外部

C. 上半平面   D. 下半平面

6. 把带形域 $0<\mathrm{Im}z<\dfrac{\pi}{2}$ 映射成上半平面 $\mathrm{Im}w>0$ 的一个映射为 （ ）

A. $w=2e^z$ B. $w=e^z$ C. $w=ie^z$ D. $w=e^{iz}$

二、填空题

1. 若函数 $f(z)$ 在点 z_0 解析且 $f'(z_0)\neq0$，那么映射 $w=f(z)$ 在 z_0 处具有

_____.

2. 将单位圆 $|z|<1$ 映射为圆域 $|w|<R$ 的分式线性变换的一般形式为

_____.

3. 把角形域 $0<\arg z<\dfrac{\pi}{4}$ 映射成圆域 $|w|<4$ 的一个映射可写为 _____.

4. 映射 $w=e^z$ 将带形域 $0<\mathrm{Im}z<\dfrac{3}{4}\pi$ 映射为 _____.

5. 映射 $w=z^3$ 将扇形域 $0<\arg z<\dfrac{1}{3}\pi$ 且 $|z|<2$ 映射为 _____.

6. 映射 $w = \ln z$ 将上半 z 平面映射为_____.

三、求下列的分式线性映射

1. 将点 $z = 1, i, -1$ 分别映射为点 $w = \infty, -1, 0$ 的分式线性映射.

2. 将点 $z = 2, i, -2$ 分别映射为点 $w = -1, i, 1$ 的分式线性映射.

3. 把上半平面 $\text{Im} z > 0$ 映射成圆域 $|w| < 2$，且满足 $f(i) = 0, f'(i) = 1$ 的分式线性映射.

4. 把单位圆 $|z| < 1$ 映射成单位圆 $|w| < 1$ 且满足 $f\left(\dfrac{1}{2}\right) = 0, f(-1) = 1$ 的分式线性映射.

四、求下列映射

1. 把带形域 $0 < \text{Im} z < \dfrac{\pi}{2}$ 映射成上半平面 $\text{Im} w > 0$ 的一个映射.

2. 把单位圆 $|z| < 1$ 映射为圆域 $|w - 1| < 1$ 且满足 $f(0) = 1, f'(0) > 0$ 的映射.

3. 把上半平面 $\text{Im} z > 0$ 映射成单位圆 $|w| < 1$ 且满足 $f(1 + i) = 0$，$f(1 + 2i) = \dfrac{1}{3}$ 的映射.

五、下列的映射将给出的区域映射成什么区域？

1. 分式线性映射 $w = \dfrac{2z - 1}{2 - z}$ 把圆周 $|z| = 1$ 映射成什么区域？

2. 分式线性映射 $w = \dfrac{z + 1}{1 - z}$ 将区域 $|z| < 1$ 且 $\text{Im} z > 0$ 映射成什么区域？

3. 映射 $w = \dfrac{e^z - 1 - i}{e^z - 1 + i}$ 将带形区域 $0 < \text{Im} z < \pi$ 映射成什么区域？

六、求分式线性映射 $w = f(z)$，使单位圆周 $|z| = 1$ 映射为单位圆周 $|w| = 1$，且使 $z = 1, 1 + i$ 映射为 $w = 1, \infty$.

第七章　傅里叶变换

在数学实践中,人们处理一些复杂问题时,常常采用变换的方法将原问题转换为较易解决的问题,但较易解决问题的解并不是原问题的解,这时需要通过逆变换再求得原来复杂问题的解,其总体思想可用下面框图表示:

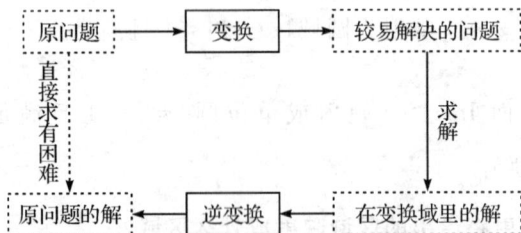

所谓积分变换,就是通过积分运算,把一个函数变为另一个函数的变换.傅里叶变换就是其中一种最为重要的积分变换,它的理论和方法不仅在数学的许多分支中,而且在信号处理、无线电技术、电工学等领域中均有着广泛的应用,已成为主要的运算工具.

§7.1　傅里叶变换的概念

一、傅里叶级数

1. 傅里叶级数的三角形式

定理 7.1　设周期为 T 的实值函数 $f_T(t)$ 在 $\left[-\dfrac{T}{2}, \dfrac{T}{2}\right]$ 上满足狄利克雷条件,则它的傅里叶级数展开式的三角形式为

$$f_T(t) = \frac{a_0}{2} + \sum_{n=1}^{\infty}(a_n\cos n\omega_0 t + b_n\sin n\omega_0 t), \tag{7.1}$$

其中 $\omega_0 = \dfrac{2\pi}{T}$,

$$a_n = \frac{2}{T}\int_{-\frac{T}{2}}^{\frac{T}{2}} f_T(t)\cos n\omega_0 t\, dt \quad (n = 0,1,2,\cdots),$$

$$b_n = \frac{2}{T} \int_{-\frac{T}{2}}^{\frac{T}{2}} f_T(t) \sin n\omega_0 t \, dt \quad (n = 1, 2, \cdots).$$

当 t 为函数 $f_T(t)$ 的间断点时,式(7.1)的左端为 $\frac{1}{2}[f_T(t+0) + f_T(t-0)]$.

2. 傅里叶级数的复指数形式

利用欧拉公式 $e^{j\theta} = \cos\theta + j\sin\theta$,$e^{-j\theta} = \cos\theta - j\sin\theta$(在复变函数各章节中采用 i 作为虚数单位,而在积分变换中往往采用 j 作为虚数单位),得

$$\cos n\omega_0 t = \frac{1}{2}(e^{jn\omega_0 t} + e^{-jn\omega_0 t}),$$

$$\sin n\omega_0 t = \frac{1}{2j}(e^{jn\omega_0 t} - e^{-jn\omega_0 t}) = -\frac{j}{2}(e^{jn\omega_0 t} - e^{-jn\omega_0 t}),$$

则式(7.1)化为 $f_T(t) = \dfrac{a_0}{2} + \displaystyle\sum_{n=1}^{\infty} \left(\frac{a_n - jb_n}{2} e^{jn\omega_0 t} + \frac{a_n + jb_n}{2} e^{-jn\omega_0 t} \right)$,

令 $c_0 = \dfrac{a_0}{2}$,$c_n = \dfrac{a_n - jb_n}{2}$ 及 $c_{-n} = \dfrac{a_n + jb_n}{2}$,

于是

$$c_0 = \frac{1}{T} \int_{-\frac{T}{2}}^{\frac{T}{2}} f_T(t) \, dt,$$

$$c_n = \frac{1}{T} \left[\int_{-\frac{T}{2}}^{\frac{T}{2}} f_T(t) \cos n\omega_0 t \, dt - j \int_{-\frac{T}{2}}^{\frac{T}{2}} f_T(t) \sin n\omega_0 t \, dt \right]$$

$$= \frac{1}{T} \int_{-\frac{T}{2}}^{\frac{T}{2}} f_T(t) e^{-jn\omega_0 t} \, dt \quad (n = 1, 2, 3, \cdots),$$

$$c_{-n} = \frac{1}{T} \int_{-\frac{T}{2}}^{\frac{T}{2}} f_T(t) e^{jn\omega_0 t} \, dt \quad (n = 1, 2, 3, \cdots),$$

将上面的 c_0, c_n, c_{-n} 合为一个式子,得

$$c_n = \frac{1}{T} \int_{-\frac{T}{2}}^{\frac{T}{2}} f_T(t) e^{-jn\omega_0 t} \, dt = \frac{1}{T} \int_{-\frac{T}{2}}^{\frac{T}{2}} f_T(t) e^{-j\omega_n t} \, dt,$$

这里 $\omega_n = n\omega_0$ $(n = 0, \pm1, \pm2, \pm3, \cdots)$,这样式(7.1)可以写成复指数形式

$$^* f_T(t) = \sum_{n=-\infty}^{+\infty} c_n e^{j\omega_n t} \quad (n = 0, \pm1, \pm2, \pm3, \cdots), \tag{7.2}$$

将式(7.2)表示为积分形式,即将系数 $c_n = \dfrac{1}{T} \displaystyle\int_{-\frac{T}{2}}^{\frac{T}{2}} f_T(t) e^{-j\omega_n t} \, dt$ 代入式(7.2),得

$$f_T(t) = \frac{1}{T} \sum_{n=-\infty}^{+\infty} \left[\int_{-\frac{T}{2}}^{\frac{T}{2}} f_T(t) e^{-j\omega_n t} \, dt \right] e^{j\omega_n t}.$$

---

　* 这里 $f_T(t)$ 可看作周期的连续时间信号,其傅里叶级数复指数形式更确切地可称为连续傅里叶级数变换(continuous Fourier series transform, CFST).

3. 傅里叶级数的物理含义

在傅里叶级数的三角形式

$$f_T(t) = \frac{a_0}{2} + \sum_{n=1}^{\infty} (a_n \cos n\omega_0 t + b_n \sin n\omega_0 t)$$

中，令 $A_0 = \dfrac{a_0}{2}$，$A_n = \sqrt{a_n^2 + b_n^2}$，$\cos\theta_n = \dfrac{a_n}{A_n}$，$\sin\theta_n = -\dfrac{b_n}{A_n}$ $(n=1,2,\cdots)$，则

$$f_T(t) = A_0 + \sum_{n=1}^{\infty} A_n (\cos\theta_n \cos n\omega_0 t - \sin\theta_n \sin n\omega_0 t)$$

$$= A_0 + \sum_{n=1}^{\infty} A_n \cos(n\omega_0 t + \theta_n).$$

如果以 $f_T(t)$ 代表信号，则上式说明，一个周期为 T 的信号 $f_T(t)$ 可以分解为（角）频率 $n\omega_0$ $(n=1,2,\cdots)$ 的一系列简谐波 $A_n \cos(n\omega_0 t + \theta_n)$ $(n=1,2,\cdots)$ 之和 [由于 $n\omega_0$ $(n=1,2,\cdots)$ 是离散的，因此信号 $f_T(t)$ 并不含有各种频率成分]．其中 A_n 反映了频率为 $n\omega_0$ 的谐波在 $f_T(t)$ 中所占的份额，称为**振幅**；θ_n 反映了频率为 $n\omega_0$ 的谐波沿时间轴移动的大小，称为**相位**．这两个指标完全刻画了信号 $f_T(t)$ 的性态．

据傅里叶级数的复指数形式

$$f_T(t) = \sum_{n=-\infty}^{+\infty} c_n e^{j\omega_n t} \quad (n = 0, \pm 1, \pm 2, \pm 3, \cdots)$$

中的系数 c_n，与 a_n 及 b_n 的关系可得 $c_0 = A_0$，

$$\theta_n = \arg c_n = -\arg c_{-n},$$

$$|c_n| = |c_{-n}| = \frac{1}{2}\sqrt{a_n + b_n} = \frac{A_n}{2} \quad (n=1,2,\cdots).$$

因此 c_n 作为一个复数，其模与辐角正好反映了信号 $f_T(t)$ 中频率为 $n\omega_0$ 的简谐波的振幅与相位，其中振幅 A_n 被平均分配到正负频率上，而负频率的出现则完全是为了数学表示的方便，它与正频率一起构成同一个简谐波．由此可见，仅用系数 c_n 就可以完全刻画信号 $f_T(t)$ 的频率特性．于是，称 c_n 为周期函数 $f_T(t)$ 的**离散频谱**，$|c_n|$ 为**离散振幅谱**，$\arg c_n$ 为**离散相位谱**，为了进一步明确 c_n 与频率 $n\omega_0$ 的对应关系，常记 $F(n\omega_0) = c_n$．

例 7.1 求以 T 为周期的函数 $f_T(t) = \begin{cases} 0, & -\dfrac{T}{2} < t < 0 \\ 2, & 0 < t < \dfrac{T}{2} \end{cases}$ 的离散频谱和它的傅里叶级数的复指数形式．

解 令 $\omega_0 = \dfrac{2\pi}{T}$，当 $n=0$ 时，$c_0 = F(0) = \dfrac{1}{T}\displaystyle\int_{-\frac{T}{2}}^{\frac{T}{2}} f_T(t)\,\mathrm{d}t = \dfrac{1}{T}\displaystyle\int_{0}^{\frac{T}{2}} 2\,\mathrm{d}t = 1$；

当 $n \neq 0$ 时，$c_n = F(n\omega_0) = \dfrac{1}{T} \displaystyle\int_{-\frac{T}{2}}^{\frac{T}{2}} f_T(t) \mathrm{e}^{-jn\omega_0 t} \mathrm{d}t$

$$= \dfrac{\omega_0}{\pi} \int_0^{\frac{T}{2}} \mathrm{e}^{-jn\omega_0 t} \mathrm{d}t = \dfrac{j}{n\pi}(\mathrm{e}^{-jn\pi} - 1).$$

据欧拉公式，当 n 为偶数时，$c_n = 0$；当 n 为奇数时，$c_n = -\dfrac{2j}{n\pi}$. 因此

$$c_n = \begin{cases} 1, & n=0 \\ 0, & n=2m, m=\pm 1, \pm 2, \cdots \\ \dfrac{-2j}{(2m-1)\pi}, & n=2m-1, m=\pm 1, \pm 2, \cdots \end{cases},$$

于是函数 $f_T(t)$ 傅里叶级数的复指数形式为

$$f_T(t) = 1 + \sum_{m=-\infty}^{+\infty} \dfrac{-2j}{(2m-1)\pi} \mathrm{e}^{j(2m-1)\omega_0 t}.$$

振幅频谱为

$$|F(n\omega_0)| = |c_n| = \begin{cases} 1, & n=0 \\ 0, & n=\pm 2, \pm 4, \cdots \\ \dfrac{2}{|n|\pi}, & n=\pm 1, \pm 3, \cdots \end{cases}.$$

因为 $F(n\omega_0)$ 只有虚部，所以相位频谱为

$$\arg F(n\omega_0) = \begin{cases} 0, & n=0, \pm 2, \pm 4, \cdots \\ -\dfrac{\pi}{2}, & n=1,3,5,7\cdots \\ \dfrac{\pi}{2}, & n=-1,-3,\cdots \end{cases}.$$

这是根据 $\arg c_n = \arctan \dfrac{\text{虚部}}{\text{实部}}$ 求出的，它们的形状如图 7 - 1 所示.

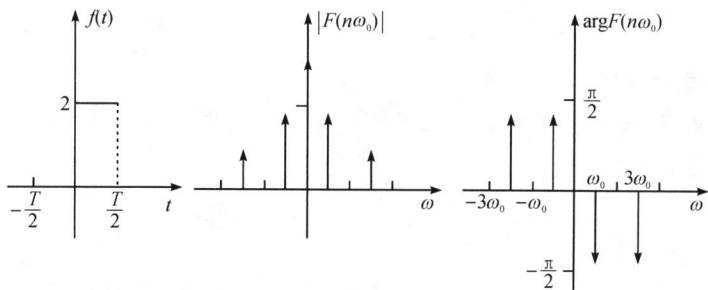

图 7 - 1

二、傅里叶积分与傅里叶变换

1. 傅里叶积分定理

通过前面的讨论，我们知道了一个周期函数可以展开为傅里叶级数，那么对

于非周期函数是否也可以展开为傅里叶级数？下面讨论非周期函数的展开问题.

任何一个非周期函数 $f(t)$ 都可以看成是由某个周期函数 $f_T(t)$ 当 $T \to +\infty$ 时转化而来的，即 $\lim\limits_{T \to +\infty} f_T(t) = f(t)$.

于是在 $f_T(t) = \dfrac{1}{T} \sum\limits_{n=-\infty}^{+\infty} \left[\int_{-\frac{T}{2}}^{\frac{T}{2}} f_T(t) e^{-j\omega_n t} dt \right] e^{j\omega_n t}$ 中，令 $T \to +\infty$ 时，可得函数 $f(t)$ 的展开式

$$f(t) = \lim_{T \to +\infty} f_T(t) = \lim_{T \to +\infty} \frac{1}{T} \sum_{n=-\infty}^{n=+\infty} \left[\int_{-\frac{T}{2}}^{\frac{T}{2}} f_T(t) e^{-j\omega_n t} dt \right] e^{j\omega_n t}.$$

再将和的极限转化为积分式，有

$$f(t) = \frac{1}{2\pi} \int_{-\infty}^{+\infty} \left[\int_{-\infty}^{+\infty} f(t) e^{-j\omega t} dt \right] e^{j\omega t} d\omega,$$

这个公式称为函数 $f(t)$ 的**傅里叶积分公式**，简称傅氏积分公式.

上面积分公式是从形式上推出来的，不是很严格，至于一个非周期函数 $f(t)$ 在什么条件下可以用傅里叶积分公式表示呢？可有下面定理说明.

定理 7.2 （**傅里叶积分定理**）若函数 $f(t)$ 在区间 $(-\infty, +\infty)$ 内满足下列条件：

(1) 在任一有限区间上满足狄利克雷条件；

(2) 在无限区间 $(-\infty, +\infty)$ 上绝对可积 $\left[即积分 \displaystyle\int_{-\infty}^{+\infty} | f(t) | dt 收敛 \right]$，则

当 t 为函数 $f(t)$ 的连续点时，有

$$f(t) = \frac{1}{2\pi} \int_{-\infty}^{+\infty} \left[\int_{-\infty}^{+\infty} f(t) e^{-j\omega t} dt \right] e^{j\omega t} d\omega; \tag{7.3}$$

当 t 为函数 $f(t)$ 的间断点时，有

$$\frac{f(t+0) + f(t-0)}{2} = \frac{1}{2\pi} \int_{-\infty}^{+\infty} \left[\int_{-\infty}^{+\infty} f(t) e^{-j\omega t} dt \right] e^{j\omega t} d\omega.$$

2. 傅里叶变换

据定理 7.2 知，若函数 $f(t)$ 满足傅里叶积分定理中的条件，则在函数 $f(t)$ 的连续点处，有

$$f(t) = \frac{1}{2\pi} \int_{-\infty}^{+\infty} \left[\int_{-\infty}^{+\infty} f(t) e^{-j\omega t} dt \right] e^{j\omega t} d\omega.$$

若令 $F(\omega) = \displaystyle\int_{-\infty}^{+\infty} f(t) e^{-j\omega t} dt$，则称 $F(\omega)$ 为函数 $f(t)$ 的傅里叶变换，记为

$$F(\omega) = \mathscr{F}[f(t)];$$

而函数 $f(t) = \dfrac{1}{2\pi} \displaystyle\int_{-\infty}^{+\infty} F(\omega) e^{j\omega t} d\omega$，称为函数 $F(\omega)$ 的傅里叶逆变换，记为

$$f(t) = \mathscr{F}^{-1}[F(\omega)].$$

从上面两式看出,函数 $f(t)$ 和 $F(\omega)$ 通过指定的积分运算可以相互表达.

于是函数 $f(t)$ 的傅里叶变换为

$$F(\omega) = \mathscr{F}\left[f(t)\right] = \int_{-\infty}^{+\infty} f(t) \mathrm{e}^{-j\omega t} \,\mathrm{d}t, \tag{7.4}$$

称函数 $F(\omega)$ 为函数 $f(t)$ 的象函数.象函数的傅里叶逆变换为

$$^* f(t) = \mathscr{F}^{-1}\left[F(\omega)\right] = \frac{1}{2\pi}\int_{-\infty}^{+\infty} F(\omega) \mathrm{e}^{j\omega t} \,\mathrm{d}\omega, \tag{7.5}$$

称函数 $f(t)$ 为函数 $F(\omega)$ 的象原函数.则象函数 $F(\omega)$ 和象原函数 $f(t)$ 构成一个傅里叶变换对,记为 $f(t) \Leftrightarrow F(\omega)$.

同傅里叶级数一样,傅里叶变换也有明确的物理含义. 从 $f(t) = \frac{1}{2\pi}\int_{-\infty}^{+\infty} F(\omega) \mathrm{e}^{j\omega t} \,\mathrm{d}\omega$ 可以看出非周期函数与周期函数一样,是由许多不同频率的正、余弦分量合成的,但由于 ω 是一个连续的量,因此非周期函数包含了从零到无穷大的所有频率分量. 而 $F(\omega)$ 是 $f(t)$ 中各频率分量的分布密度,因此称 $F(\omega)$ 为**连续频谱**,称 $|F(\omega)|$ 为**振幅频谱**, $\arg F(\omega)$ 为**相位频谱**.

振幅频谱图简称为频谱图,它能清楚地表明时间函数的各频谱分量的相对大小,因此,频谱图在工程技术中有着广泛的应用.

作出一个非周期函数 $f(t)$ 的频谱图,其步骤如下:

(1) 求出非周期函数 $f(t)$ 的傅里叶变换 $F(\omega)$;

(2) 分析振幅频谱 $|F(\omega)|$ 函数的特性;

(3) 选定频率 ω 的一些值,算出相应的振幅频谱 $|F(\omega)|$ 的值;

(4) 结合步骤(2)和(3),将上述各组数据所对应的点填入直角坐标系中,用连续曲线连接这些离散的点,就得到了该函数 $f(t)$ 的频谱图.

例 7.2　求单个矩形脉冲函数 $f(t) = \begin{cases} E, & |t| \leqslant \dfrac{T}{2} \\ 0, & |t| > \dfrac{T}{2} \end{cases}$ 的傅里叶变换,并

画出频谱图.

解　由公式(7.4)可得

$$\begin{aligned} \mathscr{F}\left[f(t)\right] = F(\omega) &= \int_{-\infty}^{+\infty} f(t) \mathrm{e}^{-j\omega t} \,\mathrm{d}t = E\int_{-\frac{T}{2}}^{\frac{T}{2}} \mathrm{e}^{-j\omega t} \,\mathrm{d}t \\ &= 2E\int_{0}^{\frac{T}{2}} \cos\omega t \,\mathrm{d}t = \frac{2E}{\omega}\sin\omega t \,\bigg|_{0}^{\frac{T}{2}} \\ &= \frac{2E}{\omega}\sin\frac{\omega T}{2}, \end{aligned}$$

---

* 这里 $f(t)$ 可看作非周期的连续时间信号,其傅里叶变换是一种古典傅里叶变换,更确切地可称为连续傅里叶变换(continuous Fourier transform,CFT).

则振幅频谱为 $|F(\omega)| = 2E\left|\dfrac{\sin\dfrac{\omega T}{2}}{\omega}\right|$，相位频谱为 $\arg F(\omega) = 0$. 频谱图如图 7-2.

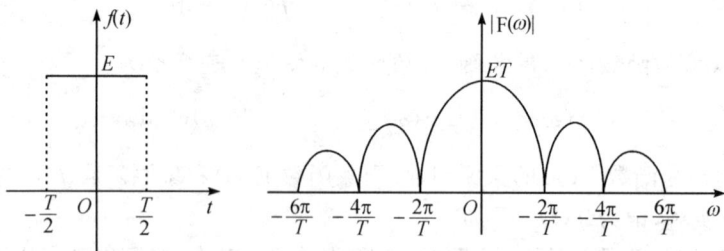

图 7-2

例 7.3 求矩形脉冲函数 $f(t) = \begin{cases} 1, & |t| \leqslant \delta \\ 0, & |t| > \delta \end{cases}$ $(\delta > 0)$ 的傅里叶变换

及傅里叶积分表达式，并画出频谱图.

解 由公式 (7.4) 可得

$$F(\omega) = \mathscr{F}[f(t)] = \int_{-\infty}^{+\infty} f(t)\mathrm{e}^{-j\omega t}\,\mathrm{d}t = \int_{-\delta}^{+\delta} \mathrm{e}^{-j\omega t}\,\mathrm{d}t$$

$$= 2\int_0^{\delta} \cos\omega t\,\mathrm{d}t = 2\frac{\sin\delta\omega}{\omega} = 2\delta\frac{\sin\delta\omega}{\omega\delta},$$

傅里叶逆变换，即函数 $f(t)$ 的傅里叶积分表达式为

$$f(t) = \mathscr{F}^{-1}[F(\omega)] = \frac{1}{2\pi}\int_{-\infty}^{+\infty} F(\omega)\mathrm{e}^{j\omega t}\,\mathrm{d}\omega = \frac{1}{2\pi}\int_{-\infty}^{+\infty} \frac{2\sin\delta\omega}{\omega}\mathrm{e}^{j\omega t}\,\mathrm{d}\omega$$

$$= \frac{1}{2\pi}\int_{-\infty}^{+\infty} \frac{2\sin\delta\omega}{\omega}\cos\omega t\,\mathrm{d}\omega + \frac{j}{2\pi}\int_{-\infty}^{+\infty} \frac{2\sin\delta\omega}{\omega}\sin\omega t\,\mathrm{d}\omega$$

$$= \frac{2}{\pi}\int_0^{+\infty} \frac{\sin\delta\omega}{\omega}\cos\omega t\,\mathrm{d}\omega = \begin{cases} 1, & |t| < \delta \\ \dfrac{1}{2}, & |t| = \delta. \\ 0, & |t| > \delta \end{cases}$$

由上面的讨论，可以得到积分

$$\int_0^{+\infty} \frac{\sin\delta\omega}{\omega}\cos\omega t\,\mathrm{d}\omega = \begin{cases} \dfrac{\pi}{2}, & |t| < \delta \\ \dfrac{\pi}{4}, & |t| = \delta. \\ 0, & |t| > \delta \end{cases}$$

如果上式中令 $t = 0$，则可以得到重要积分公式

$$\int_0^{+\infty} \frac{\sin\omega}{\omega}\,\mathrm{d}\omega = \frac{\pi}{2}.$$

因为频谱函数只有实部，所以振幅频谱为

$$|F(\omega)| = 2\delta \left|\frac{\sin\delta\omega}{\delta\omega}\right|.$$

相位频谱为

$$\arg F(\omega) = \begin{cases} 0, & \dfrac{2n\pi}{\delta} \leqslant |\omega| \leqslant \dfrac{(2n+1)\pi}{\delta} \\[2mm] \pi, & \dfrac{(2n+1)\pi}{\delta} < |\omega| < \dfrac{(2n+2)\pi}{\delta} \end{cases}, n=0,1,2,\cdots,$$

如图 7-3 所示.

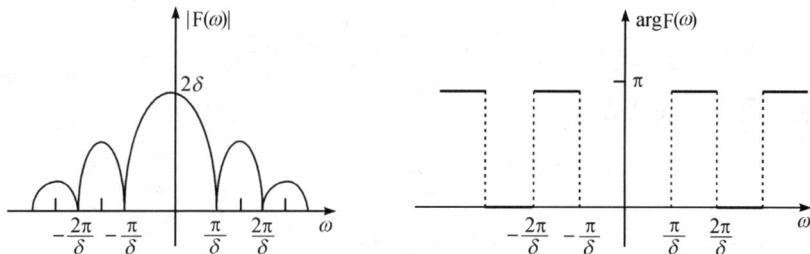

图 7-3

例 7.4 已知函数 $f(t)$ 的频谱为 $F(\omega) = \begin{cases} 0, & |\omega| \geqslant a \\ 1, & |\omega| < a \end{cases}, a > 0$，如图 7-4

所示，求象原函数 $f(t)$.

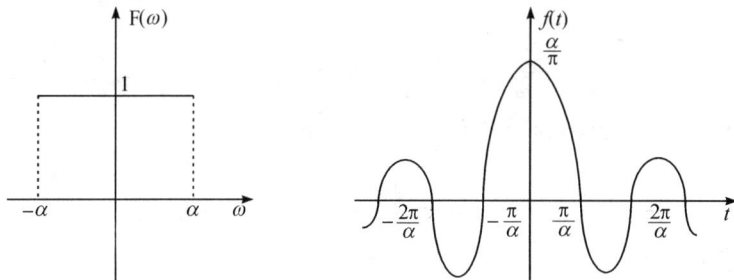

图 7-4

解　由公式(7.5)可得

$$f(t) = \mathscr{F}^{-1}[F(\omega)] = \frac{1}{2\pi}\int_{-\infty}^{+\infty} F(\omega) e^{j\omega t}\, d\omega = \frac{1}{2\pi}\int_{-a}^{+a} e^{j\omega t}\, d\omega$$

$$= \frac{1}{\pi}\int_0^{+a} \cos\omega t\, d\omega = \frac{\sin at}{\pi t} = \frac{a}{\pi}\left(\frac{\sin at}{at}\right).$$

记 $Sa(t) = \dfrac{\sin t}{t}$，则 $f(t) = \dfrac{a}{\pi} Sa(at)$.

当 $t=0$ 时，定义 $f(0) = \dfrac{a}{\pi}$. 信号 $\dfrac{a}{\pi} Sa(at)$[或者 $Sa(t)$]称为抽样信号，由于

它具有非常特殊的频谱形式，因而在连续时间信号的离散化、离散时间信号的

恢复以及信号滤波中发挥了重要的作用.

例 7.5 求单边指数衰减函数 $f(t) = \begin{cases} 0, & t < 0 \\ e^{-\beta t}, & t \geqslant 0 \end{cases}$ 的傅里叶变换及积分表达式,其中 $\beta > 0$.(这个 $f(t)$ 是工程技术中经常碰到的一个函数,见附录 A 傅里叶变换简表)

解 由公式(7.4)可得

$$F(\omega) = \mathscr{F}[f(t)] = \int_{-\infty}^{+\infty} f(t) e^{-j\omega t} dt = \int_{0}^{+\infty} e^{-\beta t} e^{-j\omega t} dt = \int_{0}^{+\infty} e^{-(\beta + j\omega)t} dt$$

$$= \left[\frac{-1}{\beta + j\omega} e^{-(\beta + j\omega)t} \right]_{0}^{+\infty} = \frac{1}{\beta + j\omega} = \frac{\beta - j\omega}{\beta^2 + \omega^2}.$$

傅里叶积分表达式为

$$f(t) = \mathscr{F}^{-1}[F(\omega)] = \frac{1}{2\pi} \int_{-\infty}^{+\infty} F(\omega) e^{j\omega t} d\omega = \frac{1}{2\pi} \int_{-\infty}^{+\infty} \frac{\beta - j\omega}{\beta^2 + \omega^2} e^{j\omega t} d\omega$$

$$= \frac{1}{2\pi} \int_{-\infty}^{+\infty} \frac{\beta - j\omega}{\beta^2 + \omega^2} (\cos\omega t + j\sin\omega t) d\omega$$

$$= \frac{1}{2\pi} \left[\int_{-\infty}^{+\infty} \left(\frac{\beta\cos\omega t}{\beta^2 + \omega^2} + \frac{\omega\sin\omega t}{\beta^2 + \omega^2} \right) d\omega + j \int_{-\infty}^{+\infty} \left(\frac{\beta\sin\omega t}{\beta^2 + \omega^2} - \frac{\omega\cos\omega t}{\beta^2 + \omega^2} \right) d\omega \right].$$

利用被积函数是关于 ω 的奇函数与偶函数的性质,在主值定义下,后一项积分

$$j \int_{-\infty}^{+\infty} \left(\frac{\beta\sin\omega t}{\beta^2 + \omega^2} - \frac{\omega\cos\omega t}{\beta^2 + \omega^2} \right) d\omega = 0,$$

所以

$$f(t) = \frac{1}{\pi} \int_{0}^{+\infty} \left(\frac{\beta\cos\omega t}{\beta^2 + \omega^2} + \frac{\omega\sin\omega t}{\beta^2 + \omega^2} \right) d\omega = \frac{1}{\pi} \int_{0}^{+\infty} \frac{\beta\cos\omega t + \omega\sin\omega t}{\beta^2 + \omega^2} d\omega.$$

根据傅里叶定理可以得到含参变量 t 的广义积分

$$\int_{-\infty}^{+\infty} \frac{\beta\cos\omega t + \omega\sin\omega t}{\beta^2 + \omega^2} d\omega = \begin{cases} \pi f(t), & t \neq 0 \\ \pi \dfrac{f(0+0) + f(0-0)}{2}, & t = 0 \end{cases}$$

$$= \begin{cases} 0, & t < 0 \\ \dfrac{\pi}{2}, & t = 0. \\ \pi e^{-\beta t}, & t > 0 \end{cases}$$

指数衰减函数的振幅频谱为

$$|F(\omega)| = \frac{1}{\sqrt{\beta^2 + \omega^2}}.$$

相位频谱为

$$\arg F(\omega) = -\arctan(\frac{\omega}{\beta}).$$

指数衰减函数 $f(t)$ 的振幅频谱、相位频谱如图 7-5 所示.

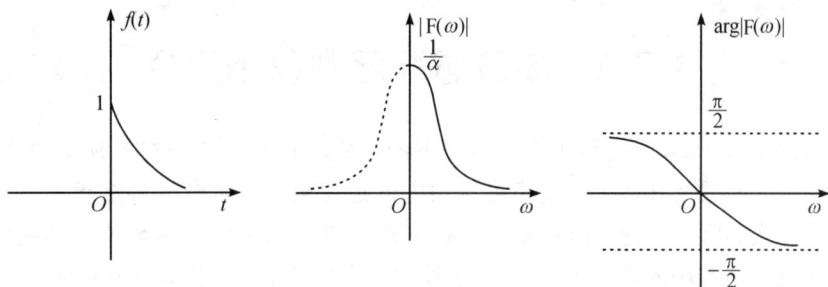

图 7 - 5

思考题 7.1

1. 傅里叶级数的物理意义是什么？

2. 如何求周期函数的频谱？如何求非周期函数的频谱？

3. 周期函数与非周期函数的频谱图有什么不同？

习题 7.1

1. 根据傅里叶积分公式，推导出函数 $f(t)$ 的傅里叶积分公式的三角形式

$$f(t) = \frac{1}{\pi} \int_0^{+\infty} \left[\int_{-\infty}^{+\infty} f(\tau) \cos\omega(t-\tau) d\tau \right] d\omega.$$

2. 试证：若函数 $f(t)$ 满足傅里叶积分定理的条件，则有

$$f(t) = \int_0^{+\infty} A(\omega) \cos\omega t \, d\omega + \int_0^{+\infty} B(\omega) \sin\omega t \, d\omega,$$

其中　　$A(\omega) = \dfrac{1}{\pi} \int_{-\infty}^{+\infty} f(\tau) \cos\omega\tau \, d\tau, B(\omega) = \dfrac{1}{\pi} \int_{-\infty}^{+\infty} f(\tau) \sin\omega\tau \, d\tau.$

3. 试求函数 $f(t) = |\sin t|$ 的离散频谱和傅里叶级数的复指数形式.

4. 求下列函数的傅里叶变换.

(1) $f(t) = \begin{cases} -1, & -1 < t < 0 \\ 1, & 0 < t < 1 \\ 0, & \text{其他} \end{cases}$;　　　　(2) $f(t) = \begin{cases} e^t, & t \leqslant 0 \\ 0, & t > 0 \end{cases}$;

(3) $f(t) = \begin{cases} 1 - t^2, & |t| \leqslant 1 \\ 0, & |t| > 1 \end{cases}$;　　　　(4) $f(t) = \begin{cases} e^{-t} \sin 2t, & t \geqslant 0 \\ 0, & t < 0 \end{cases}$.

5. 求函数 $f(t) = \begin{cases} 1, & |t| \leqslant 1 \\ 0, & |t| > 1 \end{cases}$ 的傅里叶变换，并证明积分等式

$$\int_0^{+\infty} \frac{\sin\omega \cos\omega t}{\omega} d\omega = \begin{cases} \dfrac{\pi}{2}, & |t| < 1 \\[2mm] \dfrac{\pi}{4}, & |t| = 1 \\[2mm] 0, & |t| > 1 \end{cases}.$$

§7.2 单位脉冲函数(δ 函数)

通过引入 δ 函数,使得在普通意义下的一些不存在的积分有了确定的数值,而且利用 δ 函数及其傅里叶变换可以很方便地得到工程数学上许多重要函数的傅里叶变换,并使许多变换的推导大大简化.因此本节介绍 δ 函数的目的主要是为了提供一个有用的数学工具,而不去追求它在数学上的严谨叙述和证明.

一、单位脉冲函数的概念及其性质

1. 定义

若函数 $f(t)$ 满足下列两个条件

(1) 当 $t \neq 0$ 时,$f(t) = 0$;

(2) $\int_{-\infty}^{+\infty} f(t) \mathrm{d}t = 1$,

则称 $f(t)$ 为**单位脉冲函数**,也称为 **δ 函数**,记为 $\delta(t)$.

它可以直观理解为

$$\lim_{\varepsilon \to 0} \delta_{\varepsilon}(t) = \delta(t) = \begin{cases} 0, & t \neq 0 \\ \infty, & t = 0 \end{cases}.$$

其中 $\delta_{\varepsilon}(t) = \begin{cases} \dfrac{1}{\varepsilon}, & 0 \leqslant t \leqslant \varepsilon \\ 0, & \text{其他} \end{cases}$,如图 7-6 所示.

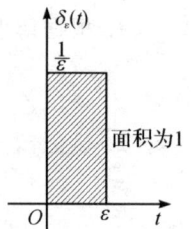

图 7-6

定义了一个 δ 函数,对于集中于一点或一瞬时量就能像处理连续分布量那样以统一方式加以解决.

如图 7-6 是对 δ 函数的一种直观理解,并不是真正意义上的 δ 函数图,人们常用一个从原点出发、长度为 1 的有向线段来表示 δ 函数,其中有向线段的长度代表 δ 函数的积分值,称为**冲激强度**,如图 7-7 分别是函数 $\delta(t)$、$A\delta(t)$ 与 $\delta(t-t_0)$ 的图形,其中 A 为 $A\delta(t)$ 的冲激强度.

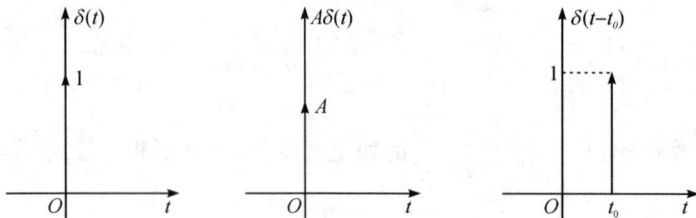

图 7-7

例 7.6 画出函数 $F(\omega) = \pi[\delta(\omega - \omega_0) - \delta(\omega + \omega_0)]$ 表示的图形,其中 $\omega_0 > 0$.

解　因为函数 $F(\omega)=\pi\delta(\omega-\omega_0)-\pi\delta(\omega+\omega_0)$，所以函数 $F(\omega)$ 在 ω_0 与 $-\omega_0$ 冲激强度分别为 π 和 $-\pi$，如图 7-8 所示.

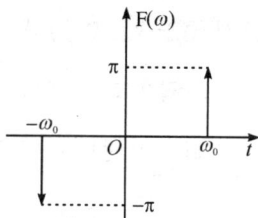

图 7-8

2. δ 函数性质

性质 7.1　（筛选性质）设函数 $f(t)$ 是定义在实数域 R 上的有界函数，且在 $t=t_0$ 处连续，则

$$\int_{-\infty}^{+\infty}\delta(t-t_0)f(t)\mathrm{d}t = f(t_0).$$

特别地，当 $t=0$ 时，$\int_{-\infty}^{+\infty}\delta(t)f(t)\mathrm{d}t = f(0)$.

性质 7.2　单位脉冲函数，即 δ 函数是偶函数，亦即 $\delta(t)=\delta(-t)$.

性质 7.3　设 $u(t)$ 为**单位阶跃函数**，即 $u(t)=\begin{cases}1, & t>0 \\ 0, & t<0\end{cases}$，则有

$$\int_{-\infty}^{t}\delta(t)\mathrm{d}t = u(t), \qquad \frac{\mathrm{d}u(t)}{\mathrm{d}t} = \delta(t).$$

二、δ 函数的傅里叶变换

由 δ 函数的筛选性质，得

$${}^{*}F(\omega) = \mathscr{F}\left[\delta(t)\right] = \int_{-\infty}^{+\infty}\delta(t)\mathrm{e}^{-j\omega t}\mathrm{d}t = \mathrm{e}^{-j\omega t}\big|_{t=0} = 1.$$

即单位脉冲函数包含各种频率分量，且它们具有相等的幅度，称此为**均匀频率**或**白色频率**.

由傅里叶积分公式，有　　$\mathscr{F}^{-1}[1] = \dfrac{1}{2\pi}\displaystyle\int_{-\infty}^{+\infty}\mathrm{e}^{j\omega t}\mathrm{d}\omega = \delta(t)$.

据此可得，δ 函数与常数 1 构成一个傅里叶变换对，记为 $\delta(t)\Leftrightarrow 1$. 同时得到 δ 函数的一个重要公式

$$\int_{-\infty}^{+\infty}\mathrm{e}^{j\omega t}\mathrm{d}\omega = 2\pi\delta(t).$$

同样利用 δ 函数的筛选性质，得

$$\mathscr{F}\left[\delta(t-t_0)\right] = \int_{-\infty}^{+\infty}\delta(t-t_0)\mathrm{e}^{-j\omega t}\mathrm{d}t = \mathrm{e}^{-j\omega t}\big|_{t=t_0} = \mathrm{e}^{-j\omega t_0}.$$

因此函数 $\delta(t-t_0)$ 与函数 $\mathrm{e}^{-j\omega t_0}$ 构成一个傅里叶变换对，即 $\delta(t-t_0)\Leftrightarrow \mathrm{e}^{-j\omega t_0}$.

按逆变换公式，有 $\mathscr{F}^{-1}\left[\mathrm{e}^{-j\omega t_0}\right] = \dfrac{1}{2\pi}\displaystyle\int_{-\infty}^{+\infty}\mathrm{e}^{j\omega(t-t_0)}\mathrm{d}\omega = \delta(t-t_0)$.

---

* 这里 $\delta(t)$ 的傅里叶变换仍采用傅里叶变换的古典定义，但此时的反常积分是根据 δ 函数的定义和运算性质直接给出的，而不是通常意义下的积分值，故称 $\delta(t)$ 的傅里叶变换是一种广义的傅里叶变换.

这是关于 δ 函数的另一个重要公式 $\displaystyle\int_{-\infty}^{+\infty} e^{j\omega(t-t_0)}\,d\omega = 2\pi\delta(t-t_0).$

例 7. 7 分别求函数 $f_1(t)=1$ 与 $f_2(t)=e^{j\omega_0 t}$ 的傅里叶变换.

解 由傅里叶变换的定义及 $\displaystyle\int_{-\infty}^{+\infty} e^{j\omega t}\,dt = 2\pi\delta(t)$ 式,有

$$F_1(\omega) = \mathscr{F}\left[f_1(t)\right] = \int_{-\infty}^{+\infty} e^{-j\omega t}\,dt = 2\pi\delta(-\omega) = 2\pi\delta(\omega),$$

$$F_2(\omega) = \mathscr{F}\left[f_2(t)\right] = \int_{-\infty}^{+\infty} e^{j\omega_0 t}e^{-j\omega t}\,dt = \int_{-\infty}^{+\infty} e^{j(\omega_0-\omega)t}\,dt$$

$$= 2\pi\delta(\omega_0-\omega) = 2\pi\delta(\omega-\omega_0).$$

*例 7. 8 证明单位阶跃函数 $u(t)=\begin{cases} 0, & t<0 \\ 1, & t>0 \end{cases}$ 的傅里叶变换为 $\dfrac{1}{j\pi}+$

$\delta(\omega).$

证明 要证 $F(\omega)=\mathscr{F}\left[u(t)\right]=\dfrac{1}{j\omega}+\pi\delta(\omega)$,只需要证明 $\mathscr{F}^{-1}\left[\dfrac{1}{j\omega}+\pi\delta(\omega)\right]=u(t).$

由傅里叶逆变换,得

$$f(t) = \mathscr{F}^{-1}\left[\frac{1}{j\omega}+\pi\delta(\omega)\right] = \frac{1}{2\pi}\int_{-\infty}^{+\infty}\left[\frac{1}{j\omega}+\pi\delta(\omega)\right]e^{j\omega t}\,d\omega$$

$$= \frac{1}{2\pi}\int_{-\infty}^{+\infty}\pi\delta(\omega)e^{j\omega t}\,d\omega + \frac{1}{2\pi}\int_{-\infty}^{+\infty}\frac{e^{j\omega t}}{j\omega}\,d\omega$$

$$= \frac{1}{2}\int_{-\infty}^{+\infty}\delta(\omega)e^{j\omega t}\,d\omega + \frac{1}{2\pi}\int_{-\infty}^{+\infty}\frac{\cos\omega t + j\sin\omega t}{j\omega}\,d\omega$$

$$= \frac{1}{2} + \frac{1}{\pi}\int_{0}^{+\infty}\frac{\sin\omega t}{\omega}\,d\omega.$$

由 $\displaystyle\int_{0}^{+\infty}\frac{\sin\omega t}{\omega}\,d\omega = \frac{\pi}{2}$,得

$$\int_{0}^{+\infty}\frac{\sin\omega t}{\omega}\,d\omega = \int_{0}^{+\infty}\frac{\sin\omega t}{\omega t}\,d\omega t = \begin{cases} -\dfrac{\pi}{2}, & t<0 \\ 0, & t=0. \\ \dfrac{\pi}{2}, & t>0 \end{cases}$$

于是

$$f(t) = \frac{1}{2} + \frac{1}{\pi}\int_{0}^{+\infty}\frac{\sin\omega t}{\omega}\,d\omega = \begin{cases} \dfrac{1}{2}+\dfrac{1}{\pi}\left(-\dfrac{\pi}{2}\right)=0, & t<0 \\ \dfrac{1}{2}+\dfrac{1}{\pi}\left(\dfrac{\pi}{2}\right)=1, & t>0 \end{cases}.$$

这表明 $f(t)=\mathscr{F}^{-1}\left[\dfrac{1}{j\omega}+\pi\delta(\omega)\right]=u(t).$

因此,单位阶跃函数 $u(t)$ 与函数 $\dfrac{1}{j\omega}+\pi\delta(\omega)$ 构成了一个傅里叶变换对,即

$$u(t) \Longleftrightarrow \frac{1}{j\omega} + \pi\delta(\omega),$$

所以单位阶跃函数 $u(t)$ 的积分表达式可以写为

$$u(t) = \frac{1}{2} + \frac{1}{\pi}\int_0^{+\infty} \frac{\sin\omega t}{\omega}\mathrm{d}\omega \quad (t \neq 0).$$

据此可以得到公式

$$\frac{1}{\pi}\int_0^{+\infty} \frac{\sin\omega t}{\omega}\mathrm{d}\omega = u(t) - \frac{1}{2}.$$

例 7.9　　求余弦函数 $f(t) = \cos\omega_0 t$ 的傅里叶变换[*].

解　$F(\omega) = \mathscr{F}[f(t)] = \int_{-\infty}^{+\infty} \cos\omega_0 t\, \mathrm{e}^{-j\omega t}\mathrm{d}t = \int_{-\infty}^{+\infty} \frac{\mathrm{e}^{j\omega_0 t} + \mathrm{e}^{-j\omega_0 t}}{2}\mathrm{e}^{-j\omega t}\mathrm{d}t$

$$= \frac{1}{2}\int_{-\infty}^{+\infty} \left[\mathrm{e}^{-j(\omega-\omega_0)t} + \mathrm{e}^{-j(\omega+\omega_0)t}\right]\mathrm{d}t = \pi[\delta(\omega-\omega_0) + \delta(\omega+\omega_0)].$$

同理可得正弦函数的傅里叶变换为

$$\mathscr{F}[\sin\omega_0 t] = j\pi[\delta(\omega+\omega_0) - \delta(\omega-\omega_0)].$$

思考题 7.2

1. 因为 δ 函数的傅里叶变换是一种广义的傅里叶变换，请根据古典傅里叶变换的局限性分析引入广义傅里叶变换的意义.

2. 单位脉冲函数 δ 有哪些性质？

3. 单位脉冲函数 δ 的作用是什么？

习题 7.2

1. 求函数 $f(t) = \begin{cases} \sin t, & |t| \leqslant \pi \\ 0, & |t| > \pi \end{cases}$ 的傅里叶变换，并证明积分等式

$$\int_0^{+\infty} \frac{\sin\omega\,\pi\sin\omega t}{1-\omega^2}\mathrm{d}\omega = \begin{cases} \dfrac{\pi}{2}\sin t, & |t| \leqslant \pi \\ 0, & |t| > \pi \end{cases}.$$

2. 求下列函数的傅里叶变换.

(1) $\mathrm{sgn}t = \dfrac{t}{|t|} = \begin{cases} -1, & t < 0 \\ 1, & t > 0 \end{cases}$;　　　　(2) $f(t) = \cos t \sin t$;

(3) $f(t) = \sin\left(5t + \dfrac{\pi}{3}\right)$;

---

[*] 可以验证正弦函数 $\sin\omega_0 t$（或余弦函数 $\cos\omega_0 t$）不满足傅里叶积分的绝对可积条件，因此这里的傅里叶变换事实上是求正弦函数（或余弦函数）的广义的傅里叶变换.

(4) $f(t)=\dfrac{1}{2}\left[\delta(t+a)+\delta(t-a)+\delta\left(t+\dfrac{a}{2}\right)+\delta\left(t-\dfrac{a}{2}\right)\right]$，其中 a 是实常数.

3. 已知某函数傅里叶变换为 $F(\omega)=\pi[\delta(\omega+\omega_0)+\delta(\omega-\omega_0)]$，求该函数 $f(t)$.

§7.3　傅里叶变换的性质

本节主要介绍傅里叶变换的几个重要性质，为了叙述方便起见，假设所述函数满足傅里叶积分定理的条件.

一、傅里叶变换的性质

1. 线性性质

设 α,β 为常数，$\mathscr{F}[f(t)]=F(\omega)$，$\mathscr{F}[g(t)]=G(\omega)$，则
$$\mathscr{F}[\alpha f(t)\pm\beta g(t)]=\alpha\,\mathscr{F}[f(t)]\pm\beta\,\mathscr{F}[g(t)].$$

傅里叶逆变换也具有类似线性性质，即
$$\mathscr{F}^{-1}[\alpha F(\omega)\pm\beta G(\omega)]=\alpha\,\mathscr{F}^{-1}[F(\omega)]\pm\beta\,\mathscr{F}^{-1}[G(\omega)].$$

这个性质表明了函数线性组合的傅里叶变换等于各函数傅里叶变换的线性组合，它的证明只需要根据定义就可推出.

2. 位移性质

设 $\mathscr{F}[f(t)]=F(\omega)$，则
$$\mathscr{F}[f(t\pm t_0)]=e^{\pm j\omega t_0}F(\omega),$$

其中 t_0，ω_0 为实常数.

$\mathscr{F}[f(t\pm t_0)]=e^{\pm j\omega t_0}F(\omega)$ 表明时间函数 $f(t)$ 沿着 t 轴向左或向右移 t_0 的傅里叶变换等于函数 $f(t)$ 的傅里叶变换乘以因子 $e^{j\omega t_0}$ 或 $e^{-j\omega t_0}$，实际意义是当一个函数（或信号）沿时间轴移动后，它的各频率成分的大小不发生改变，但是相位发生了变化.

证明　$\mathscr{F}[f(t\pm t_0)]=\displaystyle\int_{-\infty}^{+\infty}f(t\pm t_0)e^{-j\omega t}\,dt$，

令 $t\pm t_0=u,dt=du$，得
$$\mathscr{F}[f(t\pm t_0)]=\int_{-\infty}^{+\infty}f(u)e^{-j\omega(u\mp t_0)}\,du=e^{\pm j\omega t_0}\int_{-\infty}^{+\infty}f(u)e^{-j\omega u}\,du=e^{\pm j\omega t_0}F(\omega).$$

同样傅氏逆变换也有类似的性质，
$$\mathscr{F}^{-1}[F(\omega\mp\omega_0)]=e^{\pm j\omega_0 t}f(t)\quad\text{或}\quad\mathscr{F}[e^{\pm j\omega_0 t}f(t)]=F(\omega\mp\omega_0).$$

这个性质表明频谱函数 $F(\omega)$ 沿着 ω 轴向左或向右移 ω_0 的逆变换等于原来的函数 $f(t)$ 乘以因子 $e^{j\omega t_0}$ 或 $e^{-j\omega t_0}$，常被用来进行频谱搬移，这一技术在通信系统中也得到了广泛的应用.

例 7.10　求矩形单脉冲函数 $f(t)=\begin{cases} E, & 0<t<T \\ 0, & \text{其他} \end{cases}$ 的频谱函数.

解　据例 7.2,矩形单脉冲函数

$$f_1(t)=\begin{cases} E, & -\dfrac{T}{2}<t<\dfrac{T}{2} \\ 0, & \text{其他} \end{cases}$$

的频谱函数为 $F_1(\omega)=\dfrac{2E}{\omega}\sin\dfrac{\omega T}{2}$.

因为函数 $f(t)$ 由函数 $f_1(t)$ 在时间轴上向右平移 $\dfrac{T}{2}$ 得到,所以利用位移性质,得

$$F(\omega)=\mathscr{F}[f(t)]=\mathscr{F}\left[f_1\left(t-\frac{T}{2}\right)\right]=e^{-j\omega\frac{T}{2}}F_1(\omega)=\frac{2E}{\omega}e^{-j\omega\frac{T}{2}}\sin\frac{\omega T}{2},$$

且频谱函数为 $|F(\omega)|=|F_1(\omega)|=\dfrac{2E}{\omega}\left|\sin\dfrac{\omega T}{2}\right|$.

例 7.11　设 $\mathscr{F}[f(t)]=F(\omega)$,求 $\mathscr{F}[f(t)\cos\omega_0 t]$,$\mathscr{F}[f(t)\sin\omega_0 t]$.

解　由欧拉公式,得

$$\cos\omega t=\frac{1}{2}(e^{j\omega t}+e^{-j\omega t}),\quad \sin\omega t=\frac{1}{2j}(e^{j\omega t}-e^{-j\omega t}),$$

再由线性性质与位移性质,得

$$\mathscr{F}[f(t)\cos\omega_0 t]=\mathscr{F}\left[\frac{1}{2}(e^{j\omega_0 t}+e^{-j\omega_0 t})f(t)\right]=\frac{1}{2}[F(\omega+\omega_0)+F(\omega-\omega_0)],$$

$$\mathscr{F}[f(t)\sin\omega_0 t]=\mathscr{F}\left[\frac{1}{2j}(e^{j\omega_0 t}-e^{-j\omega_0 t})f(t)\right]=-\frac{1}{2}j[F(\omega+\omega_0)-F(\omega-\omega_0)].$$

例 7.12　求函数(1) $\delta(t-t_0)$;(2) $e^{j\omega_0 t}$ 的傅里叶变换.

解　(1) 因为 $\mathscr{F}[\delta(t)]=1$,由位移性质,得

$$\mathscr{F}[\delta(t-t_0)]=e^{-j\omega t_0}\mathscr{F}[\delta(t)]=e^{-j\omega t_0}.$$

(2) 因为 $\mathscr{F}[1]=2\pi\delta(\omega)$,由象函数的位移性质,得

$$\mathscr{F}[e^{j\omega_0 t}]=2\pi\delta(\omega-\omega_0).$$

3. 相似性质

设 $F(\omega)=\mathscr{F}[f(t)]$,则 $\mathscr{F}[f(at)]=\dfrac{1}{|a|}F\left(\dfrac{\omega}{a}\right)$,其中 a 为非零常数.

物理含义是,函数(或信号)被压缩($a>1$),则其频谱被扩展;反之,若函数被扩展($a<1$),则其频谱被压缩.

* 证明　$\mathscr{F}[f(at)]=\displaystyle\int_{-\infty}^{+\infty}f(at)e^{-j\omega t}\,dt$,

令 $x=at$,则

当 $a>0$ 时,

$$\mathscr{F}[f(at)] = \int_{-\infty}^{+\infty} f(at) \mathrm{e}^{-j\omega t} \mathrm{d}t = \frac{1}{a} \int_{-\infty}^{+\infty} f(x) \mathrm{e}^{-j\frac{\omega}{a}x} \mathrm{d}x = \frac{1}{a} \mathscr{F}\left(\frac{\omega}{a}\right);$$

当 $a < 0$ 时，

$$\mathscr{F}[f(at)] = \int_{-\infty}^{+\infty} f(at) \mathrm{e}^{-j\omega t} \mathrm{d}t = \frac{1}{a} \int_{+\infty}^{-\infty} f(x) \mathrm{e}^{-j\frac{\omega}{a}x} \mathrm{d}x = -\frac{1}{a} \mathscr{F}\left(\frac{\omega}{a}\right).$$

综合上述两种情况，得 $\quad \mathscr{F}[f(at)] = \dfrac{1}{|a|} F\left(\dfrac{\omega}{a}\right).$

例 7.13 已知抽样信号 $f(t) = \dfrac{\sin 2t}{\pi t}$ 的频谱函数为 $F(\omega) = \begin{cases} 1, & |\omega| \leqslant 2 \\ 0, & |\omega| > 2 \end{cases}$，

求信号 $g(t) = f\left(\dfrac{t}{2}\right)$ 的频谱 $G(\omega)$.

解 由相似性质，得

$$G(\omega) = \mathscr{F}[g(t)] = \mathscr{F}\left[f\left(\frac{t}{2}\right)\right] = 2F(2\omega) = \begin{cases} 2, & |\omega| \leqslant 1 \\ 0, & |\omega| > 1 \end{cases}.$$

4. 微分性质

如果函数 $f(t)$ 在 $(-\infty, +\infty)$ 内连续或有有限个可去间断点，且 $\lim\limits_{|t| \to +\infty} f(t) = 0$，则

$$\mathscr{F}[f'(t)] = j\omega \mathscr{F}[f(t)].$$

这个性质表明一个函数导数的傅氏变换等于这个函数的傅氏变换乘以因子 $j\omega$.

证明 因为当 $|t| \to +\infty$ 时，$|f(t)\mathrm{e}^{-j\omega t}| = |f(t)| \to 0$，所以 $f(t)\mathrm{e}^{-j\omega t} \to 0$，因此

$$\mathscr{F}[f'(t)] = \int_{-\infty}^{+\infty} f'(t) \mathrm{e}^{-j\omega t} \mathrm{d}t$$

$$= [f(t)\mathrm{e}^{-j\omega t}]\Big|_{-\infty}^{+\infty} + j\omega \int_{-\infty}^{+\infty} f(t) \mathrm{e}^{-j\omega t} \mathrm{d}t = j\omega \mathscr{F}[f(t)].$$

推论 若 $f^{(k)}(t) \quad (k=1,2,3,\cdots,n)$ 在 $(-\infty, +\infty)$ 内连续或有有限个可去间断点，且 $\lim\limits_{|t| \to +\infty} f^{(k)}(t) = 0 \quad (k=0,1,2,\cdots,(n-1))$，则

$$\mathscr{F}[f^{(k)}(t)] = (j\omega)^n \mathscr{F}[f(t)].$$

同样有象函数的导数公式

$$\frac{\mathrm{d}F(\omega)}{\mathrm{d}\omega} = \mathscr{F}[-jtf(t)] = -j\mathscr{F}[tf(t)].$$

一般地，有

$$\frac{\mathrm{d}^n F(\omega)}{\mathrm{d}\omega^n} = (-j)^n \mathscr{F}[t^n f(t)].$$

例 7.14 求函数 $tu(t)$ 的傅里叶变换.

解 因为 $\quad \mathscr{F}[u(t)] = \dfrac{1}{j\omega} + \pi\delta(\omega),$

由象函数的微分性质$\dfrac{\mathrm{d}}{\mathrm{d}\omega}F(\omega)=\mathscr{F}[-jtf(t)]$,得

$$\mathscr{F}[-jtu(t)]=\frac{\mathrm{d}}{\mathrm{d}\omega}\mathscr{F}[u(t)]=\frac{\mathrm{d}}{\mathrm{d}\omega}\left[\frac{1}{j\omega}+\pi\delta(\omega)\right],$$

所以　　　　　　　　$-j\mathscr{F}[tu(t)]=\dfrac{-1}{j\omega^{2}}+\pi\delta'(\omega),$

于是　　　　　　　　$\mathscr{F}[tu(t)]=-\dfrac{1}{\omega^{2}}+j\pi\delta'(\omega).$

5. 积分性质

若$\lim\limits_{t\to+\infty}\displaystyle\int_{-\infty}^{t}f(t)\mathrm{d}t=0$,则$\mathscr{F}[g(t)]=\mathscr{F}\left[\displaystyle\int_{-\infty}^{t}f(t)\mathrm{d}t\right]=\dfrac{1}{j\omega}\mathscr{F}[f(t)]$. 这个
性质表明一个函数积分后的傅氏变换等于这个函数的傅氏变换除以因子$j\omega$.

　*证明　因为$\dfrac{\mathrm{d}}{\mathrm{d}t}\displaystyle\int_{-\infty}^{t}f(t)\mathrm{d}t=f(t)$,所以

$$\mathscr{F}[f(t)]=\mathscr{F}\left[\frac{\mathrm{d}}{\mathrm{d}t}\int_{-\infty}^{t}f(t)\mathrm{d}t\right],$$

根据微分性质,有　$\mathscr{F}\left[\dfrac{\mathrm{d}}{\mathrm{d}t}\displaystyle\int_{-\infty}^{t}f(t)\mathrm{d}t\right]=j\omega\ \mathscr{F}\left[\displaystyle\int_{-\infty}^{t}f(t)\mathrm{d}t\right],$

因此　　　　　　　$\mathscr{F}\left[\displaystyle\int_{-\infty}^{t}f(t)\mathrm{d}t\right]=\dfrac{1}{j\omega}\mathscr{F}[f(t)].$

　例 7.15　　求解微分积分方程$ax'(t)+bx(t)+c\displaystyle\int_{-\infty}^{t}x(t)\mathrm{d}t=h(t)$,其中
$-\infty<t<+\infty,a,b,c$均为常数.

　解　设$\mathscr{F}[x(t)]=G(\omega),\mathscr{F}[h(t)]=H(\omega)$,方程两边取傅氏变换,得

$$a\ \mathscr{F}[x'(t)]+b\ \mathscr{F}[x(t)]+c\ \mathscr{F}\left[\int_{-\infty}^{t}x(t)\mathrm{d}t\right]=\mathscr{F}[h(t)],$$

即　　　　　　$aj\omega G(\omega)+bG(\omega)+\dfrac{c}{j\omega}G(\omega)=H(\omega),$

$$G(\omega)=\frac{H(\omega)}{b+j\left(a\omega-\dfrac{c}{\omega}\right)},$$

求上述傅氏逆变换,可以得到　　$x(t)=\dfrac{1}{2\pi}\displaystyle\int_{-\infty}^{+\infty}G(\omega)\mathrm{e}^{j\omega t}\mathrm{d}\omega.$

运用傅氏变换的线性性质、微分性质及其积分性质,可以把线性常系数微
分积分方程变为象函数的代数方程,再求傅氏逆变换,可以得到此微分积分方
程的解.

二、卷积与卷积定理

1. 卷积的概念

设函数$f_1(t),f_2(t)$在$(-\infty,+\infty)$内有定义,若广义积分

$$\int_{-\infty}^{+\infty} f_1(\tau) f_2(t-\tau) \mathrm{d}\tau$$

对任何实数 t 均收敛,则定义了一个自变量为 t 的函数,即积分

$$\int_{-\infty}^{+\infty} f_1(\tau) f_2(t-\tau) \mathrm{d}\tau$$

称为函数 $f_1(t)$ 和 $f_2(t)$ 的卷积,记为 $f_1(t) * f_2(t)$,即

$$f_1(t) * f_2(t) = \int_{-\infty}^{+\infty} f_1(\tau) f_2(t-\tau) \mathrm{d}\tau.$$

2. 卷积的运算律

(1) 交换律　$f_1(t) * f_2(t) = f_2(t) * f_1(t)$;

(2) 结合律　$f_1(t) * [f_2(t) * f_3(t)] = [f_1(t) * f_2(t)] * f_3(t)$;

(3) 分配律　$f_1(t) * [f_2(t) + f_3(t)] = f_1(t) * f_2(t) + f_1(t) * f_3(t)$.

例 7.16　若函数 $f_1(t) = \begin{cases} 0, t<0 \\ 1, \geqslant 0 \end{cases}$,$f_2(t) = \begin{cases} 0, & t<0 \\ \mathrm{e}^{-t}, t \geqslant 0 \end{cases}$,求 $f_1(t) * f_2(t)$.

解　由卷积的定义,有

$$f_1(t) * f_2(t) = \int_{-\infty}^{+\infty} f_1(\tau) f_2(t-\tau) \mathrm{d}\tau,$$

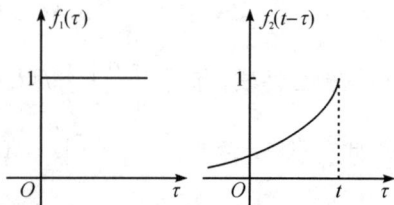

从图 7-9 中可以看出 $f_1(\tau) f_2(t-\tau) \neq 0$ 的

区间为:

当 $t \geqslant 0$ 时为 $[0, t]$,所以

图 7-9

$$f_1(t) * f_2(t) = \int_{-\infty}^{+\infty} f_1(\tau) f_2(t-\tau) \mathrm{d}\tau$$

$$= \int_0^t \mathrm{e}^{-(t-\tau)} \mathrm{d}\tau = \mathrm{e}^{-t} \int_0^t \mathrm{e}^{\tau} \mathrm{d}\tau = \mathrm{e}^{-t}(\mathrm{e}^t - 1) = 1 - \mathrm{e}^{-t}.$$

3. 卷积定理

定理 7.3　设 $\mathscr{F}[f_1(t)] = F_1(\omega)$,$\mathscr{F}[f_2(t)] = F_2(\omega)$,则

$$\mathscr{F}[f_1(t) * f_2(t)] = F_1(\omega) \cdot F_2(\omega), \quad \mathscr{F}[f_1(t) \cdot f_2(t)] = \frac{1}{2\pi} F_1(\omega) * F_2(\omega).$$

*证明　由卷积定义,有

$$\mathscr{F}[f_1(t) * f_2(t)] = \int_{-\infty}^{+\infty} [f_1(t) * f_2(t)] \mathrm{e}^{-j\omega t} \mathrm{d}t$$

$$= \int_{-\infty}^{+\infty} \left[\int_{-\infty}^{+\infty} f_1(\tau) f_2(t-\tau) \mathrm{d}\tau \right] \mathrm{e}^{-j\omega t} \mathrm{d}t$$

$$= \int_{-\infty}^{+\infty} f_1(\tau) \left(\int_{-\infty}^{+\infty} f_2(t-\tau) \mathrm{e}^{-j\omega t} \mathrm{d}t \right) \mathrm{d}\tau$$

$$= \int_{-\infty}^{+\infty} f_1(\tau) \mathscr{F}[f_2(t-\tau)] \mathrm{d}\tau = \int_{-\infty}^{+\infty} f_1(\tau) \mathrm{e}^{-j\omega\tau} \mathscr{F}[f_2(t)] \mathrm{d}\tau$$

$$= F_2(\omega) \int_{-\infty}^{+\infty} f_1(\tau) \mathrm{e}^{-j\omega\tau} \mathrm{d}\tau = F_2(\omega) \cdot F_1(\omega).$$

利用卷积定理可以简化卷积的计算及某些函数的傅里叶变换.

例 7.17 设 $f(t) = \mathrm{e}^{-\beta t} u(t) \cos\omega_0 t$ $(\beta > 0)$，求 $\mathscr{F}[f(t)]$.

解 因为 $\quad \mathscr{F}[f(t)] = \dfrac{1}{2\pi}\mathscr{F}[\mathrm{e}^{-\beta t}u(t)] * \mathscr{F}[\cos\omega_0 t]$，

又据傅氏变换的定义，有

$$\mathscr{F}[\mathrm{e}^{-\beta t}u(t)] = \int_{-\infty}^{+\infty} \mathrm{e}^{-\beta t}u(t)\mathrm{e}^{-j\omega t}\,\mathrm{d}t = \int_{0}^{+\infty}\mathrm{e}^{-\beta t}\mathrm{e}^{-j\omega t}\,\mathrm{d}t = \int_{0}^{+\infty}\mathrm{e}^{-(\beta+j\omega)t}\,\mathrm{d}t$$

$$= \left[\frac{-1}{\beta + j\omega}\mathrm{e}^{-(\beta+j\omega)t}\right]_{0}^{+\infty} = \frac{1}{\beta + j\omega},$$

即 $\qquad\qquad\qquad \mathscr{F}[\mathrm{e}^{-\beta t}u(t)] = \dfrac{1}{\beta + j\omega}$，

$$\mathscr{F}[\cos\omega_0 t] = \pi[\delta(\omega + \omega_0) + \delta(\omega - \omega_0)],$$

所以

$$\mathscr{F}[f(t)] = \frac{1}{2\pi}\int_{-\infty}^{+\infty}\frac{\pi}{\beta + j\tau}[\delta(\omega + \omega_0 - \tau) + \delta(\omega - \omega_0 - \tau)]\mathrm{d}\tau$$

$$= \frac{1}{2}\left[\frac{1}{\beta + j(\omega + \omega_0)} + \frac{1}{\beta + j(\omega - \omega_0)}\right] = \frac{\beta + j\omega}{(\beta + j\omega)^2 + \omega_0^2}.$$

思考题 7.3

1. 总结线性性质、位移性质、相似性质、微分性质及积分性质公式所具有的规律，并解释位移性质、相似性质的物理意义.

2. 思考卷积定理在傅里叶变换中的应用.

习题 7.3

1. 若 $\mathrm{F}(\omega) = \mathscr{F}[f(t)]$，证明（象函数的位移性质）
$$\mathscr{F}^{-1}[\mathrm{F}(\omega \mp \omega_0)] = \mathrm{e}^{\pm j\omega_0 t}f(t).$$

2. 若 $\mathrm{F}(\omega) = \mathscr{F}[f(t)]$，证明（象函数的微分性质）
$$\frac{\mathrm{d}\mathrm{F}(\omega)}{\mathrm{d}\omega} = \mathscr{F}[-jtf(t)] = -j\mathscr{F}[tf(t)].$$

3. 若 $\mathrm{F}(\omega) = \mathscr{F}[f(t)]$，利用傅里叶变换的性质求下列函数 $g(t)$ 的傅里叶变换.

(1) $g(t) = tf(2t)$;　　　　　　　　　(2) $g(t) = (t-2)f(t)$;

(3) $g(t) = t^3 f(2t)$;　　　　　　　　(4) $g(t) = tf'(t)$.

4. 设函数 $f_1(t) = \begin{cases} 1, & 0 \leqslant t \leqslant 1 \\ 0, & \text{其他} \end{cases}$，$f_2(t) = \begin{cases} \dfrac{1}{2}, & 0 \leqslant t \leqslant 1 \\ 0, & \text{其他} \end{cases}$，求 $f_1(t) * f_2(t)$.

5. 求下列函数的傅里叶变换.

(1) $f(t) = \sin 2t \cdot u(t)$;　　　　　　(2) $f(t) = e^{-\beta t} u(t) \sin \omega_0 t, \beta > 0$;

(3) $f(t) = e^{j\omega_0 t} t u(t)$.

本章小结

本章学习了傅里叶级数的三角形式与指数形式、傅里叶变换及其逆变换、一些经典信号和简单函数的频谱、单位脉冲函数及其基本性质、傅里叶变换的性质、卷积与卷积定理.

傅里叶变换实际上是由周期函数的傅里叶级数向非周期函数的演变,它通过特定形式的积分建立了函数之间的对应关系,即

傅里叶变换　　　　　　$$F(\omega) = \mathscr{F}[f(t)] = \int_{-\infty}^{+\infty} f(t) e^{-j\omega t} \, dt,$$

傅里叶逆变换　　　　　$$f(t) = \frac{1}{2\pi} \int_{-\infty}^{+\infty} \left[\int_{-\infty}^{+\infty} f(t) e^{-j\omega t} \, dt \right] e^{j\omega t} \, d\omega.$$

它既是一种非常有用的数学工具,又有明确的物理含义——从频谱的角度描述函数(或信号)的特征.

傅里叶变换要求函数满足绝对可积,这个条件比较强,但是引入了单位脉冲函数 δ 后,我们给出了广义的傅里叶变换,这样放宽了对函数的要求,有相当一类函数都可以做傅里叶变换了.

本章给出了关于单位脉冲函数的几个性质以及常用函数的傅里叶变换对,结合傅里叶变换的性质,我们一方面可以求出函数的频谱,另一方面可以求解微分积分方程.

于是,学习本章后,我们需要重点掌握两点.

1. 求函数的傅里叶变换处函数的频谱图.

作出一个非周期函数 $f(t)$ 的频谱图,其步骤如下:

(1) 求出非周期函数 $f(t)$ 的傅里叶变换 $F(\omega)$;

(2) 分析振幅频谱 $|F(\omega)|$ 函数的特性;

(3) 选定频率 ω 的一些值,算出相应的振幅频谱 $|F(\omega)|$ 的值;

(4) 结合(2)和(3),将上述各组数据所对应的点填入直角坐标系中,用连续曲线连接这些离散的点,就得到了该函数 $f(t)$ 的频谱图.

2. 傅里叶变换的简单应用.

自测题 7

一、选择题

1. 关于单位脉冲函数 $\delta(t)$，下列错误的是 （ ）

A. $\delta(t)=0$

B. $\displaystyle\int_{-\infty}^{+\infty}\delta(t)\,\mathrm{d}t=1$

C. $\delta(t)=\delta(-t)$

D. $\dfrac{\mathrm{d}u(t)}{\mathrm{d}t}=\delta(t)$

2. 根据 $\mathscr{F}^{-1}[1]=\delta(t)$，下列错误的是 （ ）

A. $\displaystyle\int_{-\infty}^{+\infty}\mathrm{e}^{-j\omega t}\,\mathrm{d}\omega=2\pi\delta(t)$

B. $\displaystyle\int_{-\infty}^{+\infty}\mathrm{e}^{j\omega t}\,\mathrm{d}t=2\pi\delta(t)$

C. $\displaystyle\int_{-\infty}^{+\infty}\mathrm{e}^{j(\omega-\omega_0)t}\,\mathrm{d}t=2\pi\delta(\omega-\omega_0)$

D. $\mathscr{F}[1]=2\pi\delta(\omega)$

3. $\mathscr{F}[\cos\omega_0 t]=$ （ ）

A. $\pi\delta(\omega-\omega_0)$

B. $\pi\delta(\omega+\omega_0)$

C. $\pi[\delta(\omega-\omega_0)-\delta(\omega+\omega_0)]$

D. $\pi[\delta(\omega-\omega_0)+\delta(\omega+\omega_0)]$

4. 下列傅里叶变换对中，错误的是 （ ）

A. $\delta(t)\leftrightarrow 1$

B. $\delta(t-t_0)\leftrightarrow\mathrm{e}^{-j\omega t_0}$

C. $1\leftrightarrow 2\pi\delta(\omega)$

D. $\mathrm{e}^{j\omega_0 t}\leftrightarrow 2\pi\delta(\omega+\omega_0)$

5. 下列公式中，错误的是 （ ）

A. $\displaystyle\int_{-\infty}^{+\infty}\mathrm{e}^{-j\omega t}\,\mathrm{d}t=2\pi\delta(t)$

B. $\displaystyle\int_{-\infty}^{+\infty}\mathrm{e}^{j\omega(t-t_0)}\,\mathrm{d}\omega=2\pi\delta(t-t_0)$

C. $\displaystyle\int_{-\infty}^{+\infty}\delta(t-t_0)f(t)\,\mathrm{d}t=f(t_0)$

D. $\dfrac{1}{\pi}\displaystyle\int_0^{+\infty}\dfrac{\sin\omega t}{\omega}\,\mathrm{d}\omega=u(t)-\dfrac{1}{2}$

6. 设 $\mathscr{F}[f(t)]=F(\omega)$，则 $\mathscr{F}[f(1-t)]=$ （ ）

A. $F(\omega)\mathrm{e}^{-j\omega}$ 　　 B. $F(-\omega)\mathrm{e}^{-j\omega}$ 　　 C. $F(\omega)\mathrm{e}^{j\omega}$ 　　 D. $F(-\omega)\mathrm{e}^{j\omega}$

二、填空题

1. 函数 $f(t)=\delta(t-1)(t-2)^2\cos t$ 的傅里叶变换为_____．

2. 设 $f(t)=\begin{cases}1, & |t|\leqslant 1 \\ 0, & |t|>1\end{cases}$，则傅里叶变换 $\mathscr{F}[f(t)]=$_____．

3. 由 $\displaystyle\int_0^{+\infty}\dfrac{\sin x}{x}\,\mathrm{d}x=\dfrac{\pi}{2}$，则 $\dfrac{1}{2}+\dfrac{1}{\pi}\displaystyle\int_0^{+\infty}\dfrac{\sin\omega t}{\omega}\,\mathrm{d}\omega=$_____．

4. 设 $\mathscr{F}[f(t)]=F(\omega)$，则

(1) $\mathscr{F}[f(t-t_0)]=$_____，$t_0\in R$；

(2) $\mathscr{F}[f(at)]=$_____，$a\in R, a\neq 0$．

5. 若 $\mathscr{F}[f(t)]=\mathrm{e}-\omega$，则 $\mathscr{F}[f(2t-3)]=$_____．

6. 设 $\mathscr{F}[f_1(t)]=F_1(\omega)$，$\mathscr{F}[f_2(t)]=F_2(\omega)$，则 $\mathscr{F}[f_1(t)*f_2(t)]=$ _____，其中 $f_1(t)*f_2(t)$ 定义为 _____.

三、按要求计算下列各题

1. 求作如图 7-9 所示的锯齿形波的频谱图.

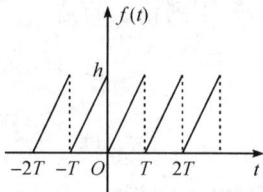

图 7-9

2. 求三角形脉冲函数 $f(t)=\begin{cases}1+t, & -1<t<0 \\ 1-t, & 0<t<1 \\ 0, & |t|>1\end{cases}$ 的傅里叶变换.

3. 已知某函数的傅里叶变换 $F(\omega)=\dfrac{\sin\omega}{\omega}$，求该函数 $f(t)$.

4. 求函数 $f(t)=\sin^3 t$ 的傅里叶变换.

5. 求函数 $f(t)=e^{2jt}\sin^2 t$ 的傅里叶变换.

6. 求函数 $f(t)=u(t)\cos^2 t$ 的傅里叶变换.

7. 求函数 $f(t)=\delta(t-1)(t-2)^2\cos t$ 的傅里叶变换.

8. 求函数 $f(t)=\begin{cases}e^{-\alpha t}, & t\geqslant 0 \\ 0, & t<0\end{cases}$，$g(t)=\begin{cases}e^{-\beta t}, & t\geqslant 0 \\ 0, & t<0\end{cases}$ 的卷积，其中 $\alpha,\beta>0$ 且 $\alpha\neq\beta$.

9. 利用卷积定理求函数 $f(t)=\cos\omega_0 t\cdot u(t)$ 的傅里叶变换.

10. 求微分积分方程 $x'(t)-\displaystyle\int_{-\infty}^{t}x(t)\mathrm{d}t=e^{-t}$ 的解，其中 $t>0$.

第八章　拉普拉斯变换

拉普拉斯变换是由法国数学家拉普拉斯（Laplace，1749—1827 年）于 1782 年提出的一种变换，拉普拉斯变换也可看作是一种傅里叶变换，而且是提出得更早的一种傅里叶变换.

拉普拉斯变换在电学、力学和控制论等很多工程与科学领域中有着广泛的应用.本章将分成两部分内容来讲：拉普拉斯变换的定义及其存在定理和拉普拉斯变换的一些基本性质.

§8.1　拉普拉斯变换的概念

一、问题的提出

第七章介绍的傅立叶变换在许多领域中发挥了重要的作用，特别是在信号处理领域，直到今天它仍然是最基本的分析和处理工具，甚至可以说信号分析本质上即是傅里叶分析（谱分析）.但是任何东西都有它的局限性，傅里叶变换也是如此.因而人们针对傅里叶变换一些不足进行了各种各样的改进.这些改进大体分为两个方面，其一是提高它对问题的刻画能力；其二是扩大它本身的适用范围.本章介绍的是后面这种情况.

我们知道，第七章介绍了一个函数 $f(t)$ 满足如下两个条件就可以进行傅里叶变换：① 狄利克雷条件；② $f(t)$ 绝对可积，即 $\int_{-\infty}^{+\infty}|f(t)|\,\mathrm{d}t$ 收敛.

条件②是比较强的，一般很简单的函数，如单位阶跃函数、正弦函数、余弦函数及线性函数都不满足条件②.

另外，尚有区间的限制，进行傅里叶变换的函数要求在 $(-\infty,+\infty)$ 内有定义，但在物理学、电子技术等实际应用中，许多以时间 t 作为自变量的函数只需考虑 $t>0$，即只要在 $[0,+\infty)$ 上考虑问题.由此可见，傅里叶变换的应用范围受到了相当大的限制.

于是提出了问题：能否改造一下函数，使得变换既能进行，又不影响结果的正确性，即对任意一个函数 $\varphi(t)$，经过适当的改造使其能够进行傅里叶变换，也就是说改进上述两个不足,这使得我们想起单位阶跃函数 $u(t)$ 和指数衰减函数 $\mathrm{e}^{-\beta t}(\beta>0)$ 所具有的特点,用 $u(t)$ 乘以函数 $\varphi(t)$ 可使积分区间由 $(-\infty,+\infty)$ 换为 $[0,+\infty)$,用 $\mathrm{e}^{-\beta t}$ 乘以函数 $\varphi(t)$ 可使其绝对可积. 因此,为了改进傅里叶变换上述的两个不足,我们自然想到 $u(t)\mathrm{e}^{-\beta t}$ $(\beta>0)$ 乘以函数 $\varphi(t)$,即

$$\varphi(t)u(t)\mathrm{e}^{-\beta t},\beta>0.$$

结果发现,只要 β 选取适当,一般来说,这个函数的傅里叶变换总存在. 对于函数 $\varphi(t)$ 先乘以 $u(t)\mathrm{e}^{-\beta t}$ $(\beta>0)$,再做傅里叶变换的运算,就产生了新的变换,即拉普拉斯变换,下面讨论这个问题.

对函数 $\varphi(t)u(t)\mathrm{e}^{-\beta t}$ $(\beta>0)$ 取傅里叶变换,可得

$$\mathscr{F}\left[\varphi(t)u(t)\mathrm{e}^{-\beta t}\right]=\int_{-\infty}^{+\infty}\varphi(t)u(t)\mathrm{e}^{-\beta t}\mathrm{e}^{-j\omega t}\,\mathrm{d}t$$

$$=\int_{0}^{+\infty}\varphi(t)u(t)\mathrm{e}^{-(\beta+j\omega)t}\,\mathrm{d}t=\int_{0}^{+\infty}f(t)\mathrm{e}^{-st}\,\mathrm{d}t,$$

其中 $s=\beta+j\omega,f(t)=\varphi(t)u(t)$.

则

$$\int_{0}^{+\infty}f(t)\mathrm{e}^{-st}\,\mathrm{d}t\overset{记}{=}F(s).$$

由上式所确定的函数 $F(s)$,就是函数 $f(t)$ 通过一种新的变换得来的,这种变换是我们本节要讨论的拉普拉斯变换.

二、拉普拉斯变换的定义

定义 8.1 设函数 $f(t)$ 是定义在 $[0,+\infty)$ 上的实值函数,若对于复参量 $s=\beta+j\omega$,积分

$$F(s)=\int_{0}^{+\infty}f(t)\mathrm{e}^{-st}\,\mathrm{d}t$$

在复平面 s 的某一域内收敛,则称函数 $F(s)$ 为函数 $f(t)$ 的拉普拉斯变换(Laplace transform,简称为拉氏变换),记为

$$F(s)=\mathscr{L}\left[f(t)\right]. \tag{8.1}$$

由拉普拉斯变换的概念可以知道,函数 $f(t)$ 的拉氏变换,实际上就是函数 $f(t)u(t)\mathrm{e}^{-\beta t}$ 的傅里叶变换.

于是,若 $f(t)u(t)\mathrm{e}^{-\beta t}$ 满足傅里叶积分定理条件,按傅里叶积分公式,当 $f(t)$ 在 t 点连续时,有

$$f(t)u(t)\mathrm{e}^{-\beta t}=\frac{1}{2\pi}\int_{-\infty}^{+\infty}\left[\int_{-\infty}^{+\infty}f(\tau)u(\tau)\mathrm{e}^{-\beta\tau}\mathrm{e}^{-j\omega\tau}\,\mathrm{d}\tau\right]\mathrm{e}^{j\omega t}\,\mathrm{d}\omega$$

$$=\frac{1}{2\pi}\int_{-\infty}^{+\infty}\mathrm{e}^{j\omega t}\,\mathrm{d}\omega\left[\int_{-\infty}^{+\infty}f(\tau)u(\tau)\mathrm{e}^{-(\beta+j\omega)\tau}\,\mathrm{d}\tau\right]$$

$$=\frac{1}{2\pi}\int_{-\infty}^{+\infty}F(\beta+j\omega)\mathrm{e}^{j\omega t}\,\mathrm{d}\omega \quad (t>0),$$

等式两边同乘以 $e^{\beta t}$，则

$$f(t) = \frac{1}{2\pi}\int_{-\infty}^{+\infty} F(\beta + j\omega)e^{(\beta + j\omega)t}\,d\omega \quad (t>0),$$

若令 $\beta + j\omega = s$，有

$$f(t) = \frac{1}{2\pi j}\int_{\beta - j\infty}^{\beta + j\infty} F(s)e^{st}\,ds \quad (t>0). \tag{8.2}$$

定义 8.2　称函数 $f(t) = \dfrac{1}{2\pi j}\displaystyle\int_{\beta - j\infty}^{\beta + j\infty} F(s)e^{st}\,ds$ $(t>0)$ 为 $F(s)$ 的拉普拉斯逆变换，右端的广义积分称为**拉普拉斯反演积分公式**.

$f(t)$ 与 $F(s)$ 分别称为象原函数与象函数，由式(8.1)和式(8.2)构成一对互逆的积分变换公式，称 $f(t)$ 和 $F(s)$ 为一个**拉普拉斯变换对**，记为 $f(t)\leftrightarrow F(s)$.

例 8.1　求单位阶跃函数 $u(t) = \begin{cases} 0, & t<0 \\ 1, & t>0 \end{cases}$，符号函数

$\mathrm{sgn}t = \begin{cases} 1, & t>0 \\ 0, & t=0 \\ -1, & t<0 \end{cases}$ 与 $f(t)=1$ 的拉普拉斯变换.

解　由拉式变换的定义，有

$$\mathscr{L}[u(t)] = \int_0^{+\infty} u(t)e^{-st}\,dt = \int_0^{+\infty} e^{-st}\,dt,$$

这个积分在 $\mathrm{Re}s>0$ 时收敛，且

$$\int_0^{+\infty} e^{-st}\,dt = -\frac{1}{s}e^{-st}\Big|_0^{+\infty} = \frac{1}{s},$$

所以

$$\mathscr{L}[u(t)] = \frac{1}{s}, \mathrm{Re}s>0.$$

$$\mathscr{L}[\mathrm{sgn}t] = \int_0^{+\infty}(\mathrm{sgn}t)e^{-st}\,dt = \int_0^{+\infty} e^{-st}\,dt = \frac{1}{s}, \mathrm{Re}s>0,$$

即

$$\mathscr{L}[\mathrm{sgn}t] = \frac{1}{s}, \mathrm{Re}s>0.$$

$$\mathscr{L}[1] = \int_0^{+\infty} e^{-st}\,dt = \frac{1}{s}, \mathrm{Re}s>0,$$

即

$$\mathscr{L}[1] = \frac{1}{s}, \mathrm{Re}s>0.$$

这三个函数经过拉普拉斯变换后，象函数一样，那么问题是对同样的象函数 $F(s)=\dfrac{1}{s}$ $(\mathrm{Re}s>0)$ 而言，其象原函数应该是哪一个？原则上讲，所有当 $t>0$

时，为 1 的函数均可由 $F(s)=\dfrac{1}{s}$ （Res>0）作为象函数. 这是因为在拉氏变换所应用的场合，并不需要关心函数 $f(t)$ 在 $t<0$ 时的取值情况. 但是为了讨论和描述方便，一般规定，在拉氏变换中所提到的函数 $f(t)$ 均理解为当 $t<0$ 时取零值.

例如，当我们写下函数 $f(t)=1$ 时，应理解为 $f(t)=u(t)$. 这样，象函数 $F(s)=\dfrac{1}{s}$ （Res>0）的象原函数可以写为 $f(t)=1$，即 $\mathscr{L}^{-1}\left[\dfrac{1}{s}\right]=1$.

例 8.2　求指数函数 $f(t)=\mathrm{e}^{kt}$ 的拉普拉斯变换，其中 k 为实数.

解　由拉式变换的定义，有

$$\mathscr{L}\left[f(t)\right]=\int_0^{+\infty}\mathrm{e}^{kt}\cdot\mathrm{e}^{-st}\,\mathrm{d}t=\int_0^{+\infty}\mathrm{e}^{-(s-k)t}\,\mathrm{d}t,$$

这个积分在 $\mathrm{Re}(s-k)>0$ 时收敛，且

$$\int_0^{+\infty}\mathrm{e}^{-(s-k)t}\,\mathrm{d}t=-\frac{1}{s-k}\mathrm{e}^{-(s-k)}\Big|_0^{+\infty}=\frac{1}{s-k},\mathrm{Re}(s-k)>0,$$

所以
$$\mathscr{L}\left[\mathrm{e}^{kt}\right]=\frac{1}{s-k},\mathrm{Res}>k.$$

由上式又可以得到

$$\mathscr{L}\left[\mathrm{e}^{-kt}\right]=\frac{1}{s+k},\mathrm{Res}>-k,$$

$$\mathscr{L}\left[\mathrm{e}^{j\omega t}\right]=\frac{1}{s-j\omega},\mathrm{Res}>0.$$

从这些例子中可以明显看出拉氏变换的确扩大了傅氏变换的使用范围.

三、拉普拉斯变换的存在定理

1. 拉普拉斯变换存在定理

从前面的例题看出拉氏变换的条件比傅氏变换存在的条件弱得多，但对一个函数作拉氏变换还是要具备一些条件. 那么一个函数要满足什么条件，拉氏变换一定存在呢？下面定理给出问题的答案.

定理 8.1　（**拉普拉斯变换存在定理**）若函数 $f(t)$ 满足下列条件：

(1) 在 $t\geqslant0$ 的任一有限区间上分段连续；

(2) 当 $t\rightarrow+\infty$ 时，函数 $f(t)$ 的绝对值的增大速度不超过某个指数函数，就是说存在常数 $M>0$ 及 $c\geqslant0$，使得

$$|f(t)|\leqslant M\mathrm{e}^{ct}\quad(0\leqslant t<+\infty)$$

成立［这时称函数 $f(t)$ 当 $t\rightarrow+\infty$ 时，其增长是指数级的，c 为它的增长指数］.
则函数 $f(t)$ 的拉氏变换

$$F(s) = \int_0^{+\infty} f(t)e^{-st}\,dt$$

在半平面 $\text{Re}s > c$ 内存在,且为解析函数.

说明 ① 这个定理的条件是充分的,物理学和工程技术中常见的函数大多能满足这个条件;

② 一个函数的增长是指数级的和函数绝对可积的条件相比要弱得多. 如对于 $u(t), \cos kt, t^m$ 等函数都不满足傅氏变换存在定理中绝对可积的条件,但是它们均满足拉氏变换存在定理中的条件(2),如

$$|u(t)| \leqslant 1 \cdot e^{0t}, \text{此处 } M = 1, c = 0;$$

$$|\cos kt| \leqslant 1 \cdot e^{0t}, \text{此处 } M = 1, c = 0.$$

由于 $\lim\limits_{t \to +\infty} \dfrac{t^m}{e^t} = 0 \quad (m \geqslant 0)$,所以当 t 充分大时,有 $t^m \leqslant e^t$,因此

$$|t^m| \leqslant 1 \cdot e^t, \text{此处 } M = 1, c = 1.$$

例 8.3 求正弦函数 $f(t) = \sin kt$ （其中 k 为实数)的拉普拉斯变换.

解 因为 $|\sin kt| < e^{0t}, M = 1, c = 0$,所以正弦函数满足定理 8.1 的条件,因此,有

$$\mathscr{L}[\sin kt] = \int_0^{+\infty} \sin kt\, e^{-st}\,dt$$

$$= \frac{e^{-st}}{s^2 + k^2} \cdot (-\sin kt - k\cos kt)\Big|_0^{+\infty} = \frac{k}{s^2 + k^2}, \text{Re}s > 0.$$

于是

$$\mathscr{L}[\sin kt] = \frac{k}{s^2 + k^2}, \text{Re}s > 0.$$

同理

$$\mathscr{L}[\cos kt] = \frac{s}{s^2 + k^2}, \text{Re}s > 0.$$

2. 伽玛函数 $\Gamma(m)$ 简介

形如 $\int_0^{+\infty} e^{-t} t^{m-1}\,dt \quad (m > 0)$ 的函数称为伽玛函数(Gamma function),记为 $\Gamma(m)$.

即

$$\Gamma(m) = \int_0^{+\infty} e^{-t} t^{m-1}\,dt.$$

Γ 函数具有性质 $\Gamma(m+1) = m\Gamma(m)$,若 m 为正整数时,$\Gamma(m+1) = m!$.

例 8.4 求伽玛函数值 $\Gamma\left(\dfrac{1}{2}\right)$.

解 据伽玛函数定义,有

$$\Gamma\left(\frac{1}{2}\right) = \int_0^{+\infty} e^{-t} t^{-\frac{1}{2}}\,dt,$$

令 $t = u^2$,则 $dt = 2u\,du$,于是

$$\Gamma\left(\frac{1}{2}\right) = \int_0^{+\infty} e^{-t} t^{-\frac{1}{2}} dt = 2\int_0^{+\infty} e^{-u^2} du = 2\frac{\sqrt{\pi}}{2} = \sqrt{\pi}.$$

例 8.5　求幂函数 $f(t) = t^m$　（其中 $m > -1$）的拉普拉斯变换.

解　先计算下列几个函数的拉氏变换.

由公式(8.1)及分部积分法,得

$$\mathscr{L}[t] = \int_0^{+\infty} e^{-st} t \, dt = -\frac{1}{s}[te^{-st}]_0^{+\infty} + \frac{1}{s}\int_0^{+\infty} e^{-st} dt$$

$$= -\frac{1}{s^2}[e^{-st}]_0^{+\infty} = \frac{1}{s^2}, \text{Res} > 0.$$

利用上述结果与分部积分,得

$$\mathscr{L}[t^2] = \int_0^{+\infty} e^{-st} t^2 \, dt = -\frac{t^2}{s} e^{-st}\Big|_0^{+\infty} + \frac{2}{s}\int_0^{+\infty} te^{-st} dt$$

$$= \frac{2}{s} \cdot \frac{1}{s^2} = \frac{2}{s^3}, \text{Res} > 0.$$

同样方法,可得

$$\mathscr{L}[t^3] = \int_0^{+\infty} e^{-st} t^3 \, dt = -\frac{t^3}{s} e^{-st}\Big|_0^{+\infty} + \frac{3}{s}\int_0^{+\infty} t^2 e^{-st} dt$$

$$= \frac{3}{s} \cdot \frac{2}{s^3} = \frac{3!}{s^4}, \text{Res} > 0.$$

依次类推,可得

当 m 是正整数时,　　　$\mathscr{L}[t^m] = \dfrac{m!}{s^{m+1}}, \text{Res} > 0.$

当 m 不是正整数,且 $m > -1$ 时,则由公式(8.1)得

$$\mathscr{L}[t^m] = \int_0^{+\infty} e^{-st} t^m \, dt.$$

令 $st = u, dt = \dfrac{du}{s}$,则有

$$\int_0^{+\infty} e^{-st} t^m dt = \int_0^{+\infty} e^{-u}\left(\frac{u}{s}\right)^m \frac{du}{s} \quad (\text{Res} > 0)$$

$$= \frac{1}{s^{m+1}}\int_0^{+\infty} e^{-u} u^m du.$$

据假设,当 $m > -1$ 时,上述等式右端的广义积分收敛,且我们将复数积分转化为实数积分,有

$$\int_0^{+\infty} e^{-st} t^m dt = \frac{1}{s^{m+1}}\int_0^{+\infty} e^{-u} u^m du = \frac{1}{s^{m+1}}\int_0^{+\infty} t^m e^{-t} dt$$

$$= \frac{\Gamma(m+1)}{s^{m+1}}, \text{Res} > 0.$$

当 $m = \dfrac{1}{2}$ 时,有 $\mathscr{L}\left[\dfrac{1}{\sqrt{t}}\right] = \dfrac{\Gamma\left(\dfrac{1}{2}\right)}{\sqrt{s}} = \sqrt{\dfrac{\pi}{s}}.$

例 8.6 设函数 $f_\epsilon(t) = \begin{cases} \dfrac{1}{\epsilon}, & 0 \leqslant t \leqslant \epsilon \\ 0, & t > \epsilon \end{cases}$ ，求：

(1) $\mathscr{L}[f_\epsilon(t)]$； (2) $\lim\limits_{\epsilon \to 0} \mathscr{L}[f_\epsilon(t)]$； (3) $\mathscr{L}[\delta(t)]$.

解 (1) 由拉普拉斯变换的定义，得

$$\mathscr{L}[f_\epsilon(t)] = \int_0^\epsilon \frac{1}{\epsilon} \mathrm{e}^{-st} \mathrm{d}t + \int_\epsilon^{+\infty} 0 \cdot \mathrm{e}^{-st} \mathrm{d}t = \frac{1 - \mathrm{e}^{-\epsilon s}}{\epsilon s}.$$

(2) 由题(1)的结果，得

$$\lim_{\epsilon \to 0} \mathscr{L}[f_\epsilon(t)] = \lim_{\epsilon \to 0} \frac{1 - \mathrm{e}^{-\epsilon s}}{\epsilon s} = 1.$$

(3) 由单位脉冲函数 $\delta(t)$ 的定义，有

$$\delta(t) = \lim_{\epsilon \to 0} f_\epsilon(t),$$

以及

$$\lim_{\epsilon \to 0} \mathscr{L}[f_\epsilon(t)] = \mathscr{L}[\lim_{\epsilon \to 0} f_\epsilon(t)] = \mathscr{L}[\delta(t)] = 1.$$

注意 在拉普拉斯变换中认定，当 $t < 0$ 时，$\delta(t) = 0$.

例 8.7 求函数 $f(t) = \delta(t) \cos t - u(t) \sin t$ 的拉普拉斯变换.

解 据拉普拉斯变换的定义，得

$$\begin{aligned}
\mathscr{L}[f(t)] &= \int_0^{+\infty} [\delta(t) \cos t - u(t) \sin t] \mathrm{e}^{-st} \mathrm{d}t \\
&= \int_0^{+\infty} \delta(t) \cos t \mathrm{e}^{-st} \mathrm{d}t - \int_0^{+\infty} u(t) \sin t \mathrm{e}^{-st} \mathrm{d}t \\
&= \int_{-\infty}^{+\infty} \delta(t) \cos t \mathrm{e}^{-st} \mathrm{d}t - \int_0^{+\infty} \sin t \mathrm{e}^{-st} \mathrm{d}t \\
&= \cos t \mathrm{e}^{-st} \big|_{t=0} - \mathscr{L}[\sin t] \\
&= 1 - \frac{1}{s^2 + 1} = \frac{s^2}{s^2 + 1}.
\end{aligned}$$

思考题 8.1

1. 比较傅里叶积分定理和拉普拉斯变换存在定理的条件，哪一个定理的条件要求更高？

2. 画出伽玛函数的图形.

3. 函数 $f(t) = \sin kt$ 和 $f(t) = \cos kt$ 的拉普拉斯变换的差别在何处？

4. 单位脉冲函数的拉普拉斯变换是怎样的？应该怎样理解？

习题 8.1

1. 填写几个常用函数的拉普拉斯变换.

(1) $\mathscr{L}[\delta(t)] = $ _____； 　　　　(2) $\mathscr{L}[\mathrm{e}^{at}] = $ _____；

(3) $\mathscr{L}[u(t)] = $ _____ ;　　　　(4) $\mathscr{L}[\sin kt] = $ _____ ;

(5) $\mathscr{L}[1] = $ _____ ;　　　　　(6) $\mathscr{L}[\cos kt] = $ _____ ;

(7) $\mathscr{L}[t^m] = $ _____ .

2. 已知 $f(t) = \begin{cases} 2, & 0 \leqslant t < 2 \\ 3, & t \geqslant 2 \end{cases}$,求 $\mathscr{L}[f(t)]$.

3. 已知 $f(t) = e^{2t} + 5\delta(t)$,求 $\mathscr{L}[f(t)]$.

§8.2　拉普拉斯变换的性质

本节将介绍拉普拉斯变换的几个基本性质,为叙述方便起见,假定在这些性质中,需要求拉普拉斯变换的函数都满足拉普拉斯变换存在定理中的条件,并把这些函数的增长指数统一取为 c ,在证明这些性质时不再重复这些条件.

一、线性性质与相似性质

1. 线性性质

设 α, β 为常数,且 $\mathscr{L}[f(t)] = F(s)$, $\mathscr{L}[g(t)] = G(s)$,

则　　　　$\mathscr{L}[\alpha f(t) + \beta g(t)] = \alpha \mathscr{L}[f(t)] + \beta \mathscr{L}[g(t)]$,

$$\mathscr{L}^{-1}[\alpha F(s) + \beta G(s)] = \alpha \mathscr{L}^{-1}[F(s)] + \beta \mathscr{L}^{-1}[G(s)].$$

例 8.8　求函数 $\cos \omega t$ 的拉氏变换.

解　据欧拉公式 $\cos \omega t = \dfrac{1}{2}(e^{j\omega t} + e^{-j\omega t})$,以及 $\mathscr{L}[e^{j\omega t}] = \dfrac{1}{s - j\omega}$ 　(Res > 0),有

$$\mathscr{L}[\cos \omega t] = \frac{1}{2}(\mathscr{L}[e^{j\omega t} + e^{-j\omega t}]) = \frac{1}{2}(\mathscr{L}[e^{j\omega t}] + \mathscr{L}[e^{-j\omega t}])$$

$$= \frac{1}{2}\left(\frac{1}{s - j\omega} + \frac{1}{s + j\omega}\right) = \frac{s}{s^2 + \omega^2}, \text{Res} > 0.$$

类似地,可得 $\mathscr{L}[\sin \omega t] = \dfrac{\omega}{s^2 + \omega^2}$,Res > 0.

例 8.9　已知象函数 $F(s) = \dfrac{5s - 1}{(s + 1)(s - 2)}$,求 $\mathscr{L}^{-1}[F(s)]$.

解　因为 $F(s) = \dfrac{5s - 1}{(s + 1)(s - 2)} = 2\dfrac{1}{s + 1} + 3\dfrac{1}{s - 2}$, $\mathscr{L}[e^{at}] = \dfrac{1}{s - a}$,Res > 0,

所以　　$\mathscr{L}^{-1}[F(s)] = 2\mathscr{L}^{-1}\left[\dfrac{1}{s + 1}\right] + 3\mathscr{L}^{-1}\left[\dfrac{1}{s - 2}\right] = 2e^{-t} + 3e^{2t}$,Res > 0.

2. 相似性质

设 $\mathscr{L}[f(t)] = F(s)$,则对任一常数 $a > 0$,都有

$$\mathscr{L}[f(at)] = \frac{1}{a}F\left(\frac{s}{a}\right).$$

* 证明
$$\mathscr{L}[f(at)] = \int_0^{+\infty} f(at) e^{-st} dt,$$

令 $x = at$，则 $dx = a dt$，于是

$$\int_0^{+\infty} f(at) e^{-st} dt = \frac{1}{a} \int_0^{+\infty} f(x) e^{-\left(\frac{s}{a}\right)x} dx = \frac{1}{a} F\left(\frac{s}{a}\right).$$

二、微分性质

1. 导数的象函数

设 $\mathscr{L}[f(t)] = F(s)$，则有

$$\mathscr{L}[f'(t)] = sF(s) - f(0), \operatorname{Res} > c. \tag{8.3}$$

* 证明 据式(8.1)以及分部积分法，有

$$\mathscr{L}[f'(t)] = \int_0^{+\infty} f'(t) e^{-st} dt = f(t) e^{-st} \Big|_0^{+\infty} + s \int_0^{+\infty} f(t) e^{-st} dt$$

$$= -f(0) + s \int_0^{+\infty} f(t) e^{-st} dt,$$

由于 $|f(t)| < M e^{st}$，$|f(t) e^{-st}| < M e^{-(s-c)t}$，故 $\lim\limits_{t \to +\infty} f(t) e^{-st} = 0$，因此

$$\mathscr{L}[f'(t)] = sF(s) - f(0).$$

> **推论** 设 $\mathscr{L}[f(t)] = F(s)$，则有

$$\mathscr{L}[f^{(n)}(t)] = s^n F(s) - s^{n-1} f(0) - s^{n-2} f'(0) - \cdots - f^{(n-1)}(0), \operatorname{Res} > c. \tag{8.4}$$

特别地，当初值 $f(0) = f'(0) = \cdots = f^{(n-1)}(0) = 0$ 时，有

$$\mathscr{L}[f'(t)] = sF(s), \mathscr{L}[f''(t)] = s^2 F(s), \cdots, \mathscr{L}[f^{(n)}(t)] = s^n F(s).$$

利用数学归纳法，可以证明式(8.4).

此性质使我们有可能将函数 $f(t)$ 的微分方程转化为象函数 $F(s)$ 的代数方程，因此它对分析线性系统有着重要的作用.

例 8.10 求解微分方程 $y''(t) + \omega^2 y(t) = 0, y(0) = 0, y'(0) = \omega$.

解 设 $Y(s) = \mathscr{L}[y(t)]$，对方程两边取拉氏变换，并利用线性性质及微分性质，有

$$s^2 Y(s) - sy(0) - y'(0) + \omega^2 Y(s) = 0,$$

代入初值即得

$$Y(s) = \frac{\omega}{s^2 + \omega^2}.$$

由前面结果或查表，可以得到方程的解为

$$y(t) = \mathscr{L}^{-1}[Y(\omega)] = \mathscr{L}^{-1}\left[\frac{\omega}{s^2 + \omega^2}\right] = \sin \omega t.$$

2. 象函数的导数

设 $\mathscr{L}[f(t)] = F(s)$，则有

$$F'(s) = \mathscr{L}[-tf(t)], \mathrm{Re}s > c. \tag{8.5}$$

＊证明　由于 $F(s) = \mathscr{L}[f(t)] = \displaystyle\int_0^{+\infty} f(t)\mathrm{e}^{-st}\,\mathrm{d}t$，所以两边求导，得

$$F'(s) = \frac{\mathrm{d}}{\mathrm{d}s}\int_0^{+\infty} f(t)\mathrm{e}^{-st}\,\mathrm{d}t = \int_0^{+\infty} \frac{\mathrm{d}}{\mathrm{d}s}f(t)\mathrm{e}^{-st}\,\mathrm{d}t$$

$$= \int_0^{+\infty} -tf(t)\mathrm{e}^{-st}\,\mathrm{d}t = L[-tf(t)].$$

一般地，有

$$F^{(n)}(s) = \mathscr{L}[(-t)^n f(t)], \mathrm{Re}s > c.$$

例 8.11　求函数 $f(t) = t\sin kt$ 的拉普拉斯变换.

解　因为 $\mathscr{L}[\sin kt] = \dfrac{k}{s^2 + k^2}$，所以由拉氏变换象函数的微分性质得

$$\mathscr{L}[t\sin kt] = -\frac{\mathrm{d}}{\mathrm{d}s}\left[\frac{k}{s^2 + k^2}\right] = \frac{2ks}{(s^2 + k^2)^2}.$$

同理　　　$$\mathscr{L}[t\cos kt] = -\frac{\mathrm{d}}{\mathrm{d}s}\left[\frac{s}{s^2 + k^2}\right] = \frac{s^2 - k^2}{(s^2 + k^2)^2}.$$

例 8.12　求函数 $f(t) = t^2\cos^2 t$ 的拉普拉斯变换.

解　由于 $\cos^2 t = \dfrac{1}{2}(1 + \cos 2t)$ 及 $\mathscr{L}[\cos kt] = \dfrac{s}{s^2 + k^2}$，所以由拉氏变换象函数的微分性质得

$$\mathscr{L}[t^2\cos^2 t] = \frac{1}{2}\mathscr{L}[t^2(1 + \cos 2t)] = \frac{1}{2}\frac{\mathrm{d}^2}{\mathrm{d}s^2}\left[\frac{1}{s} + \frac{s}{s^2 + 4}\right]$$

$$= \frac{1}{s^3} - \frac{s^3 - s^2 + 4s + 4}{(s^2 + 4)^3} = \frac{2(s^6 + 24s^2 + 32)}{s^3(s^2 + 4)^3}.$$

三、积分性质

1. 积分的象函数

设 $\mathscr{L}[f(t)] = F(s)$，则

$$\mathscr{L}\left[\int_0^t f(t)\,\mathrm{d}t\right] = \frac{1}{s}F(s), \mathrm{Re}s > c. \tag{8.6}$$

＊证明　设 $g(t) = \displaystyle\int_0^t f(t)\,\mathrm{d}t$，则 $g'(t) = f(t)$ 且 $g(0) = 0$.

由微分性质，有

$$\mathscr{L}[g'(t)] = s\mathscr{L}[g(t)] - g(0) = s\mathscr{L}[g(t)],$$

即有　　$$\mathscr{L}\left[\int_0^t f(t)\,\mathrm{d}t\right] = \frac{1}{s}\mathscr{L}[g'(t)] = \frac{1}{s}\mathscr{L}[f(t)] = \frac{1}{s}F(s), \mathrm{Re}s > c.$$

一般地，有　　　$$\mathscr{L}\left[\int_0^t \mathrm{d}t\int_0^t \mathrm{d}t \cdots \int_0^t f(t)\,\mathrm{d}t\right] = \frac{1}{s^n}F(s), \mathrm{Re}s > c.$$

2. 象函数的积分

设 $\mathscr{L}[f(t)] = F(s)$，则有

$$\mathscr{L}\left[\frac{f(t)}{t}\right] = \int_s^{+\infty} F(s)\mathrm{d}s, \mathrm{Re}s > c. \tag{8.7}$$

或
$$f(t) = t\mathscr{L}^{-1}\left[\int_s^{+\infty} F(s)\mathrm{d}s\right], \mathrm{Re}s > c.$$

*证明 据拉普拉斯变换的定义，有

$$\mathscr{L}\left[\frac{f(t)}{t}\right] = \int_s^{+\infty} \frac{f(t)}{t}\mathrm{e}^{-st}\mathrm{d}t,$$

所以

$$\int_s^{+\infty} F(s)\mathrm{d}s = \int_s^{+\infty}\mathrm{d}s\int_0^{+\infty} f(t)\mathrm{e}^{-st}\mathrm{d}t = \int_0^{+\infty} f(t)\left[\int_s^{+\infty} \mathrm{e}^{-st}\mathrm{d}s\right]\mathrm{d}t$$

$$= -\int_0^{+\infty} f(t)\frac{\mathrm{e}^{-st}}{t}\Big|_s^{+\infty}\mathrm{d}t = \int_0^{+\infty} \frac{f(t)}{t}\mathrm{e}^{-st}\mathrm{d}t$$

$$= \mathscr{L}\left[\frac{f(t)}{t}\right].$$

一般地，有

$$\mathscr{L}\left[\frac{f(t)}{t^n}\right] = \int_s^{+\infty}\mathrm{d}s\int_s^{+\infty}\mathrm{d}s\int_s^{+\infty}\mathrm{d}s\cdots\int_s^{+\infty} F(s)\mathrm{d}s, \mathrm{Re}s > c. \tag{8.8}$$

例 8.13 求函数 $f(t) = \dfrac{\sin t}{t}$ 的拉氏变换.

解 因为 $\mathscr{L}[\sin t] = \dfrac{1}{1+s^2}$，且 $\lim\limits_{t\to 0^+}\dfrac{\sin t}{t} = 1$，

所以，由象函数的积分性质，有

$$\mathscr{L}\left[\frac{\sin t}{t}\right] = \int_s^{+\infty} \frac{1}{s^2+1}\mathrm{d}s = \frac{\pi}{2} - \arctan s = \operatorname{arccot} s,$$

同时，可以得到广义积分

$$\int_0^{+\infty} \frac{\sin t}{t}\mathrm{e}^{-st}\mathrm{d}t = \operatorname{arccot} s.$$

若上式中，令 $s=0$，有广义积分

$$\int_0^{+\infty} \frac{\sin t}{t}\mathrm{d}t = \frac{\pi}{2}.$$

通过例 8.13 我们得到了一个启发，即在拉氏变换的微分性质与积分性质中取 s 为某些特定值，就可以用来求某些函数的广义积分.

在下述公式中，若令 $s=0$，有广义积分公式.

由 $\int_0^{+\infty} f(t)\mathrm{e}^{-st}\mathrm{d}t = F(s)$，得 $\int_0^{+\infty} f(t)\mathrm{d}t = F(0)$；

由 $F'(s) = -\mathscr{L}[tf(t)]$，得 $\int_0^{+\infty} tf(t)\mathrm{d}t = -F'(0)$；

由 $\mathscr{L}\left[\dfrac{f(t)}{t}\right]=\displaystyle\int_{s}^{+\infty}F(s)\mathrm{d}s$，得 $\displaystyle\int_{0}^{+\infty}\dfrac{f(t)}{t}\mathrm{d}t=\displaystyle\int_{0}^{+\infty}F(s)\mathrm{d}s$.

注意　在使用上面公式时应先考虑到广义积分的存在性.

例 8.14　计算下列广义积分.

(1) $\displaystyle\int_{0}^{+\infty}\mathrm{e}^{-3t}\cos 2t\mathrm{d}t$;　　　　　(2) $\displaystyle\int_{0}^{+\infty}\dfrac{1-\cos t}{t}\mathrm{e}^{-t}\mathrm{d}t$.

解　(1) 由于

$$\mathscr{L}\left[\cos 2t\right]=\dfrac{s}{s^2+4},$$

所以

$$\int_{0}^{+\infty}\mathrm{e}^{-3t}\cos 2t\mathrm{d}t=\mathscr{L}\left[\cos 2t\right]_{s=3}=\dfrac{s}{s^2+4}\bigg|_{s=3}=\dfrac{3}{13}.$$

(2) 据象函数的积分性质,有

$$\mathscr{L}\left[\dfrac{1-\cos t}{t}\right]=\int_{s}^{+\infty}\mathscr{L}\left[1-\cos t\right]\mathrm{d}s=\int_{s}^{+\infty}\left(\dfrac{1}{s}-\dfrac{s}{s^2+1}\right)\mathrm{d}s$$

$$=\dfrac{1}{2}\ln\dfrac{s^2}{s^2+1}\bigg|_{s}^{+\infty}=\dfrac{1}{2}\ln\dfrac{s^2+1}{s^2}.$$

即

$$\mathscr{L}\left[\dfrac{1-\cos t}{t}\right]=\int_{0}^{+\infty}\dfrac{1-\cos t}{t}\mathrm{e}^{-st}\mathrm{d}t=\dfrac{1}{2}\ln\dfrac{s^2+1}{s^2},$$

令 $s=1$,得

$$\int_{0}^{+\infty}\dfrac{1-\cos t}{t}\mathrm{e}^{-t}\mathrm{d}t=\dfrac{1}{2}\ln 2.$$

四、延迟与位移性质

1. 位移性质

若 $\mathscr{L}\left[f(t)\right]=F(s)$,则有

$$\mathscr{L}\left[\mathrm{e}^{at}f(t)\right]=F(s-a),\mathrm{Re}(s-a)>c,$$

其中 a 为复常数.

这个性质表明了象原函数乘以指数函数 e^{at} 的拉氏变换等于其象函数作位移 a.

证明　据拉氏变换的定义,有

$$\mathscr{L}\left[\mathrm{e}^{at}f(t)\right]=\int_{0}^{+\infty}\mathrm{e}^{at}f(t)\mathrm{e}^{-st}\mathrm{d}t$$

$$=\int_{0}^{+\infty}f(t)\mathrm{e}^{-(s-a)t}\mathrm{d}t=F(s-a),\mathrm{Re}(s-a)>c.$$

例 8.15　分别求函数 $t^m\mathrm{e}^{at}$（m 为正整数）与 $\mathrm{e}^{-at}\cos kt$ 的拉氏变换.

解　因为 $\mathscr{L}\left[t^m\right]=\dfrac{m!}{s^{m+1}}$,所以由位移性质得

$$\mathscr{L}\left[e^{at}t^m\right]=\frac{m!}{(s-a)^{m+1}}.$$

又因为 $\mathscr{L}\left[\cos kt\right]=\dfrac{s}{s^2+k^2}$，所以由位移性质得

$$\mathscr{L}\left[e^{-at}\cos kt\right]=\frac{(s+a)}{(s+a)^2+k^2}.$$

例 8.16 若 $f(t)=\dfrac{e^{-3t}\sin 2t}{t}$，求 $F(s)$.

解 因为 $\mathscr{L}\left[e^{-3t}\sin 2t\right]=\dfrac{2}{(s+3)^2+4}$，所以据积分性质有

$$F(s)=\mathscr{L}\left[\frac{e^{-3t}\sin 2t}{t}\right]=\int_s^{+\infty}\frac{2}{(s+3)^2+4}ds=\left[\arctan\frac{s+3}{2}\right]_s^{+\infty}$$

$$=\frac{\pi}{2}-\arctan\frac{s+3}{2}=\operatorname{arccot}\frac{s+3}{2}.$$

2. 延迟性质

若 $\mathscr{L}\left[f(t)\right]=F(s)$，且当 $t<0$ 时，$f(t)=0$，则对任一非负实数 τ 有

$$\mathscr{L}\left[f(t-\tau)\right]=e^{-s\tau}F(s),\mathrm{Re}s>c,$$

或 $$\mathscr{L}^{-1}\left[e^{-s\tau}F(s)\right]=f(t-\tau),\mathrm{Re}s>c.$$

这个性质表明，时间函数延迟 τ 个单位的拉氏变换等于它的象函数乘以指数因子 $e^{-s\tau}$.

证明 由拉氏变换的定义，有

$$\mathscr{L}\left[f(t-\tau)\right]=\int_0^{+\infty}f(t-\tau)e^{-st}dt$$

$$=\int_0^{\tau}f(t-\tau)e^{-st}dt+\int_{\tau}^{+\infty}f(t-\tau)e^{-st}dt,$$

由假设条件，当 $t<\tau$ 时，$f(t-\tau)=0$，所以上式右端第一个积分为零，对于第二个积分，令 $t-\tau=u$，则

$$\mathscr{L}\left[f(t-\tau)\right]=\int_0^{+\infty}f(u)e^{-s(u+\tau)}du$$

$$=e^{-s\tau}\int_0^{+\infty}f(u)e^{-su}du=e^{-s\tau}F(s),\mathrm{Re}s>c.$$

例 8.17 求函数 $u(t-\tau)=\begin{cases}0,&t<\tau\\1,&t>\tau\end{cases}$ 与 $f(t)=u(3t-5)$ 的拉普拉斯变换.

解 因为 $\mathscr{L}\left[u(t)\right]=\dfrac{1}{s}$，由延迟性得

$$\mathscr{L}\left[u(t-\tau)\right]=e^{-s\tau}\frac{1}{s}=\frac{1}{s}e^{-s\tau}.$$

又因为 $u(3t-5)=u\left[3\left(t-\dfrac{5}{3}\right)\right]=u\left(t-\dfrac{5}{3}\right)$，由延迟性得

$$\mathscr{L}[u(3t-5)]=\mathscr{L}\left[u\left(t-\dfrac{5}{3}\right)\right]=\dfrac{1}{s}\mathrm{e}^{-\frac{5}{3}s}.$$

例 8.18 求分段函数 $f(t)=\begin{cases}k, & k<t<k+1\\ 0, & t<0\end{cases}$ $(k=0,1,2,\cdots)$ 的拉普拉斯变换.

解 函数 $f(t)$ 是个阶梯函数，利用单位阶跃函数，可以将其表示为

$$f(t)=u(t-1)+u(t-2)+u(t-3)+\cdots+u(t-k)+\cdots,$$

再由延迟性质和 $\mathscr{L}[u(t)]=\dfrac{1}{s}$，可得

$$\mathscr{L}[f(t)]=\dfrac{1}{s}\mathrm{e}^{-s}+\dfrac{1}{s}\mathrm{e}^{-2s}+\dfrac{1}{s}\mathrm{e}^{-3s}+\cdots+\dfrac{1}{s}\mathrm{e}^{-ks}+\cdots,\mathrm{Re}s>0.$$

上式右端是公比为 e^{-s} 的等比级数，由于当 $\mathrm{Re}s>0$ 时，$|\mathrm{e}^{-s}|=\mathrm{e}^{-\beta}<1,\beta=\mathrm{Re}s>0$，因此

$$\mathscr{L}[f(t)]=\dfrac{1}{s}\mathrm{e}^{-s}\sum_{k=0}^{\infty}(\mathrm{e}^{-s})^{k}=\dfrac{1}{s(\mathrm{e}^{s}-1)},\mathrm{Re}s>0.$$

五、周期函数的拉普拉斯变换

设 $f(t)$ $(t>0)$ 是 $[0,+\infty)$ 内以 T 为周期的周期函数，且 $f(t)$ 在一个周期内分段光滑，则

$$\mathscr{L}[f(t)]=\dfrac{1}{1-\mathrm{e}^{-sT}}\int_{0}^{T}f(t)\mathrm{e}^{-st}\,\mathrm{d}t.\tag{8.9}$$

*证明 由拉氏变换的定义，有

$$\mathscr{L}[f(t)]=\int_{0}^{+\infty}f(t)\mathrm{e}^{-st}\,\mathrm{d}t=\int_{0}^{T}f(t)\mathrm{e}^{-st}\,\mathrm{d}t+\int_{T}^{+\infty}f(t)\mathrm{e}^{-st}\,\mathrm{d}t,$$

对于上式右端的第二个积分作代换 $u=t-T$，且利用函数 $f(t)$ 的周期性，有

$$\mathscr{L}[f(t)]=\int_{0}^{T}f(t)\mathrm{e}^{-st}\,\mathrm{d}t+\int_{0}^{+\infty}f(u)\mathrm{e}^{-su}\mathrm{e}^{-sT}\,\mathrm{d}u=\int_{0}^{T}f(t)\mathrm{e}^{-st}\,\mathrm{d}t+\mathrm{e}^{-sT}\mathscr{L}[f(t)],$$

于是

$$\mathscr{L}[f(t)]=\dfrac{1}{1-\mathrm{e}^{-sT}}\int_{0}^{T}f(t)\mathrm{e}^{-st}\,\mathrm{d}t.$$

例 8.19 求全波整流后的正弦波 $f(t)=|\sin\omega t|$ 的拉普拉斯变换.

解 因为函数的周期为 $T=\dfrac{\pi}{\omega}$，由周期函数拉氏变换公式(8.9)以及分部积分法，有

$$\mathscr{L}[f(t)]=\dfrac{1}{1-\mathrm{e}^{-sT}}\int_{0}^{T}\sin\omega t\,\mathrm{e}^{-st}\,\mathrm{d}t=\dfrac{1}{1-\mathrm{e}^{-sT}}\left.\dfrac{\mathrm{e}^{-st}(-s\sin\omega t-\omega\cos\omega t)}{s^{2}+\omega^{2}}\right|_{0}^{T}$$

$$= \frac{\omega}{s^2 + \omega^2} \frac{1 + \mathrm{e}^{-sT}}{1 - \mathrm{e}^{-sT}} = \frac{\omega}{s^2 + \omega^2} \frac{\mathrm{e}^{sT} + 1}{\mathrm{e}^{sT} - 1}.$$

六、拉普拉斯变换的卷积与卷积定理

前面已经介绍了傅氏变换的卷积,下面由傅氏变换的卷积推出拉氏变换的卷积.拉氏变换的卷积不仅被用来求函数的逆变换及一些积分的值,而且在线性系统的分析中起着重要作用.

1. 卷积的概念

前面讨论两个函数的傅氏卷积为

$$f_1(t) * f_2(t) = \int_{-\infty}^{+\infty} f_1(\tau) f_2(t - \tau) \mathrm{d}\tau.$$

若函数 $f_1(t)$ 与 $f_2(t)$ 满足:当 $t < 0$ 时, $f_1(t) = f_2(t) = 0$,则

$$f_1(t) * f_2(t) = \int_{-\infty}^{0} f_1(\tau) f_2(t - \tau) \mathrm{d}\tau + \int_{0}^{t} f_1(\tau) f_2(t - \tau) \mathrm{d}\tau + \int_{t}^{+\infty} f_1(\tau) f_2(t - \tau) \mathrm{d}\tau$$

$$= \int_{0}^{t} f_1(\tau) f_2(t - \tau) \mathrm{d}\tau,$$

上式称为函数 $f_1(t)$ 与 $f_2(t)$ 的拉普拉斯卷积,记为

$$f_1(t) * f_2(t) = \int_{0}^{t} f_1(\tau) f_2(t - \tau) \mathrm{d}\tau. \tag{8.10}$$

例 8.20 求函数 $f_1(t) = t$ 与 $f_2(t) = \sin t$ 的拉氏卷积.

解 据卷积定义及分部积分法,有

$$t * \sin t = \int_{0}^{t} \tau \sin(t - \tau) \mathrm{d}\tau = \left[\tau \cos(t - \tau) \right]_{0}^{t} - \int_{0}^{t} \cos(t - \tau) \mathrm{d}\tau = t - \sin t.$$

2. 卷积的性质

(1) $f_1(t) * f_2(t) = f_2(t) * f_1(t)$;

(2) $f_1(t) * [f_2(t) * f_3(t)] = [f_1(t) * f_2(t)] * f_3(t)$;

(3) $f_1(t) * [f_2(t) + f_3(t)] = f_1(t) * f_2(t) + f_1(t) * f_3(t)$.

3. 卷积定理

设函数 $f_1(t)$ 与 $f_2(t)$ 满足拉氏变换定理中的条件,且 $\mathscr{L}[f_1(t)] = F_1(s)$, $\mathscr{L}[f_2(t)] = F_2(s)$,则 $f_1(t) * f_2(t)$ 的拉氏变换存在,且有

$$\mathscr{L}[f_1(t) * f_2(t)] = F_1(s) \cdot F_2(s),$$

或 $$\mathscr{L}^{-1}[F_1(s) \cdot F_2(s)] = f_1(t) * f_2(t).$$

*证明 因为 $f_1(t) * f_2(t)$ 满足拉氏变换定理中的条件,则有

$$\mathscr{L}[f_1(t) * f_2(t)] = \int_{0}^{+\infty} [f_1(t) * f_2(t)] \mathrm{e}^{-st} \mathrm{d}t$$

$$= \int_{0}^{+\infty} \left[\int_{0}^{t} f_1(\tau) f_2(t - \tau) \mathrm{d}\tau \right] \mathrm{e}^{-st} \mathrm{d}t,$$

该积分看作 $t-\tau$ 平面上的二重积分,如图 8-1 所示交换积分次序,即得

$$\mathscr{L}[f_1(t) * f_2(t)] = \int_0^{+\infty} f_1(\tau)\Big[\int_\tau^{+\infty} f_2(t-\tau)\mathrm{e}^{-st}\mathrm{d}t\Big]\mathrm{d}\tau,$$

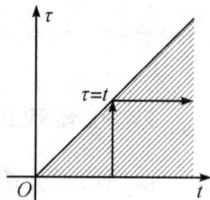

图 8-1

对内层积分作变量代换 $u=t-\tau, \mathrm{d}t=\mathrm{d}u$,有

$$\mathscr{L}[f_1(t) * f_2(t)] = \int_0^{+\infty} f_1(\tau)\Big[\int_0^{+\infty} f_2(u)\mathrm{e}^{-s(u+\tau)}\mathrm{d}u\Big]\mathrm{d}\tau$$

$$= \int_0^{+\infty} f_1(\tau)\mathrm{e}^{-s\tau}\Big[\int_0^{+\infty} f_2(u)\mathrm{e}^{-su}\mathrm{d}u\Big]\mathrm{d}\tau$$

$$= \int_0^{+\infty} f_1(\tau)\mathrm{e}^{-s\tau}F_2(s)\mathrm{d}\tau = F_2(s)\int_0^{+\infty} f_1(\tau)\mathrm{e}^{-s\tau}\mathrm{d}\tau$$

$$= F_1(s) \cdot F_2(s).$$

这个性质表明,函数卷积的拉氏变换等于其象函数的乘积,将卷积的计算转化为象函数的乘积运算.

例 8.21 求卷积 $\mathrm{e}^{3t} * t^3$ 的拉氏变换.

解 因为 $\mathscr{L}[\mathrm{e}^{3t}] = \dfrac{1}{s-3}, \mathscr{L}[t^3] = \dfrac{3!}{s^4}$,据卷积定理,有

$$\mathscr{L}[\mathrm{e}^{3t} * t^3] = \frac{1}{s-3} \cdot \frac{3!}{s^4}.$$

例 8.22 若 $F(s) = \dfrac{1}{s^2(s^2+1)}$,求 $f(t) = \mathscr{L}^{-1}[F(s)]$.

解 因为 $F(s) = \dfrac{1}{s^2(s^2+1)} = \dfrac{1}{s^2}\dfrac{1}{(s^2+1)}$,所以取

$$F_1(s) = \frac{1}{s^2}, F_2(s) = \frac{1}{(s^2+1)},$$

则它们的象原函数分别为

$$f_1(t) = t, f_2(t) = \sin t,$$

于是,根据卷积定理可得

$$f(t) = \mathscr{L}^{-1}\Big[\frac{1}{s^2(s^2+1)}\Big] = f_1(t) * f_2(t) = t * \sin t.$$

由例 8.20 知,$t * \sin t = t - \sin t$,

因此

$$f(t) = t - \sin t.$$

思考题 8.2

1. 拉普拉斯变换的延迟性质与位移性质有什么区别?

2. 一个函数导数的象函数与一个函数象函数的导数公式有什么不同?

3. 怎样通过象函数的积分来计算某些实函数的广义积分?

4. 怎样将线性微分方程转化为象函数的代数方程?

5. 拉普拉斯变换的卷积定理有什么作用?

习题 8.2

1. 填写几个常用函数的拉普拉斯逆变换.

(1) $\mathscr{L}^{-1}[1]=$＿＿＿＿;　　　(2) $\mathscr{L}^{-1}\left[\dfrac{1}{\sqrt{s}}\right]=$＿＿＿＿;

(3) $\mathscr{L}^{-1}\left[\dfrac{1}{s}\right]=$＿＿＿＿;　　(4) $\mathscr{L}^{-1}\left[\dfrac{b}{s^2+b^2}\right]=$＿＿＿＿;

(5) $\mathscr{L}^{-1}\left[\dfrac{m!}{s^{m+1}}\right]=$＿＿＿＿;　(6) $\mathscr{L}^{-1}\left[\dfrac{s}{s^2+b^2}\right]=$＿＿＿＿;

(7) $\mathscr{L}^{-1}\left[\dfrac{1}{s-a}\right]=$＿＿＿＿;　(8) $\mathscr{L}^{-1}\left[\dfrac{m!}{(s-a)^{m+1}}\right]=$＿＿＿＿.

2. 设 $F(s)=\mathscr{L}[f(t)]$，$G(s)=\mathscr{L}[g(t)]$，根据拉普拉斯变换性质填写下列各题.

(1) $\mathscr{L}[af(t)+bg(t)]=$＿＿＿＿;　(2) $\mathscr{L}[f(at)]=$＿＿＿＿, a 为正实数;

(3) $\mathscr{L}[f(t-\tau)u(t-\tau)]=$＿＿＿＿;　(4) $\mathscr{L}[e^{at}f(t)]=$＿＿＿＿;

(5) $\mathscr{L}[f^{(n)}(t)]=$＿＿＿＿;　(6) $\mathscr{L}^{-1}[F^{(n)}(s)]=$＿＿＿＿;

(7) $\mathscr{L}\left[\displaystyle\int_0^t f(t)\mathrm{d}t\right]=$＿＿＿＿;　(8) $\mathscr{L}^{-1}\left[\displaystyle\int_s^{\infty} F(s)\mathrm{d}s\right]=$＿＿＿＿;

(9) $f_1(t)*f_2(t)=$＿＿＿＿;　(10) $\mathscr{L}[f_1(t)*f_2(t)]=$＿＿＿＿;

(11) $\mathscr{L}^{-1}[F(s-a)]=$＿＿＿＿;　(12) $\mathscr{L}^{-1}\left[\dfrac{F(s)}{s}\right]=$＿＿＿＿;

(13) $\mathscr{L}^{-1}[e^{-s\tau}F(s)]=$＿＿＿＿;　(14) $\mathscr{L}^{-1}[F_1(s)*F_2(s)]=$＿＿＿＿.

3. 利用拉普拉斯变换的性质,求下列函数的拉普拉斯变换.

(1) $f(t)=t^2+6t-3$;　　　(2) $f(t)=1-te^{-t}$;

(3) $f(t)=5\sin2t-3\cos2t$;　(4) $f(t)=u(2t-1)$;

(5) $f(t)=t\cos at$;　　　　(6) $f(t)=e^{3t}\sin4t$;

(7) $f(t)=\dfrac{e^{3t}}{\sqrt{t}}$;　　　　(8) $f(t)=\displaystyle\int_0^t t\sin2t\mathrm{d}t$.

4. 设 $\mathscr{L}[f(t)]=F(s)$,证明

$$\mathscr{L}\left[\frac{f(t)}{t}\right]=\int_s^{+\infty}F(s)\mathrm{d}s \text{ 或 } f(t)=t\mathscr{L}^{-1}\left[\int_s^{+\infty}F(s)\mathrm{d}s\right].$$

并利用此公式,计算下列各题.

(1) 已知 $f(t)=\dfrac{\sin kt}{t}$,求 $F(s)$;

(2) 已知 $F(s)=\dfrac{s}{(s^2-1)^2}$,求 $f(t)$.

5. 设 $\mathscr{L}[f(t)] = F(s)$，证明

$$\int_0^{+\infty} \frac{f(t)}{t} \mathrm{d}t = \int_0^{+\infty} F(s)\mathrm{d}s.$$

并利用此公式，计算积分

$$\int_0^{+\infty} \frac{\mathrm{e}^{-t} - \mathrm{e}^{-2t}}{t} \mathrm{d}t.$$

6. 设 $\mathscr{L}[f(t)] = F(s)$，证明

$$\int_0^{+\infty} tf(t)\mathrm{d}t = -F'(0).$$

并利用此公式，计算积分 $\qquad \int_0^{+\infty} t\mathrm{e}^{-2t}\mathrm{d}t.$

7. 设 $f(t)$ 是以 2π 为周期的函数，且在区间 $[0,2\pi]$ 上的表达式为

$$f(t) = \begin{cases} \sin t, & 0 \leqslant t \leqslant \pi \\ 0, & \pi < t \leqslant 2\pi \end{cases},$$

求拉普拉斯变换 $\mathscr{L}[f(t)]$.

8. 设 $\mathscr{L}[f(t)] = F(s)$，利用卷积定理证明：

(1) $\mathscr{L}\left[\int_0^t f(t)\mathrm{d}t\right] = \mathscr{L}[f(t) * u(t)] = \dfrac{1}{s}F(s)$；

(2) $\mathscr{L}^{-1}\left[\dfrac{s}{(s^2 + a^2)^2}\right] = \dfrac{t}{2a}\sin at \quad (a \neq 0)$.

§8.3　拉普拉斯逆变换

前面讨论了已知函数 $f(t)$，求它的象函数 $F(s)$. 但在实际应用中会碰到与此相反的问题，即已知象函数 $F(s)$，求它的象原函数 $f(t)$，下面我们来讨论这个问题.

一、反演积分公式

由拉普拉斯变换的概念可以知道，函数 $f(t)$ 的拉普拉斯变换，实际上就是 $f(t)u(t)\mathrm{e}^{-\beta t}$ 的傅里叶变换. 于是，当 $f(t)u(t)\mathrm{e}^{-\beta t}$ 满足傅里叶积分定理的条件时，按傅里叶积分公式，当 $f(t)$ 在 t 点连续时，有

$$f(t) = \frac{1}{2\pi j}\int_{\beta - j\infty}^{\beta + j\infty} F(s)\mathrm{e}^{st}\mathrm{d}s \quad (t > 0).$$

这是从 $F(s)$ 求 $f(t)$ 的一般公式. 左端积分称为**拉普拉斯反演积分公式**.

$$F(s) = \int_0^{+\infty} f(t)\mathrm{e}^{-st}\mathrm{d}t \quad 与 \quad f(t) = \frac{1}{2\pi j}\int_{\beta - j\infty}^{\beta + j\infty} F(s)\mathrm{e}^{st}\mathrm{d}s$$

构成一对互逆的积分变换公式，称 $F(s)$ 和 $f(t)$ 构成一个拉普拉斯变换对.

在前面已经介绍了用拉氏变换的性质和拉氏变换表求象原函数 $f(t)$，但是

有时也需要借助于拉普拉斯反演公式来求象原函数 $f(t)$. 由于反演积分公式是复变函数的积分, 计算复变函数积分通常比较困难, 但当 $F(s)$ 满足一定条件时, 可以利用留数方法计算这个反演积分.

二、利用留数计算反演积分

定理 8.2 设 $s_1, s_2, \cdots, s_n$ 是函数 $F(s)$ 在半平面 $\mathrm{Re}s \leqslant c$ 内的有限个孤立奇点, 又函数 $F(s)$ 在半平面 $\mathrm{Re}s \leqslant c$ 内除了这些孤立奇点外解析, 且当 $s \to \infty$ 时, $F(s) \to 0$, 则

$$\frac{1}{2\pi j}\int_{\beta-j\infty}^{\beta+j\infty} F(s)\mathrm{e}^{st}\,\mathrm{d}s = \sum_{k=1}^{n}\mathrm{Res}[F(s)\mathrm{e}^{st}, s_k],$$

即

$$f(t) = \sum_{k=1}^{n}\mathrm{Res}[F(s)\mathrm{e}^{st}, s_k] \quad (t>0), \tag{8.11}$$

其中 $\mathrm{Res}[F(s)\mathrm{e}^{st}, s_k]$ 为复变函数 $F(s)\mathrm{e}^{st}$ 在奇点 $s=s_k$ 处的留数.

这个定理的证明从略.

下面我们列出几种计算反演积分的方法.

1. 计算方法 1——利用留数计算反演积分

$$f(t) = \frac{1}{2\pi j}\int_{\beta-j\infty}^{\beta+j\infty} F(s)\mathrm{e}^{st}\,\mathrm{d}s = \sum_{k=1}^{n}\mathrm{Res}[F(s)\mathrm{e}^{st}, s_k], t>0.$$

若函数 $F(s)$ 是有理函数, 即 $F(s) = \dfrac{A(s)}{B(s)}$, 其中 $A(s), B(s)$ 是不可约的多项式, 且分子 $A(s)$ 的次数小于分母 $B(s)$ 的次数, 有如下常用的两个规则.

规则 1 若 $B(s)$ 有 n 个一阶零点 $s_1, s_2, \cdots, s_n$, 则这些点都是函数 $\dfrac{A(s)}{B(s)}$ 的一阶极点, 根据留数计算方法, 有

$$\mathrm{Res}\left[\frac{A(s)}{B(s)}\mathrm{e}^{st}, s_k\right] = \frac{A(s_k)}{B'(s_k)}\mathrm{e}^{s_k t} \quad (k=1,2,\cdots,n),$$

或者

$$\mathrm{Res}\left[\frac{A(s)}{B(s)}\mathrm{e}^{st}, s_k\right] = \lim_{s \to s_k}(s-s_k)\frac{A(s)}{B(s)}\mathrm{e}^{st} \quad (k=1,2,\cdots,n),$$

从而

$$f(t) = \sum_{k=1}^{n}\frac{A(s_k)}{B'(s_k)}\mathrm{e}^{s_k t} = \sum_{k=1}^{n}\lim_{s \to s_k}(s-s_k)\frac{A(s)}{B(s)}\mathrm{e}^{st} \quad (t>0).$$

规则 2 若 s_1 是 $B(s)$ 的一个 m 阶零点, $s_{m+1}, s_{m+2}, \cdots, s_n$ 是 $B(s)$ 的一阶零点, 即 s_1 是 $\dfrac{A(s)}{B(s)}$ 的 m 阶极点, s_i $(i=m+1, m+2, \cdots, n)$ 是 $\dfrac{A(s)}{B(s)}$ 的一阶极点, 根据留数的计算方法, 有

$$\mathrm{Res}\left[\frac{A(s)}{B(s)}\mathrm{e}^{st}, s_1\right] = \frac{1}{(m-1)!}\lim_{s \to s_1}\frac{\mathrm{d}^{m-1}}{\mathrm{d}s^{m-1}}\left[(s-s_1)^m \frac{A(s)}{B(s)}\mathrm{e}^{st}\right] \quad (t>0),$$

则

$$f(t) = \frac{1}{(m-1)!}\lim_{s \to s_1}\frac{\mathrm{d}^{m-1}}{\mathrm{d}s^{m-1}}\left[(s-s_1)^m \frac{A(s)}{B(s)}\mathrm{e}^{st}\right] + \sum_{i=m+1}^{n}\frac{A(s_i)}{B'(s_i)}\mathrm{e}^{s_i t}.$$

这两个公式称为**海维塞展开式**.

例 8.23 求下列函数的拉普拉斯逆变换.

(1) $F(s) = \dfrac{1}{s^2 + a^2}$；   (2) $F(s) = \dfrac{1}{s(s-1)^2}$.

解 (1) $B(s) = s^2 + a^2 = (s + ja)(s - ja)$ 有两个一阶零点

$$s_1 = -ja, \quad s_2 = ja,$$

则 $s_1 = -ja, s_2 = ja$ 为函数 $F(s)$ 的两个一阶极点，因此

$$f(t) = \mathscr{L}^{-1}\left[\frac{1}{s^2 + a^2}\right] = \frac{1}{2s}e^{st}\Big|_{s=ja} + \frac{1}{2s}e^{st}\Big|_{s=-ja}$$

$$= \frac{1}{2ja}e^{jat} - \frac{1}{2ja}e^{-jat} = \frac{1}{a}\left(\frac{e^{jat} - e^{-jat}}{2j}\right) = \frac{1}{a}\sin at.$$

(2) $B(s) = s(s-1)^2$，$s = 0$ 为一阶零点，$s = 1$ 为二阶零点，则 $s = 0$ 为 $F(s)$ 的一阶极点，$s = 1$ 为 $F(s)$ 的二阶极点，从而有

$$f(t) = \mathscr{L}^{-1}\left[\frac{1}{s(s-1)^2}\right] = \lim_{s \to 0}\left[s \frac{1}{s(s-1)^2}e^{st}\right] + \lim_{s \to 1}\frac{d}{ds}\left[(s-1)^2 \frac{e^{st}}{s(s-1)^2}\right]$$

$$= \frac{e^{st}}{(s-1)^2}\Big|_{s=0} + \lim_{s \to 1}\frac{st\,e^{st} - e^{st}}{s^2} = 1 + (te^t - e^t) = 1 + e^t(t-1) \quad (t > 0).$$

2. 计算方法 2——利用将函数化为部分分式的方法计算反演积分

将有理函数 $F(s) = \dfrac{A(s)}{B(s)}$ 化为最简分式之和，结合拉普拉斯变换对，即可求得函数 $f(t)$.

例 8.24 求下列函数 $F(s)$ 的拉普拉斯逆变换.

(1) $F(s) = \dfrac{1}{s^2(s+1)}$；   (2) $F(s) = \dfrac{1}{s^3(s^2 + a^2)}$.

解 (1) 将函数 $F(s)$ 分解为

$$F(s) = \frac{1}{s^2(s+1)} = \frac{-1}{s} + \frac{1}{s^2} + \frac{1}{(s+1)},$$

利用拉普拉斯变换对，得

$$f(t) = \mathscr{L}^{-1}\left[\frac{1}{s^2(s+1)}\right] = \mathscr{L}^{-1}\left[\frac{-1}{s}\right] + \mathscr{L}^{-1}\left[\frac{1}{s^2}\right] + \mathscr{L}^{-1}\left[\frac{1}{(s+1)}\right]$$

$$= -1 + t + e^{-t}.$$

(2) 将函数 $F(s)$ 分解为

$$F(s) = \frac{1}{a^4}\frac{s}{s^2 + a^2} - \frac{1}{a^4}\frac{1}{s} + \frac{1}{a^2}\frac{1}{s^3},$$

利用拉普拉斯变换对，得

$$f(t) = \mathscr{L}^{-1}[F(s)] = \frac{1}{a^4}\mathscr{L}^{-1}\left[\frac{s}{s^2 + a^2}\right] - \frac{1}{a^4}\mathscr{L}^{-1}\left[\frac{1}{s}\right] + \frac{1}{a^2}\mathscr{L}^{-1}\left[\frac{1}{s^3}\right]$$

$$= \frac{1}{a^4}\cos at - \frac{1}{a^4} \times 1 + \frac{1}{a^2}\frac{t^2}{2!}$$

$$=\frac{1}{a^4}(\cos at-1)+\frac{t^2}{2a^2}.$$

3. 计算方法 3——利用卷积定理计算反演积分

例 8.25　已知 $F(s)=\dfrac{1}{(s-2)(s-1)^2}$，求 $f(t)=\mathscr{L}^{-1}[F(s)]$.

解　设 $F_1(s)=\dfrac{1}{(s-1)^2}$，$F_2(s)=\dfrac{1}{s-2}$，则 $F(s)=F_1(s)F_2(s)$，
据拉普拉斯变换的性质，有

$$f_1(t)=\mathscr{L}^{-1}[F_1(s)]=te^t, f_2(t)=\mathscr{L}^{-1}[F_2(s)]=e^{2t},$$

再据卷积定理，得

$$f(t)=f_1(t)*f_2(t)=\int_0^t \tau e^{\tau}e^{2(t-\tau)}d\tau=e^{2t}\int_0^t \tau e^{-\tau}d\tau$$
$$=e^{2t}(1-e^{-t}-te^{-t})=e^{2t}-e^t-te^t.$$

4. 计算方法 4——查拉普拉斯变换表计算反演积分

在今后的实际工作中，我们并不需要用广义积分的方法来求函数的拉普拉斯变换，而有现成的拉普拉斯变换表可查. 本书已将工程实际中常遇到的一些函数及其拉普拉斯变换列于附录 B 中，以备查用.

例 8.26　求函数 $\sin 2t\sin 3t$ 的拉氏变换.

解　见附表 B 第 20 式 $a=2,b=3$ 得到

$$\mathscr{L}[\sin 2t\sin 3t]=\frac{12s}{(s^2+5^2)(s^2+1^2)}=\frac{12s}{(s^2+25)(s^2+1)}.$$

例 8.27　求函数 $\dfrac{e^{-bt}}{\sqrt{2}}(\cos bt-\sin bt)$ 的拉普拉斯变换.

解　这个函数拉氏变换公式不能直接找到，但是

$$\frac{e^{-bt}}{\sqrt{2}}(\cos bt-\sin bt)=\frac{e^{-bt}}{\sqrt{2}}\left[\cos bt-\cos\left(\frac{\pi}{2}-bt\right)\right]$$
$$=\frac{e^{-bt}}{\sqrt{2}}\left[-2\frac{\sqrt{2}}{2}\sin\left(\frac{\pi}{4}-bt\right)\right].$$

见附表 B 第 17 式 $a=-b,b=\dfrac{\pi}{4}$ 时，得

$$\mathscr{L}\left[\frac{e^{-bt}}{\sqrt{2}}(\cos bt-\sin bt)\right]=\frac{(s+b)\sin\frac{\pi}{4}+(-b)\cos\frac{\pi}{4}}{(s+b)^2+(-b)^2}=\frac{\sqrt{2}s}{2(s^2+2bs+2b^2)}.$$

说明　采用哪一种方法求函数的拉普拉斯逆变换，可以根据具体情况来确定，但是这些方法可以结合起来使用，并且需要记住常用的拉普拉斯变换对.

思考题 8.3

1. 总结求拉普拉斯逆变换的方法.

2.什么样的函数用部分分式的方法?

习题 8.3

1. 利用留数计算下列函数的拉普拉斯逆变换.

(1) $\dfrac{1}{s^3(s-a)}$;

(2) $\dfrac{s}{(s-a)(s-b)}$.

2. 利用部分分式法求下列函数的拉普拉斯逆变换.

(1) $\dfrac{1}{s(s^2-a^2)}$;

(2) $\dfrac{1}{(s-2)(s-1)^2}$.

3. 利用卷积求函数 $F(s)=\dfrac{a}{s(s^2+a^2)}$ 的拉普拉斯逆变换.

4. 结合拉普拉斯变换的性质与拉普拉斯变换表求下列函数的拉普拉斯逆变换.

(1) $\dfrac{s^2+4s+4}{(s^2+4s+13)^2}$;

(2) $\dfrac{1}{(s-2)(s-1)^2}$;

(3) $\dfrac{s^2-a^2}{(s^2+a^2)^2}$.

§8.4 拉普拉斯变换的应用

在电路分析与自动控制理论中,需要对一个线性系统进行分析与研究,首先要知道该系统的数学模型,也就要建立描述该系统数量特性的数学表达式.在很多场合下,它的数学模型是一个线性微分方程或线性微分方程组,尤其在一些线性电路上,因为这一类线性电路是满足叠加原理的系统,它们在自动控制中占有很重要的地位.本节重点介绍通过用拉普拉斯变换的方法解线性微分方程.

例 8.28 求方程 $y''+2y'-3y=\mathrm{e}^{-t}$ 满足初始条件 $y\mid_{t=0}=0,y'\mid_{t=0}=1$ 的解.

解 设 $\mathscr{L}[y(t)]=Y(s)$,将所给的方程两边取拉氏变换,得

$$\mathscr{L}[y'']+2\mathscr{L}[y']-3\mathscr{L}[y]=\mathscr{L}[\mathrm{e}^{-t}].$$

由拉氏变换的性质及初始条件,得

$$s^2Y(s)-1+2sY(s)-3Y(s)=\frac{1}{s+1},$$

这是含未知函数 $Y(s)$ 的代数方程,整理后解出 $Y(s)$,得

$$Y(s)=\frac{s+2}{(s+1)(s-1)(s+3)},$$

为了求出 $Y(s)$ 的逆变换,将其写成部分分式的形式

$$Y(s)=\frac{-\dfrac{1}{4}}{(s+1)}+\frac{\dfrac{3}{8}}{(s-1)}+\frac{\dfrac{1}{8}}{(s+3)},$$

取拉普拉斯逆变换,得

$$y(t) = -\frac{1}{4}e^{-t} + \frac{3}{8}e^{t} + \frac{1}{8}e^{-3t} = \frac{1}{8}(3e^{t} - 2e^{-t} + e^{-3t}).$$

综合上述可以得到用拉氏变换解线性微分方程的方法,具体如下:

(1) 微分方程两边同时取拉氏变换,把线性微分方程转化成象函数 $F(s)$ 的代数方程;

(2) 根据这个代数方程,整理得象函数 $F(s)$ 的表示式;

(3) 再取拉氏逆变换即得到象原函数,即线性微分方程的解.

用示意图 8-2 表示:

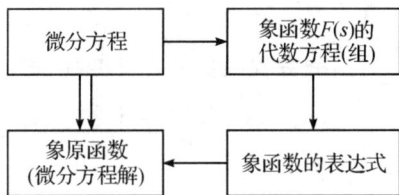

图 8-2

例 8.29 求解微分方程组

$$\begin{cases} x''(t) + y''(t) + x(t) + y(t) = 0, & x(0) = y(0) = 0 \\ 2x''(t) - y''(t) - x(t) + y(t) = \sin t, & x'(0) = y'(0) = -1 \end{cases}.$$

解 设 $\mathscr{L}[x(t)] = X(s)$,$\mathscr{L}[y(t)] = Y(s)$,对方程组中两个方程分别取拉氏变换,由拉氏变换的性质及初始条件,有

$$\begin{cases} s^2 X(s) + 1 + s^2 Y(s) + 1 + X(s) + Y(s) = 0 \\ 2s^2 X(s) + 2 - s^2 Y(s) - 1 - X(s) + Y(s) = \dfrac{1}{s^2+1} \end{cases},$$

整理得

$$\begin{cases} (s^2+1)X(s) + (s^2+1)Y(s) = -2 \\ (2s^2-1)X(s) + (1-s^2)Y(s) = -\dfrac{s^2}{s^2+1} \end{cases},$$

解上述线性方程组,得

$$X(s) = Y(s) = \frac{-1}{s^2+1},$$

取拉氏逆变换得原方程组的解为

$$x(t) = y(t) = -\sin t.$$

例 8.30 在如图 8-3 所示的 RC 并联电路中,外加电流为单位脉冲函数 $\delta(t)$ 的电流源,电容 C 上初始电压为零,求电路中的电压 $u(t)$.

解 (1) 列出微分方程

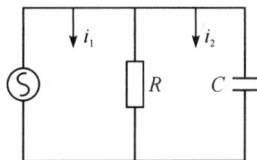

图 8-3

设经过电阻 R 和电容 C 的电流分别为 $i_1(t)$ 和 $i_2(t)$. 由电学原理,得

$$i_1(t) = \frac{u(t)}{R}, i_2(t) = C\frac{\mathrm{d}u}{\mathrm{d}t}.$$

根据基尔霍夫定律,有

$$C\frac{\mathrm{d}u}{\mathrm{d}t} + \frac{u}{R} = \delta(t),$$

所以该电路的电压所满足的微分方程为

$$\begin{cases} C\dfrac{\mathrm{d}u}{\mathrm{d}t} + \dfrac{u}{R} = \delta(t) \\ u(0) = 0 \end{cases}.$$

（2）求解微分方程

设 $\mathscr{L}[u(t)] = U(s)$,对微分方程两边取拉氏变换,则有

$$CsU(s) + \frac{U(s)}{R} = 1,$$

所以

$$U(s) = \frac{i}{\frac{1}{R} + Cs} = \frac{1}{C} \cdot \frac{1}{s + \frac{1}{RC}}.$$

取拉氏逆变换,得

$$u(t) = \frac{1}{C}\mathrm{e}^{-\frac{1}{RC}t}.$$

（3）物理意义

由于在一瞬间电路受单位脉冲电流的作用,把电容的电压由零跃变到 $\dfrac{1}{C}$,此后电容 C 向电阻 R 按指数衰减规律放电.

思考题 8.4

我们举的例题均是常系数线性微分方程（组）的求解,那么变系数线性微分方程是否也可以用拉普拉斯变换的方法求解？

习题 8.4

1. 求解下列微分方程.

（1） $y' - y = \mathrm{e}^{2t} + t, y(0) = 0$；

（2） $y'' + 3y' + y = 3\cos t, y(0) = 0, y'(0) = 1$；

（3） $y''' + +3y'' + 3y' + y = 6\mathrm{e}^{-t}, y(0) = y'(0) = y''(0) = 0$.

2. 求解下列微分方程组.

（1） $\begin{cases} x'' - x - 2y' = \mathrm{e}^t, & x(0) = -\dfrac{3}{2}, x'(0) = \dfrac{1}{2} \\ -y'' + x' - 2y = t^2, & y(0) = 1, y'(0) = -\dfrac{1}{2} \end{cases}$；

(2) $\begin{cases} (2x'' - x' + 9x) - (y'' + y' + 3y) = 0, & x(0) = x'(0) = 1 \\ (2x'' + x' + 7x) - (y'' - y' + 5y) = 0, & y(0) = 1, y'(0) = 0 \end{cases}$.

3. 求解下列微分积分方程.

(1) $y(t) + \displaystyle\int_0^t y(\tau) \mathrm{d}\tau = \mathrm{e}^{-t}$;

(2) $y'(t) + \displaystyle\int_0^t y(\tau) \mathrm{d}\tau = 1, y(0) = 0$;

(3) $f'(t) - \displaystyle\int_0^t \cos\tau \cdot f(t - \tau) \mathrm{d}\tau = a, f(0) = 0, t > 0$.

本章小结

　　本章内容通过对傅里叶变换不足之处做的改进而引出了拉普拉斯变换,所以拉普拉斯变换扩大了其适应范围.本章的内容主要是拉普拉斯变换的定义及其存在定理,拉普拉斯变换的一些基本性质,拉普拉斯变换的求解方法,求解微分方程(组).

　　为了工程的需要,本章引入了指数衰减函数 $\mathrm{e}^{-\beta t}$ 和单位阶跃函数 $u(t)$,从而放宽了对函数的限制.这样我们推出了一些常用函数的拉普拉斯变换对,可以作为公式使用.

　　本章介绍很多与傅里叶变换性质类似的性质,但是有些性质(如微分性质、卷积计算等)比傅里叶变换更实用、更方便.另外,我们可以通过拉普拉斯微分性质与积分性质得到微积分学中难以计算的广义积分的计算方法.

　　拉普拉斯变换也有其逆变换,我们称为反演积分公式,

$$f(t) = \mathscr{L}^{-1}[F(s)] = \frac{1}{2\pi j} \int_{\beta - j\infty}^{\beta + j\infty} F(s) \mathrm{e}^{st} \mathrm{d}s \quad (t > 0).$$

求拉普拉斯逆变换的方法有以下几种:

1. 利用计算留数的方法;

2. 利用部分分式结合拉普拉斯变换性质的方法;

3. 利用卷积结合拉普拉斯变换性质的方法;

4. 查拉普拉斯变换表的方法.

　　本章介绍了拉普拉斯变换的应用,主要有求解微分方程(组)、积分方程.就是将微分积分方程,通过拉普拉斯变换化为象函数的代数方程,然后求象函数的逆变换,即得微分积分方程(组).实际上,拉普拉斯变换有着明显的物理意义,它将频率 ω 变成了复频率 s,从而不仅能刻画函数的振荡频率,而且还能描述振荡频率的增长(或衰减)的速率.

自测题 8

一、选择题

1. 设 $f(t) = e^{-3t} t \sin 2t$，则拉普拉斯变换 $\mathscr{L}[f(t)]$ 为 　　　　（　）

A. $\dfrac{4(s+3)}{(s+3)^2+4}$ 　　　　　　B. $\dfrac{(s+3)}{[(s+3)^2+4]^2}$

C. $\dfrac{4s}{(s^2+4)^2}$ 　　　　　　　D. $\dfrac{4(s+3)}{[(s+3)^2+4]^2}$

2. 函数 $\delta(2-t)$ 的拉普拉斯变换 $\mathscr{L}[\delta(2-t)]$ 　　　　　　（　）

A. 等于 1 　　　B. 等于 e^{2s} 　　　C. e^{-2s} 　　　　　D. 不存在

3. 下列拉普拉斯逆变换中，错误的是 　　　　　　　　（　）

A. $\mathscr{L}^{-1}[1] = \delta(t)$ 　　　　　　　B. $\mathscr{L}^{-1}\left[\dfrac{1}{s}\right] = 1$

C. $\mathscr{L}^{-1}\left[\dfrac{1}{\sqrt{s}}\right] = \dfrac{1}{\sqrt{t}}$ 　　　　　D. $\mathscr{L}^{-1}\left[\dfrac{1}{s+a}\right] = e^{-at}$

4. 设 $F(s) = \mathscr{L}[f(t)]$，$G(s) = \mathscr{L}[g(t)]$，则下列拉普拉斯变换性质中错误的是 　　　　　　　　　　　　　　　　（　）

A. $\mathscr{L}[af(t) + bg(t)] = aF(s) + bG(s)$

B. $\mathscr{L}[f(at)] = \dfrac{1}{a}F\left(\dfrac{s}{a}\right)$，$a > 0$

C. $\mathscr{L}[f(t-\tau)u(t-\tau)] = e^{-s\tau}F(s)$

D. $\mathscr{L}[e^{at}f(t)] = F(s+a)$

5. 下列说法中错误的是 　　　　　　　　　　　　（　）

A. 函数 $f(t)$ 的拉普拉斯变换就是函数 $f(t)u(t)e^{-\beta t}$ 傅里叶变换

B. 傅里叶变换中可约定 $f(t)$ 等价于 $f(t)u(t)$

C. 求拉普拉斯逆变换的方法一般有留数法、部分分式分法、卷积定理、查积分表法、MATLAB 软件求解等

D. 拉普拉斯变换中的卷积和傅里叶变换中的卷积实际上是一致的

6. 函数 $\dfrac{s^2}{s^2+1}$ 的拉普拉斯逆变换 $\mathscr{L}^{-1}\left[\dfrac{s^2}{s^2+1}\right]$ 　　（　）

A. $\delta(t) + \cos t$ 　　B. $\delta(t) - \cos t$ 　　C. $\delta(t) + \sin t$ 　　D. $\delta(t) - \sin t$

二、填空题

1. $\mathscr{L}[\sin\omega t] = \underline{\qquad}$，$\mathscr{L}[\cos\omega t] = \underline{\qquad}$.

2. $\mathscr{L}[t^2] = \underline{\qquad}$.

3. $\mathscr{L}\left[\dfrac{\sin t}{t}\right] = \underline{\qquad}$.

4. $\mathscr{L}\left[\cos^2 t\right]=$ _____ .

5. 若 $\mathscr{L}\left[e^{at}\right]=\dfrac{1}{s-a}$，则 $\mathscr{L}^{-1}\left[\dfrac{5s-1}{(s+1)(s-2)}\right]=$ _____ .

6. 函数 $\dfrac{s+1}{(s+2)^4}$ 的拉普拉斯逆变换 $\mathscr{L}^{-1}\left[\dfrac{s+1}{(s+2)^4}\right]=$ _____ .

三、计算下列函数的拉普拉斯变换

1. $f(t)=t\sin kt$；　　　　　　　　**2.** $f(t)=t^2\cos^2 t$；

3. $f(t)=e^{at}t^m$　（m 为正整数）；　**4.** $f(t)=e^{-at}\cos kt$；

5. $f(t)=|\sin t|$；　　　　　　　　**6.** $f(t)=e^{-\beta t}\delta(t)-\beta e^{-\beta t}u(t),\beta>0$；

7. $f(t)=\cos t\cdot\delta(t)-\sin t\cdot u(t)$.

四、求下列函数的拉普拉斯逆变换

1. $\dfrac{s^3+8s^2+26s+22}{s^3+7s^2+14s+8}$；　　　**2.** $\arctan\dfrac{1}{s}$.

五、解下列微分积分方程(组)

1. 求方程 $y''+2y'-3y=e^{-t}$ 满足初始条件 $y\big|_{t=0}=0,y'\big|_{t=0}=1$ 的解.

2. 求微分方程组 $\begin{cases}y''-x''+x'-y=e^t-2\\2y''-x''-2y'+x=-t\end{cases}$ 满足初始条件 $\begin{cases}y(0)=y'(0)=0\\x(0)=x'(0)=0\end{cases}$

的解.

3. 利用拉普拉斯变换解微分积分方程 $f(t)=at+\displaystyle\int_0^t \sin(t-\tau)\cdot f(\tau)\mathrm{d}\tau$.

六、求变系数二阶线性微分方程

$$ty''(t)-2y'(t)+ty(t)=0$$

满足条件 $y(0)=0$ 的解.

七、RL 串联电路问题：在图 8-4 所示的 RL 串联电路中，在 $t=0$ 时接到直流电势 E 上，求电路中的电流.

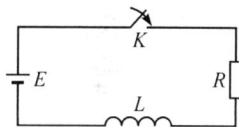

图 8-4

附录 A 傅里叶变换简表

序号	函数 $f(t)$	图像	频谱	图像 $f(\omega)$	备注
1	矩形单脉冲 $f(t)=\begin{cases}E, & |t|\leqslant\tau/2\\0, & \text{其他}\end{cases}$		$F(\omega)=\begin{cases}2E\dfrac{\sin\dfrac{\omega\tau}{2}}{\omega}, & \omega\neq0\\ E\tau, & \omega=0\end{cases}$		
2	指数衰减函数 $f(t)=\begin{cases}e^{-\beta t}, & t\geqslant0\\0, & t<0\end{cases}$ $(\beta\geqslant0)$		$F(\omega)=\dfrac{1}{\beta+j\omega}$		

续表

序号	函数	图像 $f(t)$	频谱	图像 $|F(\omega)|$	备注
3	双边指数脉冲 $f(t)=Ee^{-at}$ $(a>0)$		$F(\omega)=\dfrac{2aE}{a^2+\omega^2}$		
4	三角脉冲 $f(t)=\begin{cases}\dfrac{2A}{\tau}\left(\dfrac{\tau}{2}+t\right), & -\dfrac{\tau}{2}\le t<0;\\[2mm] \dfrac{2A}{\tau}\left(\dfrac{\tau}{2}-t\right), & 0\le t\le\dfrac{\tau}{2}\end{cases}$		$F(\omega)=\begin{cases}\dfrac{4A}{\tau\omega^2}\left(1-\cos\dfrac{\omega\tau}{2}\right), & \omega\ne0;\\[2mm] \dfrac{\tau A}{2}, & \omega=0\end{cases}$		
5	梯形脉冲 $f(t)=\begin{cases}\dfrac{2E}{\tau-\tau_1}\left(\dfrac{\tau}{2}+t\right), & -\dfrac{\tau}{2}<t<-\dfrac{\tau_1}{2};\\[2mm] E, & -\dfrac{\tau_1}{2}<t<\dfrac{\tau_1}{2};\\[2mm] \dfrac{2E}{\tau-\tau_1}\left(\dfrac{\tau}{2}-t\right), & \dfrac{\tau_1}{2}<t<\dfrac{\tau}{2};\\[2mm] 0, & 其他\end{cases}$		$F(\omega)=\dfrac{8E}{(\tau-\tau_1)\omega^2}\times\sin\dfrac{(\tau+\tau_1)\omega}{4}\times\sin\dfrac{(\tau-\tau_1)\omega}{4}$		

续表

序号	函数 $f(t)$	图像	频谱 $F(\omega)$	图像 $f(\omega)$	备注
6	钟形脉冲 $f(t)=Ae^{-\beta t^2}$ $(\beta>0)$		$F(\omega)=\sqrt{\dfrac{\pi}{\beta}}Ae^{-\frac{\omega^2}{4\beta}}$		
7	傅里叶核 $f(t)=\dfrac{\sin\omega_0 t}{\pi t}$		$F(\omega)=\begin{cases}1, & |\omega|\leqslant\omega_0 \\ 0, & \text{其他}\end{cases}$		
8	高斯分布函数 $f(t)=\dfrac{1}{\sqrt{2\pi}\sigma}e^{-\frac{t^2}{2\sigma^2}}$		$F(\omega)=e^{-\frac{\sigma^2\omega^2}{2}}$		

续表

序号	函数 $f(t)$	图像	频谱 $f(\omega)$	图像	备注
9	短形射频脉冲 $f(t)=\begin{cases} E\cos\omega_0 t, & \lvert t\rvert\leqslant\dfrac{\tau}{2} \\ 0, & 其他 \end{cases}$		$F(\omega)=\dfrac{E\tau}{2}\left[\dfrac{\sin\dfrac{\tau}{2}(\omega-\omega_0)}{\dfrac{\tau}{2}(\omega-\omega_0)}+\dfrac{\sin\dfrac{\tau}{2}(\omega+\omega_0)}{\dfrac{\tau}{2}(\omega+\omega_0)}\right]$		
10	单位脉冲函数 $f(t)=\delta(t)$		$F(\omega)=1$		
11	周期性脉冲函数 $f(t)=\displaystyle\sum_{n=-\infty}^{+\infty}\delta(t-nT)$ （T 为脉冲函数的周期）		$F(\omega)=\dfrac{2\pi}{T}\displaystyle\sum_{n=-\infty}^{+\infty}\delta\left(\omega-\dfrac{2n\pi}{T}\right)$		

219

续表

序号	函数 $f(t)$	图像	频谱 $F(\omega)$	图像	备注
12	余弦函数 $f(t)=\cos\omega_0 t$		$F(\omega)=\pi[\delta(\omega+\omega_0)+\delta(\omega-\omega_0)]$		
13	正弦函数 $f(t)=\sin\omega_0 t$		$F(\omega)=j\pi[\delta(\omega+\omega_0)-\delta(\omega-\omega_0)]$		
14	单位阶跃函数 $f(t)=u(t)$		$F(\omega)=\dfrac{1}{j\omega}+\pi\delta(\omega)$		

续表

序号	$f(t)$	$F(\omega)$	序号	$f(t)$	$F(\omega)$
15	$u(t-c)$	$\dfrac{1}{j\omega}e^{-j\omega c}+\pi\delta(\omega)$	24	$\delta'(t)$	$j\omega$
16	$tu(t)$	$-\dfrac{1}{\omega^2}+\pi j\delta'(\omega)$	25	$\delta^{(n)}(t)$	$(j\omega)^n$
17	$t^n u(t)$	$\dfrac{n!}{(j\omega)^{n+1}}+\pi j^n\delta^{(n)}(\omega)$	26	$\delta^{(n)}(t-c)$	$(j\omega)^n e^{-j\omega c}$
18	$u(t)\sin at$	$\dfrac{a}{a^2-\omega^2}+\dfrac{\pi}{2j}\left[\delta(\omega-\omega_0)-\delta(\omega+\omega_0)\right]$	27	1	$2\pi\delta(\omega)$
19	$u(t)\cos at$	$\dfrac{j\omega}{a^2-\omega^2}+\dfrac{\pi}{2}\left[\delta(\omega-\omega_0)+\delta(\omega+\omega_0)\right]$	28	t	$2j\pi\delta'(\omega)$
20	$u(t)e^{jat}$	$\dfrac{1}{j(\omega-a)}+\pi\delta(\omega-a)$	29	t^n	$2\pi j^n\delta^{(n)}(\omega)$
21	$u(t)e^{jat}t^n$	$\dfrac{n!}{\left[j(\omega-a)\right]^{n+1}}+\pi j^n\delta^{(n)}(\omega-a)$	30	e^{jat}	$2\pi\delta(\omega-a)$
22	$u(t-c)e^{jat}$	$\dfrac{1}{j(\omega-a)}e^{-j(\omega-a)c}+\pi\delta(\omega-a)$	31	$t^n e^{jat}$	$2\pi j^n\delta^{(n)}(\omega-a)$
23	$\delta(t-c)$	$e^{-j\omega c}$	32	$\dfrac{1}{a^2+t^2},\,a>0$	$\dfrac{\pi}{a}e^{-a|\omega|}$

续表

序号	$f(t)$	$F(\omega)$
33	$\dfrac{t}{(a^2+t^2)^2}, a>0$	$-\dfrac{j\pi\omega}{2a}e^{-a|\omega|}$
34	$\dfrac{e^{jbt}}{a^2+t^2}, a>0, b$ 为实数	$\dfrac{\pi}{a}e^{-a|\omega-b|}$
35	$\dfrac{\cos bt}{a^2+t^2}, a>0$	$\dfrac{\pi}{2a}\left[e^{-a|\omega-b|}+e^{-a|\omega+b|}\right]$
36	$\dfrac{\sin bt}{a^2+t^2}, a>0$	$-\dfrac{j\pi}{2a}\left[e^{-a|\omega-b|}-e^{-a|\omega+b|}\right]$
37	$\dfrac{\operatorname{sh}at}{\operatorname{sh}\pi t}, -\pi<a<\pi$	$\dfrac{\sin a}{\operatorname{ch}a\omega+\cos a}$
38	$\dfrac{\operatorname{sh}at}{\operatorname{ch}\pi t}, -\pi<a<\pi$	$-2j\dfrac{\sin\frac{a}{2}\operatorname{sh}\frac{\omega}{2}}{\operatorname{ch}\omega+\cos a}$
39	$\dfrac{\operatorname{ch}at}{\operatorname{ch}\pi t}, -\pi<a<\pi$	$\dfrac{\cos\frac{a}{2}\operatorname{ch}\frac{\omega}{2}}{\operatorname{ch}\omega+\cos a}$
40	$\sin at^2$	$\sqrt{\dfrac{\pi}{a}}\cos\left(\dfrac{\omega^2}{4a}+\dfrac{\pi}{4}\right)$
41	$\cos at^2$	$\sqrt{\dfrac{\pi}{a}}\cos\left(\dfrac{\omega^2}{4a}-\dfrac{\pi}{4}\right)$

序号	$f(t)$	$F(\omega)$
42	$\dfrac{\sin at}{t}$	$\begin{cases}\pi, & |\omega|\le a\\[4pt]0, & |\omega|>a\end{cases}$
43	$\dfrac{\sin^2 at}{t^2}$	$\begin{cases}\pi\left(a-\dfrac{|\omega|}{2}\right), & |\omega|\le 2a\\[4pt]0, & |\omega|>2a\end{cases}$
44	$\dfrac{\cos at}{\sqrt{|t|}}$	$\sqrt{\dfrac{\pi}{2}}\left(\dfrac{1}{\sqrt{|\omega+a|}}+\dfrac{1}{\sqrt{|\omega-a|}}\right)$
45	$\dfrac{\sin at}{\sqrt{|t|}}$	$j\sqrt{\dfrac{\pi}{2}}\left(\dfrac{1}{\sqrt{|\omega+a|}}-\dfrac{1}{\sqrt{|\omega-a|}}\right)$
46	$\dfrac{1}{\sqrt{|t|}}$	$\sqrt{\dfrac{2\pi}{|\omega|}}$
47	$\operatorname{sgn}t$	$\dfrac{2}{j\omega}$
48	$e^{-at^2}\ (Rea>0)$	$\sqrt{\dfrac{\pi}{a}}e^{-\frac{\omega^2}{4a}}$
49	$|t|$	$-\dfrac{2}{\omega^2}$
50	$\dfrac{1}{|t|}$	$\sqrt{\dfrac{2\pi}{|\omega|}}$

附录 B 拉普拉斯变换简表

序号	$f(t)$	$F(s)$	序号	$f(t)$	$F(s)$
1	1	$\dfrac{1}{s}$	7	$shat$	$\dfrac{a}{s^2-a^2}$
2	e^{at}	$\dfrac{1}{s-a}$	8	$chat$	$\dfrac{s}{s^2-a^2}$
3	$t^m \ (m>-1)$	$\dfrac{\Gamma(m+1)}{s^{m+1}}$	9	$tsinat$	$\dfrac{2as}{(s^2+a^2)^2}$
4	$t^m e^{at} \ (m>-1)$	$\dfrac{\Gamma(m+1)}{(s-a)^{m+1}}$	10	$tcosat$	$\dfrac{s^2-a^2}{(s^2+a^2)^2}$
5	$sinat$	$\dfrac{a}{s^2+a^2}$	11	$tshat$	$\dfrac{2as}{(s^2-a^2)^2}$
6	$cosat$	$\dfrac{s}{s^2+a^2}$	12	$tchat$	$\dfrac{s^2+a^2}{(s^2-a^2)^2}$

续表

序号	$f(t)$	$F(s)$
13	$t^m \sin at \quad (m>-1)$	$\dfrac{\Gamma(m+1)}{2\mathrm{j}(s^2+a^2)^{m+1}}\left[(s+\mathrm{j}a)^{m+1}-(s-\mathrm{j}a)^{m+1}\right]$
14	$t^m \cos at \quad (m>-1)$	$\dfrac{\Gamma(m+1)}{2(s^2+a^2)^{m+1}}\left[(s+\mathrm{j}a)^{m+1}+(s-\mathrm{j}a)^{m+1}\right]$
15	$e^{-bt}\sin at$	$\dfrac{a}{(s+b)^2+a^2}$
16	$e^{-bt}\cos at$	$\dfrac{s+b}{(s+b)^2+a^2}$
17	$e^{-bt}\sin(at+c)$	$\dfrac{(s+b)\sin c + a\cos c}{(s+b)^2+a^2}$
18	$\sin^2 t$	$\dfrac{1}{2}\left(\dfrac{1}{s}-\dfrac{s}{s^2+4}\right)$
19	$\cos^2 t$	$\dfrac{1}{2}\left(\dfrac{1}{s}+\dfrac{s}{s^2+4}\right)$
20	$\sin at \sin bt$	$\dfrac{2abs}{\left[s^2+(a+b)^2\right]\left[s^2+(a-b)^2\right]}$
21	$e^{at}-e^{bt}$	$\dfrac{a-b}{(s-a)(s-b)}$

序号	$f(t)$	$F(s)$
22	$ae^{at}-be^{bt}$	$\dfrac{(a-b)s}{(s-a)(s-b)}$
23	$\dfrac{1}{a}\sin at - \dfrac{1}{b}\sin bt$	$\dfrac{b^2-a^2}{(s^2+a^2)(s^2+b^2)}$
24	$\cos at - \cos bt$	$\dfrac{(b^2-a^2)s}{(s^2+a^2)(s^2+b^2)}$
25	$\dfrac{1}{a^2}(1-\cos at)$	$\dfrac{1}{s(s^2+a^2)}$
26	$\dfrac{1}{a^3}(at-\sin at)$	$\dfrac{1}{s^2(s^2+a^2)}$
27	$\dfrac{1}{a^4}(\cos at-1)+\dfrac{1}{2a^2}t^2$	$\dfrac{1}{s^3(s^2+a^2)}$
28	$\dfrac{1}{a^4}(\cosh at-1)-\dfrac{1}{2a^2}t^2$	$\dfrac{1}{s^3(s^2-a^2)}$
29	$\dfrac{1}{2a^3}(\sin at - at\cos at)$	$\dfrac{1}{(s^2+a^2)^2}$
30	$\dfrac{1}{2a}(\sin at + at\cos at)$	$\dfrac{s^2}{(s^2+a^2)^2}$

续表

序号	$f(t)$	$F(s)$
31	$\dfrac{1}{a^4}(1-\cos at)-\dfrac{1}{2a^3}t\sin at$	$\dfrac{1}{s(s^2+a^2)^2}$
32	$(1-at)\mathrm{e}^{-at}$	$\dfrac{s}{(s+a)^2}$
33	$t\left(1-\dfrac{a}{2}t\right)\mathrm{e}^{-at}$	$\dfrac{s}{(s+a)^3}$
34	$\dfrac{1}{a}(1-\mathrm{e}^{-at})$	$\dfrac{1}{s(s+a)}$
35	$\dfrac{1}{ab}+\dfrac{1}{b-a}\left(\dfrac{\mathrm{e}^{-bt}}{b}-\dfrac{\mathrm{e}^{-at}}{a}\right)$	$\dfrac{1}{s(s+a)(s+b)}$
36	$\mathrm{e}^{-at}-\mathrm{e}^{\frac{at}{2}}\left(\cos\dfrac{\sqrt{3}at}{2}-\sqrt{3}\sin\dfrac{\sqrt{3}at}{2}\right)$	$\dfrac{3a^2}{s^3+a^3}$
37	$\sin at\,\mathrm{ch}at-\cos at\,\mathrm{sh}at$	$\dfrac{4a^3}{s^4+4a^4}$
38	$\dfrac{1}{2a^2}\sin at\,\mathrm{sh}at$	$\dfrac{s}{s^4+4a^4}$
39	$\dfrac{1}{2a^3}(\mathrm{sh}at-\sin at)$	$\dfrac{1}{s^4-a^4}$

序号	$f(t)$	$F(s)$
40	$\dfrac{1}{2a^2}(\mathrm{ch}at-\cos at)$	$\dfrac{s}{s^4-a^4}$
41	$\dfrac{1}{\sqrt{\pi t}}$	$\dfrac{1}{\sqrt{s}}$
42	$2\sqrt{\dfrac{t}{\pi}}$	$\dfrac{1}{s\sqrt{s}}$
43	$\dfrac{1}{\sqrt{\pi t}}\mathrm{e}^{at}(1+2at)$	$\dfrac{s}{(s-a)\sqrt{s-a}}$
44	$\dfrac{1}{2\sqrt{\pi t^3}}(\mathrm{e}^{bt}-\mathrm{e}^{at})$	$\sqrt{s-a}-\sqrt{s-b}$
45	$\dfrac{1}{\sqrt{\pi t}}\cos2\sqrt{at}$	$\dfrac{1}{\sqrt{s}}\mathrm{e}^{-\frac{a}{s}}$
46	$\dfrac{1}{\sqrt{\pi t}}\mathrm{ch}2\sqrt{at}$	$\dfrac{1}{\sqrt{s}}\mathrm{e}^{\frac{a}{s}}$
47	$\dfrac{1}{\sqrt{\pi t}}\sin2\sqrt{at}$	$\dfrac{1}{s\sqrt{s}}\mathrm{e}^{-\frac{a}{s}}$
48	$\dfrac{1}{\sqrt{\pi t}}\mathrm{sh}2\sqrt{at}$	$\dfrac{1}{s\sqrt{s}}\mathrm{e}^{\frac{a}{s}}$

续表

序号	$f(t)$	$F(s)$
49	$\dfrac{1}{t}(e^{bt}-e^{at})$	$\ln\dfrac{s-a}{s-b}$
50	$\dfrac{2}{t}\,\text{sh}at$	$\ln\dfrac{s+a}{s-a}=2\text{arth}\dfrac{a}{s}$
51	$\dfrac{2}{t}(1-\cos at)$	$\ln\dfrac{s^2+a^2}{s^2}$
52	$\dfrac{2}{t}(1-\text{ch}at)$	$\ln\dfrac{s^2-a^2}{s^2}$
53	$\dfrac{1}{t}\sin at$	$\arctan\dfrac{a}{s}$
54	$\dfrac{1}{t}(\text{ch}at-\cos bt)$	$\ln\sqrt{\dfrac{s^2+b^2}{s^2-a^2}}$
55[1]	$\dfrac{1}{\sqrt{\pi t}}\sin(2a\sqrt{t})$	$\text{erf}\left(\dfrac{a}{\sqrt{s}}\right)$
56[1]	$\dfrac{1}{\sqrt{\pi t}}e^{-2a\sqrt{t}}$	$\dfrac{1}{\sqrt{s}}e^{\frac{a^2}{s}}\text{erfc}\left(\dfrac{a}{\sqrt{s}}\right)$
57	$\text{erfc}\left(\dfrac{a}{2\sqrt{t}}\right)$	$\dfrac{1}{s}e^{-a\sqrt{s}}$
58	$\text{erf}\left(\dfrac{t}{2a}\right)$	$\dfrac{1}{s}e^{a^2s^2}\text{erfc}(as)$
59	$\dfrac{1}{\sqrt{\pi t}}e^{-2\sqrt{at}}$	$\dfrac{1}{\sqrt{s}}e^{\frac{a}{s}}\text{erfc}\left(\sqrt{\dfrac{a}{s}}\right)$
60	$\dfrac{1}{\sqrt{\pi(t+a)}}$	$\dfrac{1}{\sqrt{s}}e^{as}\text{erfc}(\sqrt{as})$
61	$\dfrac{1}{\sqrt{a}}\text{erf}(\sqrt{at})$	$\dfrac{1}{s\sqrt{s+a}}$
62	$\dfrac{1}{\sqrt{a}}e^{at}\text{erf}(\sqrt{at})$	$\dfrac{1}{\sqrt{s}\sqrt{s-a}}$
63	$u(t)$	$\dfrac{1}{s}$
64	$tu(t)$	$\dfrac{1}{s^2}$
65	$t^m u(t)\quad(m>-1)$	$\dfrac{1}{s^{m+1}}\Gamma(m+1)$
66	$\delta(t)$	1
67	$\delta^{(n)}(t)$	s^n
68	$\text{sgn}t$	$\dfrac{1}{s}$

[1] $\text{erf}(x)=\dfrac{2}{\sqrt{\pi}}\int_0^x e^{-t^2}dt$，称为误差函数；$\text{erfc}=1-\text{erf}(x)=\dfrac{2}{\sqrt{\pi}}\int_x^{+\infty}e^{-t^2}dt$，称为余误差函数.

附录C 高等数学概念与公式

一、函数的极限

1. 一元函数极限定义

设函数 $y=f(x)$ 在 x_0 的去心邻域 $0<|x-x_0|<\delta$ 内有定义,如果有一个确定的常数 A 存在,对于任意给定的 $\varepsilon>0$,总存在一个正数 $\delta(\varepsilon)$,使得对满足 $0<|x-x_0|<\delta$ 的一切 x,都有 $|f(x)-A|<\varepsilon$ 成立,则称 A 为函数 $f(x)$ 当 x 趋向于 x_0 时的极限,记作

$$\lim_{x \to x_0} f(x)=A \quad 或 \quad f(x) \to A \quad (当\ x \to x_0\ 时).$$

2. 二元函数极限定义

设二元函数 $f(x,y)$ 的定义域为 D,点 $P_0(x_0,y_0)$ 是 D 的聚点,如果存在常数 A,对于任意给定的正数 ε,总存在正数 δ,使得当点 $P(x,y) \in D \bigcap \overset{0}{U}(P_0,\delta)$ 时,都有

$$|f(P)-A|=|f(x,y)-A|<\varepsilon$$

成立,则称常数 A 为函数 $f(x,y)$,当 $(x,y) \to (x_0,y_0)$ 时的极限,记作

$$\lim_{(x,y) \to (x_0,y_0)} f(x,y)=A$$

或 $f(x,y) \to A \quad ((x,y) \to (x_0,y_0))$.

也记作

$$\lim_{P \to P_0} f(P)=A \quad 或 \quad f(P) \to A \quad (P \to P_0).$$

二、函数的连续性

1. 一元函数连续定义

设函数 $y=f(x)$ 在 x_0 的某邻域 $|x-x_0|<\delta$ 内有定义,如果极限 $\lim\limits_{x \to x_0} f(x)$ $=f(x_0)$(或 $\lim\limits_{\Delta x \to 0} f(x_0+\Delta x)=f(x_0)$),则称函数 $f(x)$ 在点 x_0 处连续.

2. 二元函数连续定义

设函数 $z=f(x,y)$ 的定义域为 D,且 $P_0(x_0,y_0) \in D$,若

$$\lim_{(x,y) \to (x_0,y_0)} f(x,y)=f(x_0,y_0),$$

则称函数 $f(x,y)$ 在点 $P_0(x_0,y_0)$ 处连续.

三、导数与微分

1. 导数定义

设函数 $y=f(x)$ 在点 x_0 的某个邻域内有定义,当自变量 x 在 x_0 处取得增量 Δx(点 $x_0+\Delta x$ 仍在该邻域内)时,相应地函数 $y=f(x)$ 取得增量

$$\Delta y=f(x_0+\Delta x)-f(x_0),$$

如果极限 $\lim\limits_{\Delta x\to 0}\dfrac{\Delta y}{\Delta x}$ 存在,则称函数 $f(x)$ 在点 x_0 处可导,并称这个极限值为函数 $f(x)$ 在点 x_0 处的导数,记为 $y'\big|_{x=x_0}$. 即

$$y'\big|_{x=x_0}=\lim_{\Delta x\to 0}\frac{\Delta y}{\Delta x}=\lim_{\Delta x\to 0}\frac{f(x_0+\Delta x)-f(x_0)}{\Delta x}.$$

2. 微分定义

设函数 $y=f(x)$ 在某区间内有定义,x_0 及 $x_0+\Delta x$ 在该区间内,如果

$$\Delta y=f(x_0+\Delta x)-f(x_0)=A\Delta x+o(\Delta x),$$

其中 A 是不依赖于 Δx 的常数,而 $o(\Delta x)$ 是比 Δx 高阶的无穷小,则称函数 $y=f(x)$ 在点 x_0 是可微的,而 $A\Delta x$ 称函数在点 x_0 相应于自变量增量的微分,记作 $\mathrm{d}y$,且有

$$\mathrm{d}y=A\Delta x=f'(x_0)\Delta x.$$

3. 基本求导法则与导数公式

常数和基本初等函数导数公式

(1) $(C)'=0,$

(2) $(x^\mu)'=\mu x^{\mu-1},$

(3) $(\sin x)'=\cos x,$

(4) $(\cos x)'=-\sin x,$

(5) $(\tan x)'=\sec^2 x,$

(6) $(\cot x)'=-\csc^2 x,$

(7) $(\sec x)'=\sec x\tan x,$

(8) $(\csc x)'=-\csc x\cot x,$

(9) $(a^x)'=a^x\ln a,$

(10) $(\mathrm{e}^x)'=\mathrm{e}^x,$

(11) $(\log_a x)'=\dfrac{1}{x\ln a},$

(12) $(\ln x)'=\dfrac{1}{x},$

(13) $(\arcsin x)'=\dfrac{1}{\sqrt{1-x^2}},$

(14) $(\arccos x)'=-\dfrac{1}{\sqrt{1-x^2}},$

(15) $(\arctan x)'=\dfrac{1}{1+x^2},$

(16) $(\mathrm{arccot}\,x)'=-\dfrac{1}{1+x^2}.$

函数和、差、积、商的求导公式

设 $u=u(x),v=v(x)$ 均可导,则

(1) $(u\pm v)'=u'\pm v',$

(2) $(Cu)'=Cu'$ (C 是常数),

(3) $(uv)'=u'v+uv',$

(4) $\left(\dfrac{u}{v}\right)'=\dfrac{u'v-uv'}{v^2}$ ($v\neq 0$).

反函数的求导法则

如果函数 $x=f(y)$ 在某区间 I_y 内单调、可导且 $f'(y)\neq 0$，那么它的反函数 $y=f^{-1}(x)$ 在对应区间 I_x 内也可导，且有公式

$$\left[f^{-1}(x)\right]'=\frac{1}{f'(y)}=\frac{1}{f'\left[f^{-1}(x)\right]} \quad \text{或} \quad \frac{\mathrm{d}y}{\mathrm{d}x}=\frac{1}{\dfrac{\mathrm{d}x}{\mathrm{d}y}}.$$

四、一元函数积分

1. 不定积分常用公式

基本公式

(1) $\displaystyle\int k\mathrm{d}x=kx+C,$

(2) $\displaystyle\int x^{\mu}\mathrm{d}x=\frac{1}{\mu+1}x^{\mu+1}+C \quad (\mu\neq-1),$

(3) $\displaystyle\int \frac{1}{x}\mathrm{d}x=\ln|x|+C,$

(4) $\displaystyle\int a^x\mathrm{d}x=\frac{a^x}{\ln a}+C,$

(5) $\displaystyle\int \mathrm{e}^x\mathrm{d}x=\mathrm{e}^x+C,$

(6) $\displaystyle\int \sin x\mathrm{d}x=-\cos x+C,$

(7) $\displaystyle\int \cos x\mathrm{d}x=\sin x+C,$

(8) $\displaystyle\int \frac{1}{\cos^2 x}\mathrm{d}x=\int \sec^2 x\mathrm{d}x=\tan x+C,$

(9) $\displaystyle\int \frac{1}{\sin^2 x}\mathrm{d}x=\int \csc^2 x\mathrm{d}x=-\cot x+C,$

(10) $\displaystyle\int \sec x\tan x\mathrm{d}x=\sec x+C,$

(11) $\displaystyle\int \csc x\cot x\mathrm{d}x=-\csc x+C,$

(12) $\displaystyle\int \frac{\mathrm{d}x}{\sqrt{1-x^2}}=\arcsin x+C,$

(13) $\displaystyle\int \frac{\mathrm{d}x}{1+x^2}=\arctan x+C,$

(14) $\displaystyle\int \mathrm{sh}\,x\mathrm{d}x=\mathrm{ch}\,x+C,$

(15) $\displaystyle\int \mathrm{ch}\,x\mathrm{d}x=\mathrm{sh}\,x+C,$

(16) $\displaystyle\int \tan x\mathrm{d}x=-\ln|\cos x|+C,$

(17) $\displaystyle\int \cot x\mathrm{d}x=\ln|\sin x|+C,$

(18) $\displaystyle\int \sec x\mathrm{d}x=\ln|\sec x+\tan x|+C,$

(19) $\displaystyle\int \csc x\mathrm{d}x=\ln|\csc x-\cot x|+C,$

(20) $\displaystyle\int \frac{\mathrm{d}x}{a^2+x^2}=\frac{1}{a}\arctan \frac{x}{a}+C,$

(21) $\displaystyle\int \frac{\mathrm{d}x}{\sqrt{a^2-x^2}}=\arcsin \frac{x}{a}+C,$

(22) $\displaystyle\int \frac{1}{x^2-a^2}\mathrm{d}x=\frac{1}{2a}\ln\left|\frac{x-a}{x+a}\right|+C.$

分部积分公式

$$\int uv' \, \mathrm{d}x = uv - \int vu' \, \mathrm{d}x$$

或

$$\int u \, \mathrm{d}v = uv - \int v \, \mathrm{d}u \quad (\mathrm{d}v = v' \, \mathrm{d}x, \mathrm{d}u = u' \, \mathrm{d}x).$$

常用分部积分法的被积函数类型

设 $p(x)$ 为 x 的某一多项式,a 及 b 为常数,则

(1) 若 $\int p(x) \mathrm{e}^{ax} \, \mathrm{d}x$,设 $u = p(x)$,$\mathrm{d}v = \mathrm{e}^{ax} \, \mathrm{d}x$;

(2) 若 $\int p(x) \sin ax \, \mathrm{d}x$ 或 $\int p(x) \cos ax \, \mathrm{d}x$,设 $u = p(x)$,$\mathrm{d}v = \sin ax \, \mathrm{d}x$(或 $\mathrm{d}v = \cos ax \, \mathrm{d}x$);

(3) 若 $\int p(x) \ln(ax + b) \, \mathrm{d}x$,设 $u = \ln(ax + b)$,$\mathrm{d}v = p(x) \, \mathrm{d}x$;

(4) 若 $\int p(x) \arcsin ax \, \mathrm{d}x$ 或 $\int p(x) \arctan ax \, \mathrm{d}x$,设 $u = \arcsin ax$,$\mathrm{d}v = p(x) \, \mathrm{d}x$.

(5) 若 $\int \mathrm{e}^{ax} \sin bx \, \mathrm{d}x$ 或 $\int \mathrm{e}^{ax} \cos bx \, \mathrm{d}x$,需要循环积分.

2. 定积分牛顿-莱布尼茨公式

积分上限函数的导数

如果函数 $f(x)$ 在 $[a,b]$ 上连续,则 $\Phi(x) = \int_a^x f(t) \, \mathrm{d}t$ 可导,且

$$\Phi'(x) = \frac{\mathrm{d}}{\mathrm{d}x} \int_a^x f(t) \, \mathrm{d}t = f(x) \quad (a \leqslant x \leqslant b).$$

原函数存在定理

如果函数 $f(x)$ 在区间 $[a,b]$ 上连续,则函数 $\Phi(x) = \int_a^x f(t) \, \mathrm{d}t$ 就是被积函数 $f(x)$ 在区间 $[a,b]$ 上的一个原函数.

牛顿-莱布尼茨公式

如果 $F(x)$ 是连续函数 $f(x)$ 在区间 $[a,b]$ 上的一个原函数,则

$$\int_a^b f(x) \, \mathrm{d}x = F(b) - F(a),$$

或记

$$\int_a^b f(x) \, \mathrm{d}x = \left[F(x) \right]_a^b.$$

五、曲线积分

1. 第一类曲线积分定义

设 L 为 xOy 面内的一条光滑曲线弧,函数 $f(x,y)$ 在 L 上有界,在 L 上任意插入一点列 $M_1, M_2, \cdots, M_{n-1}$ 把 L 分成 n 小段弧,设第 i 个小段弧的长度为 Δs_i,

又 (ξ_i,η_i) 为第 i 个小段弧上任意取定的一点,作积 $f(\xi_i,\eta_i)\Delta s_i$　$(i=1,2,\cdots,n)$,并作和 $\sum\limits_{i=1}^{n}f(\xi_i,\eta_i)\Delta s_i$,如果当各小弧段的长度的最大值 $\lambda\rightarrow0$ 时,这和的极限总存在,则称此极限值为函数 $f(x,y)$ 在曲线弧 L 上对弧长的曲线积分或第一类曲线积分,记作

$$\int_L f(x,y)\mathrm{d}s=\lim_{\lambda\rightarrow0}\sum_{i=1}^{n}f(\xi_i,\eta_i)\Delta s_i,$$

其中 $f(x,y)$ 称被积函数,L 称积分曲线弧.

第一类曲线积分计算

设函数 $f(x,y)$ 在光滑曲线弧 L 上有定义且连续,曲线 L 的参数方程为

$$\begin{cases}x=\varphi(t)\\y=\psi(t)\end{cases}\quad(\alpha\leqslant t\leqslant\beta),$$

其中 $\varphi(t),\psi(t)$ 在区间 $[\alpha,\beta]$ 上具有一阶连续导数,且 $\varphi'^2(t)+\psi'^2(t)\neq0$,则曲线积分 $\int_L f(x,y)\mathrm{d}s$ 存在,且

$$\int_L f(x,y)\mathrm{d}s=\int_\alpha^\beta f[\varphi(t),\psi(t)]\sqrt{\varphi'^2(t)+\psi'^2(t)}\mathrm{d}t\quad(\alpha<\beta).$$

2. 第二类曲线积分计算

设函数 $P(x,y),Q(x,y)$ 在有向光滑曲线弧 L 上有定义且连续,曲线 L 的参数方程为 $\begin{cases}x=\varphi(t)\\y=\psi(t)\end{cases}$,当参数 t 单调地由 α 变到 β 时,点 $M(x,y)$ 从 L 的起点 A 沿曲线 L 运动到终点 B,函数 $\varphi(t),\psi(t)$ 在以 α 及 β 为端点的闭区间上具有连续的导数,且 $\varphi'^2(t)+\psi'^2(t)\neq0$,则曲线积分 $\int_L P(x,y)\mathrm{d}x+Q(x,y)\mathrm{d}y$ 存在,且

$$\int_L P(x,y)\mathrm{d}x+Q(x,y)\mathrm{d}y=\int_\alpha^\beta\{P[\varphi(t),\psi(t)]\varphi'(t)+Q[\varphi(t),\psi(t)]\psi'(t)\}\mathrm{d}t.$$

3. 格林公式

设闭区域 D 由分段光滑的曲线 L 围成,函数 $P(x,y),Q(x,y)$ 在 D 上具有一阶连续偏导数,则有

$$\iint\limits_D(\frac{\partial Q}{\partial x}-\frac{\partial P}{\partial y})\mathrm{d}x\mathrm{d}y=\oint_L P\mathrm{d}x+Q\mathrm{d}y,$$

其中 L 是区域 D 取正向的边界曲线.

4. 曲线积分与路径无关等价条件

设开区域 G 是一单连通区域,函数 P,Q 在 G 内具有一阶连续偏导数,则曲线积分 $\int_L P\mathrm{d}x+Q\mathrm{d}y$ 在 G 内与路径无关

$\Leftrightarrow$ 对 G 内任一闭曲线 L,均有 $\oint_L P\mathrm{d}x+Q\mathrm{d}y=0$ 成立

$$\Leftrightarrow \frac{\partial P}{\partial y} = \frac{\partial Q}{\partial x}, \forall (x,y) \in G$$

$\Leftrightarrow$ 表达式 $P\mathrm{d}x + Q\mathrm{d}y$ 为某个二元函数全微分,即有 $\mathrm{d}u = P\mathrm{d}x + Q\mathrm{d}y$.

5. 求原函数 $u(x,y)$ 的方法（积分 $\int_L P\mathrm{d}x + Q\mathrm{d}y$ 与路径无关）

$$u(x,y) = \int_{(x_0,y_0)}^{(x,y)} P\mathrm{d}x + Q\mathrm{d}y$$

$$\xrightarrow{\text{平行坐标轴直线}} \int_{x_0}^{x} P(x,y_0)\mathrm{d}x + \int_{y_0}^{y} Q(x,y)\mathrm{d}y$$

或 $\quad u(x,y) = \int_{y_0}^{y} Q(x_0,y)\mathrm{d}y + \int_{x_0}^{x} P(x,y)\mathrm{d}x.$

如图附录 C-1 所示.

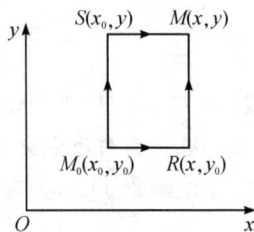

图附录 C-1

六、无穷级数

1. 无穷级数收敛概念

如果级数 $\sum\limits_{u=1}^{\infty} u_n$ 的部分和数列 $\{S_n\}$ 有极限,即 $\lim\limits_{n\to\infty} S_n = S$,则称无穷级数

$\sum\limits_{u=1}^{\infty} u_n$ 收敛,此时极限 S 称为该级数的和,并记为

$$S = u_1 + u_2 + \cdots + u_n + \cdots;$$

如果 $\{S_n\}$ 没极限,则称无穷级数 $\sum\limits_{u=1}^{\infty} u_n$ 发散.

级数收敛的必要条件

如果级数 $\sum\limits_{u=1}^{\infty} u_n$ 收敛,则它的一般项趋于零,即 $\lim\limits_{n\to\infty} u_n = 0$.

2. 常数项级数的收敛

(1) 几何级数(等比级数)

$$\sum_{n=0}^{\infty} aq^n \begin{cases} \text{收敛于} \dfrac{a}{1-q}, & \text{当} |q| < 1; \\ \text{发散}, & \text{当} |q| \geqslant 1 \end{cases}$$

(2) p-级数 $\sum\limits_{n=1}^{\infty} \dfrac{1}{n^p}$,当 $p > 1$ 时收敛,当 $p \leqslant 1$ 时发散.

3. 幂级数

阿贝尔定理

(1) 如果幂级数 $\sum\limits_{n=0}^{\infty} a_n x^n$,当 $x = x_0 (x_0 \neq 0)$ 时收敛,则适合不等式 $|x| <$

$|x_0|$ 的一切 x,使幂级数 $\sum\limits_{n=0}^{\infty} a_n x^n$ 绝对收敛;

（2）如果幂级数 $\sum\limits_{n=0}^{\infty} a_n x^n$，当 $x = x_0$ 时发散，则适合不等式 $|x| > |x_0|$ 的一切 x，使幂级数 $\sum\limits_{n=0}^{\infty} a_n x^n$ 发散.

收敛半径求法

若幂级数 $\sum\limits_{n=0}^{\infty} a_n x^n$ 的系数满足

$$\lim_{n \to \infty} \left| \frac{a_{n+1}}{a_n} \right| = \rho \quad (\text{或} \lim_{n \to \infty} \sqrt[n]{|u_n|} = \rho),$$

则这个幂级数的收敛半径

$$R = \begin{cases} \dfrac{1}{\rho}, & \text{当 } \rho \neq 0 \text{ 时} \\ +\infty, & \text{当 } \rho = 0 \text{ 时} \\ 0, & \text{当 } \rho = +\infty \text{ 时} \end{cases}$$

泰勒级数 $f(x) = \sum\limits_{n=0}^{\infty} \dfrac{f^{(n)}(x_0)}{n!}(x - x_0)^n$ 为 $(x - x_0)$ 的幂级数.

麦克劳林级数 $f(x) = \sum\limits_{n=0}^{\infty} \dfrac{f^{(n)}(0)}{n!} x^n$ 为 x 的幂级数.

4. 常用的展开式

几何函数 $\dfrac{1}{1-x} = \sum\limits_{n=0}^{\infty} x^n \quad (-1 < x < 1)$.

指数函数 $e^x = \sum\limits_{n=0}^{\infty} \dfrac{x^n}{n!} \quad (-\infty < x < +\infty)$.

正弦函数 $\sin x = \sum\limits_{n=0}^{\infty} (-1)^n \dfrac{x^{2n+1}}{(2n+1)!} \quad (-\infty < x < +\infty)$.

二项式展开 $(1+x)^m = \sum\limits_{n=0}^{\infty} \dfrac{m(m-1)\cdots(m-n+1)}{n!} x^n \quad (-1 < x < 1)$.

七、傅里叶级数

欧拉公式 $e^{ix} = \cos x + i \sin x$，$e^{-ix} = \cos x - i \sin x$，

$\cos x = \dfrac{1}{2}(e^{ix} + e^{-ix})$，$\sin x = \dfrac{1}{2i}(e^{ix} - e^{-ix})$.

傅里叶级数三角形式

设 $f_T(t)$ 是以 T 为周期的函数，如果在 $\left[-\dfrac{T}{2}, \dfrac{T}{2}\right]$ 上满足狄利克雷条件（即狄氏条件，函数在 $\left[-\dfrac{T}{2}, \dfrac{T}{2}\right]$ 上满足：① 连续或只有有限个第一类间断点；② 只

有有限个极值点），则 $f_T(t)$ 在区间 $\left[-\dfrac{T}{2},\dfrac{T}{2}\right]$ 上就可展开为傅里叶级数的三角级数形式.

（1）当 t 为函数 $f_T(t)$ 的连续点时，

$$f_T(t) = \frac{a_0}{2} + \sum_{n=1}^{\infty} (a_n\cos n\omega_0 t + b_n\sin n\omega_0 t),$$

其中 $\quad \omega_0 = \dfrac{2\pi}{T}, \quad a_0 = \dfrac{2}{T}\int_{-\frac{T}{2}}^{\frac{T}{2}} f_T(t)\mathrm{d}t, \quad a_n = \dfrac{2}{T}\int_{-\frac{T}{2}}^{\frac{T}{2}} f_T(t)\cos n\omega_0 t\,\mathrm{d}t,$

$$b_n = \frac{2}{T}\int_{-\frac{T}{2}}^{\frac{T}{2}} f_T(t)\sin n\omega_0 t\,\mathrm{d}t \quad (n=1,2,\cdots).$$

（2）当 t 为函数 $f_T(t)$ 的间断点时，

$$\frac{1}{2}\big[f_T(t+0) + f_T(t-0)\big] = \frac{a_0}{2} + \sum_{n=1}^{\infty} (a_n\cos n\omega_0 t + b_n\sin n\omega_0 t).$$

傅里叶级数复指数形式

$$f_T(t) = c_0 + \sum_{n=1}^{\infty}\big[c_n\mathrm{e}^{j\omega_n t} + c_{-n}\mathrm{e}^{-j\omega_n t}\big] = \sum_{n=-\infty}^{+\infty} c_n\mathrm{e}^{j\omega_n t},$$

其中 $c_n = \dfrac{1}{T}\int_{-\frac{T}{2}}^{\frac{T}{2}} f_T(t)\mathrm{e}^{-j\omega_n t}\,\mathrm{d}t.$

习题答案

第一章　复数与复变函数

习题 1.1

1. (1) $2\left[\cos\left(-\dfrac{\pi}{3}\right)+i\sin\left(-\dfrac{\pi}{3}\right)\right]=2e^{-\frac{\pi}{3}i}$;

(2) $5\left[\cos\left(-\dfrac{\pi}{2}\right)+i\sin\left(-\dfrac{\pi}{2}\right)\right]=5e^{-\frac{\pi}{2}i}$;

(3) $\cos\pi+i\sin\pi=e^{i\pi}$;

(4) $\cos\dfrac{-\dfrac{1}{2}\pi+2k\pi}{2}+i\sin\dfrac{-\dfrac{1}{2}\pi+2k\pi}{2}=e^{i\frac{-\frac{1}{2}\pi+2k\pi}{2}}$ $(k=0,1)$

2. (1) $-i$; (2) $-\dfrac{3}{2}-\dfrac{1}{2}i$

3. (1) $-8(1+\sqrt{3}i)$; (2) $2+i,-2-i$

4. $z_k=\sqrt[3]{2}\left(\cos\dfrac{2k\pi}{3}+i\sin\dfrac{2k\pi}{3}\right)$ $(k=0,1,2)$

5. (1) $z=t+it$ $(0\leqslant t\leqslant 1)$; (2) $z=a\cos t+ib\sin t$ $(0\leqslant t\leqslant 2\pi)$

习题 1.2

1. (1) 以 $(1,0)$ 为圆心，2 为半径的圆盘；(2) 以 $\arg z=\dfrac{\pi}{3}$,$\arg z=0$,$x=2$,$x=4$ 为边界的区域；(3) 以 $y=1$,$y=2$ 为边界的条形闭区域；(4) 抛物线 $y^2=1-2x$ 的内部；(5) 椭圆 $\dfrac{x^2}{4}+\dfrac{y^2}{3}=1$ 的内部

2. 以 $(0,-2)$ 为圆心，1 为半径的圆周；(2) 表示直线 $y=3$ ；(3) 表示直线 $y=2$ ；(4) 表示以 i 为起点的射线 $y=x+1$

3. (1) $y=-x$ ； (2) $xy=1$ ； (3) $x^2+y^2=9$

习题 1.3

1. 只需证明极限 $\lim\limits_{z\to 0}\dfrac{xy}{x^2+y^2}$ 不唯一

2. 利用定理 1.5 证明

3. 利用定理 1.5 证明

4. 因为 $f(0)$ 无定义，又 $\lim\limits_{\substack{z\to z_0\\ \mathrm{Im}z>0}}f(z)=\lim\limits_{\substack{z\to z_0\\ \mathrm{Im}z>0}}\arg z=\pi$, $\lim\limits_{\substack{z\to z_0\\ \mathrm{Im}z<0}}f(z)=\lim\limits_{\substack{z\to z_0\\ \mathrm{Im}z<0}}\arg z=-\pi$ 可证明

5. (1) w 平面的左半平面；(2) 上半圆 $1\leqslant|w|\leqslant 4$

习题 1.4

1. (1) $-ie$;(2) $\frac{1}{\sqrt{2}}e^{\frac{1}{4}}(1+i)$;(3) $i\left(2k\pi-\frac{\pi}{2}\right)$ $(k=0,\pm1,\pm2,\cdots)$,主值$-\frac{\pi}{2}i$;

(4) $\ln\sqrt{2}+i\left(2k\pi+\frac{\pi}{4}\right)$ $(k=0,\pm1,\pm2,\cdots)$,主值$\ln\sqrt{2}+i\frac{\pi}{4}$;

(5) $\frac{1}{2}(e+e^{-1})$;(6) $\frac{1}{2}[(e+e^{-1})\sin1+i(e-e^{-1})\cos1]$;

(7) $e^{\frac{\pi}{2}-4k\pi}[\cos(2\ln\sqrt{2})+i\sin(2\ln\sqrt{2})]$ $(k=0,\pm1,\pm2,\cdots)$,

  主值$e^{\frac{\pi}{2}}[\cos(2\ln\sqrt{2})+i\sin(2\ln\sqrt{2})]$;

(8) $3e^{2k\pi}(\cos(2k\pi-\ln3)+i\sin(2k\pi-\ln3))$ $(k=0,\pm1,\pm2,\cdots)$,主值 $3(\cos(\ln3)-i\sin(\ln3))$

2. (1) $z=i$;(2) $z=(2k+1)\pi i$ $(k=0,\pm1,\pm2,\cdots)$

3. 提示:(1) $|\sin(x+iy)|=\sqrt{\sin^2x+\text{sh}^2y}\geqslant|\text{sh}y|$,$|\cos(x+iy)|=\sqrt{\cos^2x+\text{sh}^2y}\geqslant$
$|\text{sh}y|$;(2) $\cos i=\frac{e+e^{-1}}{2}\approx1.547,\sin i=\frac{e^{-1}-e}{2i}\approx1.17i$

自测题 1

一、1. B 2. D 3. C 4. B 5. C 6. A

二、1. $1,-1,\sqrt{2},-\frac{\pi}{4}+2k\pi$; 2. -1; 3. $2\sqrt{2}\left(\cos\frac{\pi}{4}+i\sin\frac{\pi}{4}\right),2\sqrt{2}e^{i\frac{\pi}{4}}$;

4. $z_0=1+\sqrt{3}i,z_1=-2,z_2=1-\sqrt{3}i$; 5. $x=-3$; 6. $-7+2i$

三、1. 2; 2. i; 3. i; 4. $\sqrt[4]{8}\left(\cos\frac{3+8k\pi}{16}+i\sin\frac{3+8k\pi}{16}\right)$ $(k=0,1,2,3)$

四、1. $-e^3$; 2. $\frac{i(e-e^{-1})}{e+e^{-1}}$; 3. $-\frac{e^5+e^{-5}}{2}=-\text{ch}5$;

4. $\ln2+i\left(2k\pi+\frac{\pi}{3}\right)$ $(k=0,\pm1,\pm2,\cdots)$;

5. $\cos(2\sqrt{2}k\pi)+i\sin(2\sqrt{2}k\pi)$ $(k=0,\pm1,\pm2,\cdots)$;

6. $3^{\sqrt{5}}(\cos\sqrt{5}(2k+1)\pi+i\sin\sqrt{5}(2k+1)\pi)$ $(k=0,\pm1,\pm2,\cdots)$

五、$z=1+i+(-2-5i)t$ $(0\leqslant t\leqslant1)$

六、1. $z=z_1+c$,其中$c=a+ib$; 2. $z=z_1e^{i\alpha}$

七、$u=x^2-y^2+1,v=2xy$

八、$w=\frac{3}{2\bar{z}}+\frac{1}{2z}$

九、1. $u^2+v^2=1$; 2. $u+v=0$; 3. $\left(u-\frac{1}{2}\right)^2+v^2=\frac{1}{4}$

十、$z=-2k\pi+i\ln4$ $(k=0,\pm1,\pm2,\cdots)$

第二章 解析函数

习题 2.1

1. (1) $z=0,\pm i$;(2) $z=-2,1,-1,\pm i$

2. (1) $f(z)=z^3+2iz$ 在复平面上处处解析,且 $f'(z)=3z^2+2i$;

  (2) 函数在$z=\pm1$外处处解析,且$f'(z)=\frac{-2z}{(z^2-1)^2}$;

(3) 当 $c=0$ 时，$f(z)=\dfrac{a}{d}z+\dfrac{b}{d}$ 在复平面处处解析，且 $f'(z)=\dfrac{a}{d}$，当 $c\neq0$ 时，函数

$f(z)$ 在除 $z=-\dfrac{d}{c}$ 外处处解析，且 $f'(z)=\dfrac{ad-bc}{(cz+d)^2}$

3. (1) 不解析；(2) 解析函数，且 $f'(z)=e^{-y}(-\sin x+i\cos x)$；(3) 不解析；(4) 不解析

4. $a=2,b=-1,c=-1,d=2$

5. 提示：参考例 2.8 证明

习题 2.2

1. $f(z)=\left(1-\dfrac{i}{2}\right)z^2+\dfrac{i}{2}$

2. $f(z)=\dfrac{1}{2}\ln(x^2+y^2)+C+i\arctan\dfrac{y}{x}=\ln z+C$

3. (1) $f(z)=e^z+iC$； (2) $f(z)=\dfrac{1}{2}-\dfrac{1}{z}$

4. 提示：不满足 C-R 方程

5. 提示：求偏导数，利用 C-R 方程证明

习题 2.3

1. (1) $f(z)=(nz^{n-1}+z^n)e^z$；(2) $f(z)=(\cos z-\sin z)e^z$；(3) $f'(z)=\dfrac{1}{\cos^2 z}$

自测题 2

一、1. B 2. A 3. C 4. D 5. A 6. C

二、1. $1+i$； 2. u,v 偏导数连续并且满足 C-R 方程； 3. $\dfrac{27}{4}-\dfrac{27}{8}i$；

4. i； **5.** -3 （提示：利用调和函数的定义）； **6.** $-u(x,y)$

三、1. 在复平面上处处内解析，所以处处不可导；

2. 在 $z=0$ 处可导，但在复平面内处处不解析；

3. 在复平面内除去含原点的负实轴上的点外函数处处解析，所以处处可导

四、1. $f'(z)=-\sin z$； **2.** $f'(z)=(1+z)e^z$

五、复平面内除 $z=0$ 外处处解析，且 $f'(z)=-\dfrac{1+i}{z^2}$

六、$f(z)=xy+\dfrac{1}{2}(x^2-y^2)+i\left[xy+\dfrac{1}{2}(y^2-x^2)\right]+(1+i)C=\dfrac{1-i}{2}z^2+(1+i)C$ （提示：将 $u-v=x^2-y^2$ 分别对 x,y 求导，结合 C-R 方程，再解方程组，得到 u_x,u_y,v_x,v_y）

七、$f(z)=x^2-y^2-3y+i(2xy+3x)+C=z^2+3iz+C$

八、当 $p=1$ 时，$f(z)=e^x(\cos y+i\sin y)+C=e^z+C$；

当 $p=-1$ 时，$f(z)=-e^{-x}(\cos y+i\sin y)+C=-e^{-z}+C$

第三章 复变函数的积分

习题 3.1

1. (1) $2+i$；(2) $2(1+i)$ **2.** $2\pi i$ **3.** (1) $4\pi i$；(2) $8\pi i$

4. 当 $n\geq0$ 或 $n<-1$ 时，$\displaystyle\int_C(z-z_0)^n dz=0$；当 $n=-1$ 时，$\displaystyle\int_C(z-z_0)^n dz=2\pi i$

习题 3.2

1. (1) 0;(2) 0;(3) 0;(4) $2\pi i$ **2.** (1) $1-\cos\pi i$;(2) 2ch1;(3) $\sin1-\cos1$

3. 提示:见例 3.4;   **4.** 0

习题 3.3

1. (1) $14\pi i$;(2) 0;(3) 0;(4) $2\pi i$ **2.** (1) $-2\pi i$;(2) 0

习题 3.4

1. (1) $-8\pi i$;(2) 0   **2.** $\pi i(e+e^{-1})$ **3.** $\dfrac{\pi}{e}$ **4.** $\dfrac{\pi i}{2}$

5. $f(i)=2\pi ie^{\frac{\pi}{3}i}$,$f(-i)=2\pi ie^{-\frac{\pi}{3}i}$;$f(z)=0$

习题 3.5

1. $\pi i(-2+e+e^{-1})$;   **2.** $\dfrac{2\pi i}{99!}$;   **3.** (1) $-\dfrac{3}{8}\pi i$;(2) 0;   **4.** $\dfrac{\pi i}{3e^2}$;

5. 当 z_0 在曲线 C 外时,$g(z_0)=0$;当 z_0 在曲线 C 内时,$g(z_0)=2(6z_0^2+1)\pi i$;

6. (1) 当 C 不包含 α 与 $-\alpha$ 时,$\oint_C \dfrac{z}{z^2-\alpha^2}dz=0$;(2) 当 C 包含 α 与 $-\alpha$ 时,$\oint_C \dfrac{z}{z^2-\alpha^2}dz$

$=2\pi i$;(3) 当 C 包含 α 而不包含 $-\alpha$ 时,$\oint_C \dfrac{z}{z^2-\alpha^2}dz=\pi i$;(4) 当 C 不包含 α 而包含 $-\alpha$ 时,

$\oint_C \dfrac{z}{z^2-\alpha^2}dz=\pi i$

8. 提示:利用柯西导数公式证明对于任意 z_0,使得 $f'(z_0)=0$,即可以证明

9. 提示:等式两边同时证明都等于 $2\pi if'(z_0)$,或者 0 即可

自测题 3

一、**1.** D   **2.** C   **3.** B   **4.** A   **5.** A   **6.** C

二、**1.** 2;   **2.** $10\pi i$;   **3.** 0;   **4.** $\dfrac{\pi}{12}i$;   **5.** 平均;   **6.** 解析

三、**1.** (1) $\dfrac{\pi}{5}i$;(2) $\dfrac{4\pi}{5}i$;(3) 0;(4) πi

2. (1) 当 C 不包含点 1 与 -1 时,积分为零;(2) 当 C 包含点 1 时,积分为 $\dfrac{\pi}{2}i$;

(3) 当 C 包含点 -1 时,积分为 $-\dfrac{\pi}{2}i$;(4) 当 C 包含 1 与 -1 两点时,积分为零

3. 积分为零   **4.** $\dfrac{\sqrt{2}}{2}\pi i$

5. (1) 当 $0<R<1$ 时,积分为零;(2) 当 $1<R<2$ 时,积分为 $8\pi i$;(3) 当 $2<R<+\infty$ 时,

积分为零

6. 积分为零

四、提示:**1.** 由三角不等式 $1>|1-f(z)|>1-|f(z)|$,则在区域 D 内处处有 $|f(z)|>$

0,$f(z)\neq0$;   **2.** 因为函数 $\dfrac{f'(z)}{f(z)}$ 在区域 D 内解析,由基本定理证明

五、提示:对于积分 $\oint_{|z|=1} \dfrac{e^z}{z}dz=2\pi i$,利用欧拉公式化为实数积分,再利用函数在对称

区间上的奇偶性

第四章　解析函数的级数表示

习题 4.1

1. (1) $\{z_n\}$ 收敛于 -1；(2) $\{z_n\}$ 发散；(3) $\{z_n\}$ 收敛于 0

2. (1) 条件收敛；(2) 绝对收敛；(3) 发散

习题 4.2

1. (1) 1；(2) 2；(3) 0；(4) $\dfrac{\sqrt{2}}{2}$

习题 4.3

1. (1) $\sin z^2 = \sum\limits_{n=1}^{\infty} (-1)^{n-1} \dfrac{z^{2(2n-1)}}{(2n-1)!}$ $(\mid z \mid < \infty)$；(2) $e^{2z} = \sum\limits_{n=0}^{\infty} \dfrac{2^n}{n!} z^n$ $(\mid z \mid < \infty)$；

(3) $e^z = \sum\limits_{n=0}^{\infty} \dfrac{e}{n!}(z-1)^n$ $(\mid z \mid < \infty)$；(4) $\dfrac{1}{z} = \sum\limits_{n=0}^{\infty} (-1)^n (z-1)^n$ $(\mid z-1 \mid < 1)$

2. (1) $\dfrac{z-1}{z+1} = \sum\limits_{n=0}^{\infty} \dfrac{(-1)^n}{2^{n+1}}(z-1)^{n+1}$ $(\mid z-1 \mid < 2)$，收敛半径为 $R = 2$；

(2) $\dfrac{1}{4-3z} = \dfrac{1}{1-3i} \sum\limits_{n=0}^{\infty} \left(\dfrac{3}{1-3i}\right)^n [z-(1+i)]^n$，收敛半径为 $R = \dfrac{\sqrt{10}}{3}$；

(3) $\dfrac{z}{(z+1)(z+2)} = \sum\limits_{n=0}^{\infty} (-1)^n \left(\dfrac{2}{4^{n+1}} - \dfrac{1}{3^{n+1}}\right)(z-2)^n$，收敛半径为 $R = 3$；

(4) $\dfrac{1}{z^2} = \sum\limits_{n=0}^{\infty} n(z+1)^{n-1}$ $(\mid z+1 \mid < 1)$

3. (1) $\dfrac{1}{(1-z)^2} = \sum\limits_{n=1}^{\infty} n z^{n-1}$ $(\mid z \mid < 1)$；(2) $\arctan z = \sum\limits_{n=0}^{\infty} \dfrac{(-1)^n}{2n+1} z^{2n+1}$ $(\mid z \mid < 1)$

习题 4.4

1. (1) 当 $0 < \mid z-1 \mid < 1$ 时，$\dfrac{1}{(z-1)(z-2)} = -\sum\limits_{n=-1}^{\infty} (z-1)^n$；

当 $1 < \mid z-1 \mid < +\infty$ 时，$\dfrac{1}{(z-1)(z-2)} = \sum\limits_{n=1}^{\infty} \dfrac{(-1)^{n+1}}{(z-2)^{n+1}}$；

(2) 当 $0 < \mid z \mid < 1$ 时，$\dfrac{1}{z(1-z)^2} = \sum\limits_{n=-1}^{\infty} (n+2) z^n$；

当 $0 < \mid z-2 \mid < 1$ 时，$\dfrac{1}{z(1-z)^2} = \sum\limits_{n=-2}^{\infty} (-1)^n (z-1)^n$

2. (1) 当 $0 < \mid z-i \mid < 1$ 时，$\dfrac{1}{z^2(z-i)} = \sum\limits_{n=1}^{\infty} n i^{n+1} (z-i)^{n-2}$；

当 $1 < \mid z-i \mid < +\infty$ 时，$\dfrac{1}{z^2(z-i)} = \sum\limits_{n=0}^{\infty} \dfrac{(-1)^n (n+1) i^n}{(z-i)^{n+3}}$；

(2) $\dfrac{e^z}{z-2} = e^2 \sum\limits_{n=0}^{\infty} \dfrac{1}{n!}(z-2)^{n-1}$ $(\mid z-2 \mid > 0)$

3. (1) $\dfrac{1}{z(z-1)} = -\sum\limits_{n=0}^{\infty} z^{n-1}$；(2) $\dfrac{1}{z(z-1)} = \sum\limits_{n=0}^{\infty} \left(\dfrac{1}{z}\right)^{n+2}$；

(3) $\dfrac{1}{z(z-1)} = \displaystyle\sum_{n=0}^{\infty}(z-1)^{n-1}$; (4) $\dfrac{1}{z(z-1)} = \displaystyle\sum_{n=0}^{\infty}(-1)^{n}\dfrac{1}{(z-1)^{n+2}}$

4. (1) 在环域 $2<|z|<+\infty$ 内展开，$\displaystyle\oint_{C}f(z)\mathrm{d}z = 2\pi i C_{-1} = 0$;

(2) 在环域 $1<|z|<+\infty$ 内展开，$\displaystyle\oint_{C}f(z)\mathrm{d}z = 2\pi i C_{-1} = 2\pi i$;

(3) 在环域 $1<|z|<+\infty$ 内展开，$\displaystyle\oint_{C}f(z)\mathrm{d}z = 2\pi i C_{-1} = 0$;

(4) 在环域 $1<|z|<4$ 内展开，$\displaystyle\oint_{C}f(z)\mathrm{d}z = 2\pi i\left(-\dfrac{1}{12}\right) = -\dfrac{\pi}{6}i$

5. 当 C 包含原点，$\displaystyle\oint_{C}\left(\sum_{n=-2}^{\infty}z^{n}\right)\mathrm{d}z = 2\pi i$; 当 C 不包含原点，$\displaystyle\oint_{C}\left(\sum_{n=-2}^{\infty}z^{n}\right)\mathrm{d}z = 0$

$\left(\text{提示：对于} \displaystyle\sum_{n=-2}^{\infty}z^{n} \text{ 在 } 0<|z|<1 \text{ 内逐项积分，并利用公式} \oint_{C}z^{n}\mathrm{d}z = 0, \oint_{C}\dfrac{1}{z^{2}}\mathrm{d}z = 0, \text{以}\right.$

及 $\displaystyle\oint_{C}\dfrac{1}{z}\mathrm{d}z = \begin{cases} 2\pi i \\ 0 \end{cases}\Bigg)$

自测题 4

一、**1.** D **2.** A **3.** B **4.** D **5.** C **6.** A

二、**1.** 发散; **2.** $\dfrac{\sqrt{2}}{2}$; **3.** $\dfrac{1}{n!}f^{(n)}(z_{0})$ $(n=0,1,2,\cdots)$; **4.** $\dfrac{R}{2}$;

5. $\displaystyle\sum_{n=0}^{\infty}\dfrac{1}{n!}z^{n} + \sum_{n=0}^{\infty}\dfrac{1}{n!}\dfrac{1}{z^{n}}$; **6.** $\displaystyle\sum_{n=0}^{\infty}\dfrac{(-1)^{n}i^{n}}{(z-i)^{n+2}}$

三、**1.** $\dfrac{1}{\mathrm{e}}$; **2.** ∞

四、**1.** 当 $a \neq b$ 时，$\dfrac{1}{(z-a)(z-b)} = \dfrac{1}{b-a}\left(\displaystyle\sum_{n=0}^{\infty}\dfrac{z^{n}}{a^{n+1}} - \sum_{n=0}^{\infty}\dfrac{z^{n}}{b^{n+1}}\right)$ $(|z|<\min\{|a|,|b|\})$;

当 $a = b$ 时，$\dfrac{1}{(z-a)(z-b)} = \displaystyle\sum_{n=1}^{\infty}\dfrac{n}{a^{n+1}}z^{n-1}$ $(|z|<|a|)$

2. $\dfrac{1}{(1+z^{2})^{2}} = \displaystyle\sum_{n=1}^{\infty}(-1)^{n-1}nz^{2n-2}$ $(|z|<1)$

3. $\sin^{2}z = -\dfrac{1}{2}\displaystyle\sum_{n=1}^{\infty}(-1)^{n}\dfrac{2^{n}}{(2n)!}z^{n}$ $(|z|<+\infty)$

五、和函数 $S(z) = \displaystyle\sum_{n=1}^{\infty}n^{2}z^{n} = \dfrac{z(1+z)}{(1-z)^{3}}$, $S\left(\dfrac{1}{2}\right) = \displaystyle\sum_{n=1}^{\infty}\dfrac{n^{2}}{2^{n}} = 6$

六、提示：将展开式 $\mathrm{e}^{z} = 1+z+\dfrac{1}{2!}z^{2}+\cdots+\dfrac{1}{n!}z^{n}+\cdots$ 代入 $|\mathrm{e}^{z}-1|$ 中，适当地放大，即可以证明

七、**1.** 当 $0<|z-1|<1$ 时，$\dfrac{1}{z^{2}-3z+2} = -\displaystyle\sum_{n=0}^{\infty}(z-1)^{n-1}$; 当 $1<|z-1|<+\infty$ 时，

$\dfrac{1}{z^{2}-3z+2} = \displaystyle\sum_{n=0}^{\infty}\dfrac{1}{(z-1)^{n+2}}$

2. 当 $0<|z-i|<2$ 时，$\dfrac{1}{(z^{2}+1)^{2}} = \displaystyle\sum_{n=0}^{\infty}(-1)^{n}\dfrac{(n+1)}{(2i)^{n+2}}(z-i)^{n-2}$

第五章 留数及其应用

习题 5.1

1. (1) $z=\pm i$ 是孤立奇点；(2) $z=0$ 不是孤立奇点，$z=\dfrac{1}{n\pi+\dfrac{\pi}{2}}$ $(n=1,2,\cdots)$ 是孤立奇点；(3) $z=(2n+1)\pi i$ $(n=1,2,\cdots)$ 是孤立奇点；(4) $z=n\pi$ $(n=1,2,\cdots)$ 是孤立奇点

2. (1) 一阶极点；(2) 一阶极点；(3) 一阶极点；(4) 可去奇点；(5) 本性奇点

3. (1) $\pm\dfrac{\sqrt{2}}{2}(1-i)$ 为二阶极点；(2) $z=0$ 为一阶极点，$z=-1$ 为二阶极点，$z=1$ 为三阶极点；(3) $z=0$ 为可去奇点；(4) $z=-i$ 为本性奇点；(5) $z=n\pi+\dfrac{\pi}{2}$ $(n=0,\pm1,\pm2,\cdots)$ 为二阶极点；(6) $z=1$ 为可去奇点，$z=1+\left(n\pi+\dfrac{\pi}{2}\right)$ $(n=0,\pm1,\pm2,\cdots)$ 为一阶极点

4. 提示：设 $f(z)=(z-z_0)^m\varphi(z)$，求出 $f'(z)$

5. (1) $z=z_0$ 为函数 $f(z)\cdot g(z)$ 的 $n+m$ 阶极点；(2) 当 $n>m$ 时，$z=z_0$ 为函数 $\dfrac{f(z)}{g(z)}$ 的 $n-m$ 阶极点；当 $n=m$ 时，$z=z_0$ 为函数 $\dfrac{f(z)}{g(z)}$ 的可去奇点；当 $n<m$ 时，$z=z_0$ 为函数 $\dfrac{f(z)}{g(z)}$ 的 $m-n$ 阶零点 $\left(\text{提示：设 } f(z)=\dfrac{f_1(z)}{(z-z_0)^m},g(z)=\dfrac{g_1(z)}{(z-z_0)^m},\text{再分别讨论}\right)$

习题 5.2

1. (1) $z=1$ 为一阶极点，$\mathrm{Res}[f(z),1]=1$，$z=2$ 为二阶极点，$\mathrm{Res}[f(z),2]=-1$；

(2) $z=\pm ai$ 为一阶极点，$\mathrm{Res}[f(z),\pm ai]=\pm\dfrac{\mathrm{e}^{\pm ai}}{2ai}$；

(3) $z=0$ 为三阶极点，$\mathrm{Res}[f(z),0]=1$，$z=\pm1$ 为一阶极点，$\mathrm{Res}[f(z),\pm1]=\dfrac{1}{2}$；

(4) $z=0$ 为三阶极点，$\mathrm{Res}[f(z),0]=-\dfrac{4}{3}$；

(5) $z=n\pi+\dfrac{\pi}{2}$ $(n=0,\pm1,\pm2,\cdots)$ 为一阶极点，$\mathrm{Res}\left[f(z),n\pi+\dfrac{\pi}{2}\right]=(-1)^{n+1}\left(n\pi+\dfrac{\pi}{2}\right)$；

(6) $z=1$ 为本性奇点，$\mathrm{Res}[f(z),1]=-1$；

(7) $z=0$ 为本性奇点，$\mathrm{Res}[f(z),0]=-\dfrac{1}{3!}$；

(8) $z=0$ 为二阶极点，$\mathrm{Res}[f(z),0]=0$，$z=n\pi$ $(n=\pm1,\pm2,\cdots)$ 为一阶极点，$\mathrm{Res}[f(z),n\pi]=\dfrac{(-1)^n}{n\pi}$ $(n=\pm1,\pm2,\cdots)$

2. $-\dfrac{\sqrt{3}}{3}\pi i$ **3.** $-\dfrac{1}{2}\pi i$ **4.** (1) 0；(2) 0；(3) $4\pi i\mathrm{e}^2$；(4) $-12i$

5. (1) 当 $1<|a|<|b|$ 时，$\oint_c\dfrac{\mathrm{d}z}{(z-a)^n(z-b)^n}=0$；

(2) 当 $|a|<1<|b|$ 时，$\oint_c\dfrac{\mathrm{d}z}{(z-a)^n(z-b)^n}=2\pi i(-1)^{n-1}\dfrac{n(n+1)(n+2)\cdots(2n-2)}{(n-1)!(a-b)^{2n-1}}$；

(3) 当 $|a|<|b|<1$ 时, $\oint_C \dfrac{\mathrm{d}z}{(z-a)^n(z-b)^n}=0$

习题 5.3

1. (1) 4π；(2) $\dfrac{\sqrt{3}}{3}\pi$ 2. (1) $\dfrac{\pi}{2}$；(2) $\dfrac{\pi}{2}\mathrm{e}^{-m}$；(3) $-\dfrac{\pi}{\mathrm{e}}\sin 2$；(4) $\pi\mathrm{e}^{-ab}$

习题 5.4

1. (1) 本性奇点；(2) 本性奇点；(3) 一阶极点；(4) 可去奇点；(5) 三阶极点；(6) 二阶极点；(7) 本性奇点；(8) 可去奇点；(9) 本性奇点

2. (1) $\mathrm{Res}[f(z),\infty]=0$；(2) $\mathrm{Res}[f(z),\infty]=-\dfrac{\sin a}{a}$；(3) $\mathrm{Res}[f(z),\infty]=0$；

(4) $\mathrm{Res}[f(z),\infty]=\dfrac{4}{3}$；(5) $\mathrm{Res}[f(z),\infty]=1$；(6) $\mathrm{Res}[f(z),\infty]=0$

3. (1) $z=\infty$ 是函数的可去奇点，$\mathrm{Res}[f(z),\infty]=-C_{-1}=0$；

(2) $z=\infty$ 是函数的本性奇点，$\mathrm{Res}[f(z),\infty]=-C_{-1}=0$；

(3) $z=\infty$ 是函数的可去奇点，$\mathrm{Res}[f(z),\infty]=-C_{-1}=-2$

4. (1) $-\dfrac{2}{3}\pi i$；(2) $2\pi i$；(3) $-\dfrac{1}{2}\pi i$

自测题 5

一、1. C 2. D 3. B 4. D 5. A 6. C

二、1. 9； 2. $-\dfrac{1}{24}$； 3. -2； 4. $\dfrac{\pi}{12}i$； 5. $2\pi i$； 6. $\dfrac{\pi}{\mathrm{e}}i$

三、1. $z=0$ 为一阶极点，$z=\pm i$ 为二阶极点；

2. $z=\mathrm{e}^{\frac{3}{4}\pi i}$ 为二阶极点，$z=\mathrm{e}^{\frac{7}{4}\pi i}$ 为二阶极点；

3. $z=5$ 为一阶极点； 4. $z=1$ 是本性奇点；

5. $z=0$ 为可去奇点； 6. $z=0$ 为六阶极点

四、$z=0$ 为函数 $f(z)$ 的一阶极点，$z=3$ 为函数 $f(z)$ 的可去奇点，$z=\pm 1,\pm 2,-3,\pm 4,\cdots$ 为函数 $f(z)$ 的四阶极点，$z=\infty$ 不是函数的孤立奇点

五、1. $z=0$ 为函数 $f(z)$ 的二阶极点，$\mathrm{Res}[f(z),0]=1$，$z=-2$ 为函数 $f(z)$ 的一阶极点，$\mathrm{Res}[f(z),-2]=-1$；

2. $z=1$ 为函数 $f(z)$ 的二阶极点，$\mathrm{Res}[f(z),1]=4$；

3. $z=0$ 为三阶极点，$z=n\pi$ $(n=\pm 1,\pm 2,\cdots)$ 为一阶极点，$\mathrm{Res}[f(z),0]=\dfrac{1}{6}$，

$\mathrm{Res}[f(z),n\pi]=(-1)^n\dfrac{1}{n^2\pi^2}$ $(n=\pm 1,\pm 2,\cdots)$；

4. $z=n\pi$ $(n=0,\pm 1,\pm 2,\cdots)$ 为一阶极点，$\mathrm{Res}[f(z),n\pi]=1$

六、1. $10\pi i$； 2. πi； 3. $-6\pi^2 i$；

4. (1) 若 C 不含 $z=0,z=1$，则积分为 0；(2) 若 C 含 $z=0$，不含 $z=1$，则积分为 $-\pi i$；

(3) 若 C 不含 $z=0$，含 $z=1$，则积分为 $2\pi i\cos 1$；

(4) 若 C 含 $z=0,z=1$，则积分为 $2\pi i\left(\cos 1-\dfrac{1}{2}\right)$

七、1. $\dfrac{1}{2}\pi$； 2. $\dfrac{\pi}{3}\mathrm{e}^{-3}(\cos 1-3\sin 1)$； 3. $\dfrac{5}{12}\pi$； 4. $\dfrac{\pi}{\mathrm{e}}\cos 1$

八、提示:根据 m 阶极点的定义,设 $f(z)=\dfrac{1}{(z-a)^m}\varphi(z)$,其中 $\varphi(z)$ 解析,且 $\varphi(a)\neq 0$ 即可证明

九、提示:a 为 $f(z)$ 的孤立奇点 $\Leftrightarrow f(z)=\displaystyle\sum_{n=-\infty}^{-2}C_n(z-a)^n+\dfrac{C_{-1}}{z-a}+\sum_{n=0}^{+\infty}C_n(z-a)^n$,由

于 $f(z)=-f(-z)$,所以 $-f(-z)=\displaystyle\sum_{n=-\infty}^{-2}C_n(z-a)^n+\dfrac{C_{-1}}{z-a}+\sum_{n=0}^{+\infty}C_n(z-a)^n$,或

$$f(z)=\sum_{n=-\infty}^{-2}C_n(-1)^{n+1}(z+a)^n+\dfrac{C_{-1}}{z+a}+\sum_{n=0}^{+\infty}C_n(-1)^{n+1}(z+a)^n,$$

于是

$$\mathrm{Res}[f(z),-a]=C_{-1}=\mathrm{Res}[f(z),a]$$

第六章　共形映射

习题 6.1

1. (1) 伸缩率 $|w'(i)|=2$,旋转角 $\mathrm{Arg}w'(i)=\dfrac{\pi}{2}$;(2) 伸缩率 $|w'(1+i)|=2\sqrt{2}$,旋转角 $\mathrm{Arg}w'(1+i)=\dfrac{\pi}{4}$

2. 等伸缩率曲线 $(x+1)^2+y^2=C_1$,等旋转角曲线 $y=C_2(x+1)$

3. (1) 以 $w=-1,w=-i,w=i$ 为顶点的三角形;(2) 圆域 $|w-i|\leqslant 1$

习题 6.2

1. (1) $w=\dfrac{(1+i)(z-i)}{1+z+3i(1-z)}$;(2) $w=\dfrac{i(z+1)}{1-z}$;(3) $w=-\dfrac{1}{z}$;(4) $w=\dfrac{1}{1-z}$

2. $w=i\left(\dfrac{z-i}{z+i}\right)$　**3.** $w=\dfrac{2z-1}{z-2}$

4. $w=e^{i\theta}\dfrac{z-z_0}{z+z_0}$,其中 $\mathrm{Re}z_0>0,\theta$ 为任意实数

5. $w=\dfrac{(1+i)(z-i)}{1+z+3i(1-z)}$,将单位圆域 $|z|<1$ 映射成 w 平面的下半平面

习题 6.3

1. $w=z^2$　**2.** $w=\dfrac{(\sqrt[4]{z})^5-i}{(\sqrt[4]{z})^5+i}$　**3.** $w=e^{2(z-\frac{\pi}{2}i)}$

4. 映射成上半单位圆:$|w|<1,\mathrm{Im}w>0$　**5.** $w=\left(\dfrac{e^{-z}-1}{e^{-z}+1}\right)^2$

6. (1) $w=-\left(\dfrac{z+\sqrt{3}-i}{z-\sqrt{3}-i}\right)^3$;(2) $w=\left(\dfrac{z^4+16}{z^4-16}\right)^2$;

(3) $w=e^{\frac{\pi i}{b-a}(z-a)}$;(4) $w=-\left(\dfrac{z^{\frac{2}{3}}+2^{\frac{2}{3}}}{z^{\frac{2}{3}}-2^{\frac{2}{3}}}\right)^2$

自测题 6

一、**1.** D　**2.** B　**3.** D　**4.** A　**5.** D　**6.** B

二、1. 保角性与伸缩率的不变性； **2.** $w=\mathrm{Re}^{i\theta}\dfrac{z-a}{1-az}$ （θ 为实数，$|a|<1$）；

3. $w=4\mathrm{e}^{i\theta}\dfrac{z^4-a}{z^4-\bar{a}}$ （θ 为实数，$\mathrm{Im}z>0$）； **4.** $0<\arg w<\dfrac{3}{4}\pi$；

5. 扇形域 $0<\arg w<\pi$ 且 $|w|<8$； **6.** $0<\mathrm{Im}w<\pi$

三、1. $w=\mathrm{e}^{\frac{\pi}{2}i}\dfrac{z+1}{1-z}$； **2.** $w=\dfrac{z-6i}{3iz-2}$； **3.** $2i\dfrac{z-i}{z+i}$； **4.** $\dfrac{2z-1}{z-2}$

四、1. $w=\mathrm{e}^{2z}$； **2.** $1+z$； **3.** $\dfrac{z-1-i}{z-1+i}$

五、1. $|w|=1$； **2.** $0<\arg w<\dfrac{\pi}{2}$； **3.** $|w|<1$

六、 $w=\dfrac{(i-1)z+1}{(1+i)-z}$

第七章 傅里叶变换

习题 7.1

1. 略； **2.** 略；

3. $\omega_0=2,F(n\omega_0)=\dfrac{-2}{(4n^2-1)\pi}$ （$n=0,\pm1,\pm2,\cdots$），$f(t)=\dfrac{-2}{\pi}\sum\limits_{n=-\infty}^{+\infty}\dfrac{1}{4n^2-1}\mathrm{e}^{jn\omega_0 t}$

4. (1) $-\dfrac{2j}{\omega}(1-\cos\omega)$；(2) $\dfrac{1}{1-j\omega}$；(3) $f(t)=\dfrac{4}{\pi}\int_0^{+\infty}\dfrac{\sin\omega-\omega\cos\omega}{\omega^3}\cos\omega t\,\mathrm{d}\omega$；

(4) $f(t)=\dfrac{2}{\pi}\int_0^{+\infty}\dfrac{(5-\omega^2)\cos\omega t+2\omega\sin\omega t}{25-6\omega^2+\omega^4}\mathrm{d}\omega$

5. $F(\omega)=\dfrac{2\sin\omega}{\omega}$

习题 7.2

1. $F(\omega)=\dfrac{-2j}{1-\omega^2}\sin\omega\pi$

2. (1) $F(\omega)=\dfrac{2}{j\omega}$；(2) $F(\omega)=\dfrac{\pi}{2}j[\delta(\omega+2)-\delta(\omega-2)]$；

(3) $F(\omega)=\dfrac{\pi}{2}[(\sqrt{3}+j)\delta(\omega+5)+(\sqrt{3}-j)\delta(\omega-5)]$；(4) $F(\omega)=\cos\omega a+\cos\dfrac{\omega a}{2}$

3. $\cos\omega_0 t$

习题 7.3

3. (1) $\dfrac{j}{2}\dfrac{\mathrm{d}}{\mathrm{d}\omega}F\left(\dfrac{\omega}{2}\right)$ $\left[\text{提示：}\mathscr{F}[tf(2t)]=-\dfrac{1}{j}\dfrac{\mathrm{d}}{\mathrm{d}\omega}\left[\dfrac{1}{2}F\left(\dfrac{\omega}{2}\right)\right]=\dfrac{j}{2}\dfrac{\mathrm{d}}{\mathrm{d}\omega}F\left(\dfrac{\omega}{2}\right)\right]$；

(2) $j\dfrac{\mathrm{d}}{\mathrm{d}\omega}F(\omega)-2F(\omega)$ $\left[\text{提示：}\mathscr{F}[(t-2)f(t)]=\mathscr{F}[tf(t)]-2\mathscr{F}[f(t)]=-\dfrac{1}{j}\dfrac{\mathrm{d}}{\mathrm{d}\omega}F(\omega)\right.$

$\left.-2F(\omega)=j\dfrac{\mathrm{d}}{\mathrm{d}\omega}F(\omega)-2F(\omega)\right]$；

(3) $\dfrac{1}{2j}\dfrac{\mathrm{d}^3}{\mathrm{d}\omega^3}F\left(\dfrac{\omega}{2}\right)$ $\left[\text{提示：}\mathscr{F}[t^3f(2t)]=\dfrac{1}{(-j)^3}\dfrac{\mathrm{d}^3}{\mathrm{d}\omega^3}\left[\dfrac{1}{2}F\left(\dfrac{\omega}{2}\right)\right]=\dfrac{1}{2j}\dfrac{\mathrm{d}^3}{\mathrm{d}\omega^3}F\left(\dfrac{\omega}{2}\right)\right]$；

(4) $-F(\omega)-\omega\dfrac{\mathrm{d}}{\mathrm{d}\omega}F(\omega)$ $\left[\text{提示：}\mathscr{F}[tf'(t)]=\dfrac{1}{-j}\dfrac{\mathrm{d}}{\mathrm{d}\omega}[j\omega F(\omega)]=-F(\omega)-\omega\dfrac{\mathrm{d}}{\mathrm{d}\omega}F(\omega)\right]$

4. $f_1(t) * f_2(t) = \begin{cases} \dfrac{t}{2}, & 0 < t < 1 \\ \dfrac{1}{2}(2-t), & 1 \leqslant t \leqslant 2 \\ 0, & 其他 \end{cases}$

5. (1) $F(\omega) = \dfrac{2}{4-\omega^2} + \dfrac{\pi}{2}j[\delta(\omega+2) - \delta(\omega-2)]$; (2) $F(\omega) = \dfrac{\omega_0}{(\beta+j\omega)^2 + \omega_0^2}$;

(3) $F(\omega) = \dfrac{-1}{(\omega-\omega_0)^2} + \pi j \delta'(\omega-\omega_0)$

自测题 7

一、**1.** A **2.** B **3.** D **4.** D **5.** A **6.** B

二、**1.** $\cos 1 \cdot e^{-j\omega}$ **2.** $\dfrac{2\sin\omega}{\omega}$ **3.** $u(t)$ **4.** $e^{-j\omega t_0} F(\omega)$, $\dfrac{1}{|a|} F\left(\dfrac{\omega}{a}\right)$

5. $\dfrac{1}{2} e^{-\frac{3}{2}j\omega} \left(e - \dfrac{\omega}{2}\right)$ **6.** $F_1(\omega) \cdot F_2(\omega)$ $\displaystyle\int_{-\infty}^{+\infty} f_1(\tau) f_2(t-\tau) \mathrm{d}\tau$

三、**1.** $|F(n\omega_0)| = \begin{cases} \dfrac{h}{2}, & n = 0 \\ \dfrac{h}{2\pi|n|}, & n = \pm 1, \pm 2, \cdots \end{cases}$ （如图习题答案-1所示）

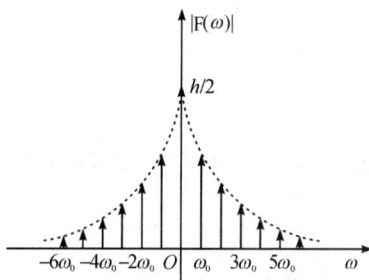

图习题答案-1

2. $F(\omega) = \dfrac{4A}{\tau\omega^2}\left(1 - \cos\dfrac{\tau\omega}{2}\right)$

频谱图如图习题答案-2所示.

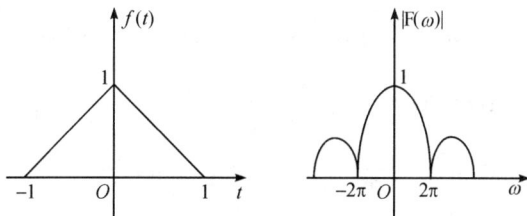

图习题答案-2

3. $f(t) = \begin{cases} \dfrac{1}{2}, & |t| < 1 \\ \dfrac{1}{4}, & |t| = 1 \\ 0, & |t| > 1 \end{cases}$

4. $F(\omega)=\dfrac{\pi}{4}j[\delta(\omega-3)-3\delta(\omega-1)+3\delta(\omega+1)-\delta(\omega+3)]$.

5. $F(\omega)=\mathscr{F}[f(t)]=-\dfrac{\pi}{2}[\delta(\omega-4)-2\delta(\omega-2)+\delta(\omega)]$.

6. $f(t)=\dfrac{1}{2}\left[\dfrac{1}{j\omega}+\pi\delta(\omega)+\dfrac{j\omega}{4-\omega^2}\right]+\dfrac{\pi}{4}[\delta(\omega-2)+\delta(\omega+2)]$.

7. $F(\omega)=e^{-j\omega}\cos 1$.

8. 当 $t<0$ 时，$f(t)*g(t)=0$；

当 $t\geqslant 0$ 时，$f(t)*g(t)=\dfrac{1}{\alpha-\beta}(e^{-\beta t}-e^{-\alpha t})$，

$f(t)*g(t)=\begin{cases}0, & t<0\\ \dfrac{1}{\alpha-\beta}(e^{-\beta t}-e^{-\alpha t}), & t\geqslant 0\end{cases}$.

9. $F(\omega)=\dfrac{j\omega}{\omega_0^2-\omega^2}+\dfrac{\pi}{2}[\delta(\omega-\omega_0)+\delta(\omega+\omega_0)]$.

10. $x(t)=\dfrac{1}{2}te^{-t}$ $\left[$提示：$x(t)=\mathscr{F}^{-1}[X(\omega)]=-\dfrac{j}{\pi}\displaystyle\int_{-\infty}^{+\infty}\dfrac{\omega}{(\omega^2+1)^2}e^{j\omega t}\,d\omega$，用留数计算$\right]$

习题 8.1

1. (1) 1；(2) $\dfrac{1}{s-a}$；(3) $\dfrac{1}{s}$；(4) $\dfrac{b}{s^2+b^2}$；(5) $\dfrac{1}{s}$；(6) $\dfrac{s}{s^2+b^2}$；(7) $\dfrac{\Gamma(m+1)}{s^{m+1}}$

2. $\mathscr{L}[f(t)]=\dfrac{1}{s}(2+e^{-2s})$ **3.** $\mathscr{L}[f(t)]=5+\dfrac{1}{s-2}$

习题 8.2

1. (1) $\delta(t)$；(2) $\dfrac{1}{\sqrt{\pi t}}$；(3) 1；(4) $\sin bt$；(5) t^m；(6) $\cos bt$；(7) e^{at}；(8) $t^m e^{at}$

2. (1) $aF(s)+bG(s)$；(2) $\dfrac{1}{a}F\left(\dfrac{s}{a}\right)$；(3) $e^{-s\tau}F(s)$；(4) $F(s-a)$；

(5) $s^nF(s)-s^{n-1}f(0)-s^{n-2}f'(0)-\cdots-f^{(n-1)}(0)$；(6) $(-1)^nt^nf(t)$；

(7) $\dfrac{1}{s}F(s)$；(8) $\dfrac{f(t)}{t}$；(9) $\displaystyle\int_0^t f_1(\tau)f_2(t-\tau)d\tau$；(10) $F_1(s)F_2(s)$；(11) $e^{at}f(t)$；

(12) $\displaystyle\int_0^t f(t)dt$；(13) $f(t-\tau)$；(14) $f_1(t)*f_2(t)$

3. (1) $F(s)=\dfrac{1}{s^2}(2+6s-3s^2)$；(2) $F(s)=\dfrac{1}{s}-\dfrac{1}{(s-1)^2}$；(3) $F(s)=\dfrac{10-3s}{s^2+2}$；

(4) $F(s)=\dfrac{1}{s}e^{-\frac{s}{2}}$；(5) $F(s)=\dfrac{s^2-a^2}{(s^2+a^2)^2}$；(6) $F(s)=\dfrac{4}{(s-3)^2+4^2}$；(7) $F(s)=\dfrac{\sqrt{\pi}}{\sqrt{s-3}}$；

(8) $\mathscr{L}[f(t)]=\dfrac{2s}{(s^2+4)^2}$

4. (1) $F(s)=\operatorname{arccot}\dfrac{s}{k}$；(2) $f(t)=\dfrac{t}{4}(e^t-e^{-t})$

5. $\ln 2$ **6.** $\dfrac{1}{4}$ **7.** $\mathscr{L}[f(t)]=\dfrac{e^{\pi s}}{(s^2+1)(e^{\pi s}-1)}$

习题 8.3

1. (1) $\dfrac{1}{a^3}\left(e^{at}-\dfrac{a^2}{2}t^2-at-1\right)$；(2) $\dfrac{1}{a-b}(ae^{at}-be^{bt})$

2. (1) $\dfrac{1}{a^2}(\mathrm{ch}at-1)$；(2) $\mathrm{e}^{2t}-\mathrm{e}^t-t\mathrm{e}^t$

3. $\sin at * u(t)=\dfrac{1}{a}(1-\cos at)$

4. (1) $\dfrac{1}{6}\mathrm{e}^{-2t}(\sin 3t+3t\cos 3t)$；(2) $\mathrm{e}^{2t}-\mathrm{e}^t-t\mathrm{e}^t$；(3) $t\cos at$

习题 8.4

1. (1) $y(t)=\mathrm{e}^{2t}-t-u(t)$；(2) $y(t)=\sin t$；(3) $y(t)=t^3\mathrm{e}^{-t}$

2. (1) $\begin{cases} x(t)=-\dfrac{3}{2}\mathrm{e}^t+2t \\[2mm] y(t)=-\dfrac{1}{2}\mathrm{e}^t-\dfrac{1}{2}t^2+\dfrac{3}{2} \end{cases}$；(2) $\begin{cases} x(t)=\dfrac{2}{3}\cos 2t+\dfrac{1}{3}\sin 2t+\dfrac{1}{3}\mathrm{e}^t \\[2mm] y(t)=-\dfrac{2}{3}\cos 2t-\dfrac{1}{3}\sin 2t+\dfrac{2}{3}\mathrm{e}^t \end{cases}$

3. (1) $y(t)=(1-t)\mathrm{e}^{-t}$；(2) $y(t)=\sin t$；(3) $f(t)=a\left(t+\dfrac{1}{6}t^3\right)$

自测题 8

一、**1.** D　**2.** C　**3.** C　**4.** D　**5.** B　**6.** D

二、**1.** $\dfrac{\omega}{s^2+\omega^2}$，$\dfrac{s}{s^2+\omega^2}$；　**2.** $\dfrac{2}{s^3}$；　**3.** $\operatorname{arccot}s$；　**4.** $\dfrac{s^2+2}{s(s^2+4)}$；　**5.** $2\mathrm{e}^{-t}+3\mathrm{e}^{2t}$；

6. $\dfrac{1}{2}t^2\mathrm{e}^{-2t}+\dfrac{1}{6}t^3\mathrm{e}^{-2t}$

三、**1.** $F(s)=-\dfrac{\mathrm{d}}{\mathrm{d}s}\left[\dfrac{k}{s^2+k^2}\right]=\dfrac{2ks}{(s^2+k^2)^2}$；

2. $F(s)=\dfrac{1}{2}\dfrac{\mathrm{d}^2}{\mathrm{d}s^2}\left[\dfrac{1}{s}+\dfrac{s}{s^2+4}\right]=\dfrac{1}{s^3}-\dfrac{s^3-s^2+4s+4}{(s^2+4)^3}=\dfrac{2(s^6+24s^2+32)}{s^3(s^2+4)^3}$；

3. $F(s)=\dfrac{m!}{(s-a)^{m+1}}$；　**4.** $F(s)=\dfrac{(s+a)}{(s+a)^2+k^2}$；　**5.** $F(s)=\dfrac{1+\mathrm{e}^{\pi s}}{(1+s^2)(\mathrm{e}^{\pi s}-1)}$；

6. $F(s)=1-\dfrac{\beta}{s+\beta}=\dfrac{s}{s+\beta}$；　**7.** $F(s)=1-\dfrac{1}{s^2+1}=\dfrac{s^2}{s^2+1}$

四、**1.** $f(t)=\delta(t)+\mathrm{e}^{-t}+3\mathrm{e}^{-2t}-3\mathrm{e}^{-4t}$；**2.** $\dfrac{\sin t}{t}$　（提示：利用微分性质求解）

五、**1.** $y(t)=\dfrac{1}{8}(3\mathrm{e}^t-2\mathrm{e}^{-t}+\mathrm{e}^{-3t})$；

2. $\begin{cases} x(t)=\mathscr{L}^{-1}\left[\dfrac{2s-1}{s^2(s-1)^2}\right]=-t+t\mathrm{e}^t \\[2mm] y(t)=\mathscr{L}^{-1}\left[\dfrac{1}{s(s-1)^2}\right]=1+t\mathrm{e}^t-\mathrm{e}^t \end{cases}$；

3. $y(t)=a\mathscr{L}^{-1}\left[\dfrac{1}{s^2}+\dfrac{1}{s^4}\right]=a\left(t+\dfrac{1}{6}t^3\right)$

六、$y(t)=\dfrac{1}{2}(\sin t-t\cos t)$　（提示：既要利用象原函数的导数公式，又要利用象函数的导数公式）

七、$\begin{cases} Ri(t)+L\dfrac{\mathrm{d}i(t)}{\mathrm{d}t}=E \\[2mm] i(0)=0 \end{cases}$，　$i(t)=\dfrac{E}{R}\left(1-\mathrm{e}^{-\frac{R}{L}t}\right)$

参考文献

［1］华中科技大学数学系.复变函数与积分变换.第三版.北京:高等教育出版社,2008年.

［2］西安交通大学高等数学教研室.复变函数.第四版.北京:高等教育出版社,2000年.

［3］南京工学院数学教研室.积分变换.第三版.北京:高等教育出版社,2000年.

［4］周正中,郑吉富编著.复变函数与积分变换.北京:高等教育出版社,2002年.